高等职业教育机电类专业系列教材

机电一体化系统设计

第2版

主　编　葛宜元　魏天路

副主编　倪依纯　曹　菁

参　编　韩　红　周　慎

　　　　熊利军　王桂莲

主　审　黄丙申

机 械 工 业 出 版 社

本书从系统的观点出发，对机电一体化系统的基本内涵、设计原理与设计方法进行了全面的阐述。全书共9章，内容包括绪论、机械系统分析、执行装置及伺服电动机、机电一体化常用电路及应用、计算机控制系统与接口技术、机电一体化系统检测技术特点及应用、机电一体化系统的分析与设计、典型机电一体化系统以及机电一体化系统设计实例。

本书注重理论与实践相结合，强调实际应用，条例清晰、图文并茂，引入了当前较先进的机电一体化产品及设计实例。本书可作为高等职业教育（本科）/（专科）、职工大学、成人教育院校、电视大学以及其他相同层次院校机电类专业的教材，也可供相关教师及工程技术人员参考。

为方便教学，本书配套电子课件等教学资源，凡使用本书作教材的老师，可登录机械工业出版社教育服务网（www.cmpedu.com）注册后免费下载。咨询电话：010-88379375。

图书在版编目（CIP）数据

机电一体化系统设计/葛宜元，魏天路主编．—2版．—北京：机械工业出版社，2020.6（2024.8重印）
高等职业教育机电类专业系列教材
ISBN 978-7-111-65059-1

Ⅰ.①机… Ⅱ.①葛… ②魏… Ⅲ.①机电一体化-系统设计-高等职业教育-教材 Ⅳ.①TH-39

中国版本图书馆CIP数据核字（2020）第041377号

机械工业出版社（北京市百万庄大街22号 邮政编码100037）
策划编辑：王 丹 责任编辑：陈 宾 王 丹
责任校对：樊钟英 封面设计：张 静
责任印制：郜 敏
北京富资园科技发展有限公司印刷
2024年8月第2版第10次印刷
184mm×260mm · 14印张 · 340千字
标准书号：ISBN 978-7-111-65059-1
定价：45.00元

电话服务
客服电话：010-88361066
010-88379833
010-68326294

网络服务
机 工 官 网：www.cmpbook.com
机 工 官 博：weibo.com/cmp1952
金 书 网：www.golden-book.com
机工教育服务网：www.cmpedu.com

前　言

机电一体化是一门多学科融合构成的交叉学科，涉及的关键技术包括机械加工技术、微电子技术、计算机信息技术、自动控制技术、传感检测技术、伺服传动技术等。随着计算机信息技术的迅猛发展，各种技术相互融合、相互渗透得越来越快，也越来越深入，因此带来了机电一体化技术的飞速发展。

本书以高等职业教育人才培养目标为导向，考虑了学生应当具备基础理论知识适度、技术应用能力强、知识面宽、素质高的要求，从系统的角度出发，本着“以机为主，以电为用”的原则对机电一体化系统进行介绍。

本次修订主要做了如下工作：规范性方面，按照现行国家标准，全面更新了本书涉及的标准内容；内容方面，与时俱进，适当补充了当前较先进的机电一体化产品及设计实例；逻辑方面，重新梳理了内容架构，保证基础理论以应用为前提，案例实用且具有代表性。

全书共9章，内容包括绪论、机械系统分析、执行装置及伺服电动机、机电一体化常用电路及应用、计算机控制系统与接口技术、机电一体化系统检测技术特点及应用、机电一体化系统的分析与设计、典型机电一体化系统以及机电一体化系统设计实例。

本书由佳木斯大学葛宜元、蚌埠学院魏天路担任主编，由无锡交通高等职业技术学校倪依纯、江苏信息职业技术学院曹菁担任副主编，渤海船舶职业学院韩红、武汉铁路职业技术学院周慎、武汉铁路职业技术学院熊利军、天津理工大学王桂莲参与编写。

第1章、第6章6.1~6.3、第9章由魏天路编写，第2章由韩红编写，第3章、第5章、第8章由葛宜元编写，第4章由倪依纯编写，第6章6.4~6.5由曹菁、王桂莲编写，第7章由周慎、熊利军编写，全书由葛宜元、魏天路统稿。本书由佳木斯大学黄丙申教授主审。

由于编者水平和经验有限，书中难免有错误和疏漏之处，恳请广大读者批评指正。

编　者

目　录

前言

第 1 章　绪论 ………… 1

1.1　机电一体化技术的产生 ………… 1

1.2　机电一体化系统的构成要素及相关技术 ………… 3

1.3　机电一体化系统的基本类型 ………… 6

1.4　机电一体化系统的设计要求 ………… 10

1.5　机电一体化的特点及发展趋势 ………… 11

复习思考题 ………… 12

第 2 章　机械系统分析 ………… 13

2.1　机械系统概述 ………… 13

2.2　机械传动装置 ………… 14

2.3　导向装置 ………… 26

复习思考题 ………… 31

第 3 章　执行装置及伺服电动机 ………… 32

3.1　常用执行装置及分析 ………… 32

3.2　执行装置设计 ………… 42

3.3　伺服电动机 ………… 51

复习思考题 ………… 58

第 4 章　机电一体化常用电路及应用 ………… 59

4.1　模拟电路及应用 ………… 59

4.2　数字电路及应用 ………… 67

4.3　集成电路及应用 ………… 71

4.4　抗干扰技术 ………… 81

复习思考题 ………… 84

第 5 章　计算机控制系统与接口技术 ………… 85

5.1　概述 ………… 85

5.2　单片机硬件结构特点及应用 ………… 88

5.3　可编程序逻辑控制器 ………… 96

复习思考题 ………… 104

第 6 章　机电一体化系统检测技术特点及应用 ………… 105

6.1　传感器的分类与特性 ………… 105

6.2 常用传感器 …… 111
6.3 传感器检测系统设计方法 …… 115
6.4 传感器与计算机接口 …… 117
6.5 检测技术的应用 …… 128
复习思考题 …… 134
第7章 机电一体化系统的分析与设计 …… 135
7.1 各单元部件特性分析 …… 135
7.2 机电有机结合的稳态分析 …… 148
7.3 机电有机结合的动态分析 …… 157
7.4 系统的可靠性及安全技术 …… 166
7.5 机械结构弹性变形和传动间隙对系统性能的影响 …… 172
复习思考题 …… 174
第8章 典型机电一体化系统 …… 175
8.1 CNC 机床 …… 175
8.2 工业机器人 …… 178
8.3 模糊智能点钞机 …… 183
8.4 汽车的机电一体化 …… 185
8.5 3D 打印机 …… 192
8.6 自动售货机 …… 194
8.7 视觉传感变量喷药系统 …… 195
8.8 计算机集成制造系统 …… 196
8.9 无人机 …… 198
复习思考题 …… 202
第9章 机电一体化系统设计实例 …… 203
9.1 轿车车身冲压机器人生产线设计 …… 203
9.2 *X-Y* 数控工作台机电系统设计 …… 208
参考文献 …… 215

第1章 绪论

1.1 机电一体化技术的产生

1.1.1 机电一体化技术的发展史

微电子技术和自动化技术迅速发展，并不断向机械工业领域渗透，形成了一个新的学科领域——机电一体化技术。它是微电子技术和机械技术相互融合的产物，是机电工业发展的必然趋势。微电子信息自动化技术的引入，是对传统机械工业的一次革命，使原有机电产品的结构和生产系统结构发生了质的飞跃，使微电子技术、微型计算机技术与机械装置和动力设备有机结合。机电一体化技术一方面极大地提高了产品的性能和市场竞争力，例如日本的机电产品（电视机和汽车等）以其高可靠性畅销全球；另一方面，机电一体化技术也提高了产品对环境更广的适应性，使人类的活动空间不断扩大，例如美国的阿波罗登月、勇气号火星登月飞船和我国的神州系列载人飞船都是机电一体化技术发展的结果。同时，机电一体化技术也会带来丰厚的经济效益，例如早在二十世纪六七十年代，美国发射3颗地球资源卫星花费2.5亿美元，但收益已达14亿美元。机电一体化技术的发展水平也体现了一个国家的综合实力，因此引起世界各国和企业的极大重视。

机电一体化（Mechatronics）的英文名称起源于日本，由日本《机械设计》杂志副刊于1971年提出，它由Mechanics（机械学）与Electronics（电子学）组合而成，表示机械学与电子学两个学科的综合，在我国通常被译为“机电一体化”。当然，现在所谈的Mechatronics，其内容也随着科学技术的发展而不断发展，比最初所说的含义更为广泛。到目前为止，较为全面的含义是1981年由日本机械振兴协会经济研究所提出的：“机电一体化是机械的主功能、动力功能、信息功能和控制功能上引进微电子技术，并将机械装置与电子装置用相关软件有机结合而构成系统的总称。”随着液压技术、传感器技术、精密机械技术、自动控制技术、微型计算机技术和人工智能技术等新技术的发展和应用，机电一体化技术正向着自动化和智能化方向发展。

机电一体化技术的发展包括以下三个阶段：

（1）20世纪60年代以前为机电一体化技术的“萌芽阶段” 工程师们自觉或者不自觉地把机械产品和电子技术相结合，以提高机械产品的性能。但是由于当时电子技术的发展相对落后，机械与电子的结合还没有得到广泛的应用。

（2）20世纪70年代到80年代为机电一体化技术的“蓬勃发展阶段” 计算机技术、控制技术、通信技术的发展，为机电一体化技术的发展奠定了技术基础。这个时期的特点是：

1）“Mechatronics”一词首先在日本被普遍接受，大约到20世纪80年代末期在世界范围内得到比较广泛的认可。

2）机电一体化技术和产品得到了极大发展。

3）各国均开始对机电一体化技术和产品给予很大的关注和支持。

（3）20世纪90年代后期开始进入机电一体化技术的“智能化阶段”

1）光学、通信技术等融入机电一体化，微细加工技术也在机电一体化中崭露头角，出现了光机电一体化和微机电一体化等新分支。

2）对机电一体化系统的建模设计、分析和集成方法，以及机电一体化的学科体系和发展趋势都进行了深入的研究。

3）人工智能技术、神经网络技术及光纤技术等技术取得的巨大进步，为机电一体化技术开辟了发展的广阔天地。这些研究，将促使机电一体化技术进一步建立完整的基础架构和逐渐形成完整的科学体系。

1.1.2 机电一体化产品技术特征及分类

机电一体化产品是把机械部分与电子部分有机结合，从系统的观点使其达到最优化。为了使系统更加科学合理，应从全局的观点对机电一体化产品的各个部分进行取舍，因此，机电一体化技术也可以说是系统工程学在机械电子领域中的应用，并由此总结出机电一体化技术的特征：

1）机械技术、电子技术、信息技术和液压技术等有机结合。

2）在一个系统中不同子系统在空间上集成。

3）柔性化、智能化和自动化使机电一体化产品能够灵活地满足各种要求，适应各种环境。

4）机电一体化系统的内部运行机制是隐蔽的。

5）产品中包含微处理器，其潜在功能可继续增加。

目前，机电一体化技术应用领域还在不断扩大，大致可分为机械电子化产品、机械与电子融合产品两大类。如按其功能分，可以分为6类：

1）在原有的机械本体上增加电子控制设备，实现高性能和多功能。如数控机床和机器人等。

2）用电子设备局部置换机械控制结构。如电子缝纫机和电子电动机等。

3）在信息系统中与电子设备有机结合的产品。如传真机和录音机等。

4）在检测系统中与电子设备有机结合的产品。如CT扫描仪和自动探伤机等。

5）用电子设备全面置换机械机构的信息处理产品。如电子秤、电子交换机等。

6）利用电子设备替换机械本体工作的产品。如电火花加工机床和激光测量机等。

1.1.3 研究机电一体化技术的重要性

机电一体化技术的产生，是对传统机械工业的一次革命，为机械产品注入了新的内涵，其技术上的先进性、创新性和可靠性满足了人们在生产生活中的需要。

首先，在产品的性能上，增强了功能，提高了产品的加工精度，使其具有更高的可靠性。例如，一台加工中心机床可以将多台普通机床上的多道工序在一次装夹中完成，并且还有自动检测工件和刀具、自动显示刀具动态轨迹图形等数据的应用功能；电子化圆度仪的测量精度可达0.01μm；一般大型机电一体化产品都具有安全保护系统和自动启停系统，提高了系统运行的灵活性，而且还提高了系统的安全性和可靠性。

其次，自动化、智能化的机电一体化技术还可提高产品生产率、降低成本、缩短产品的开发周期，极大地增强产品的市场竞争力。如数控机床生产率比普通机床的生产率高5倍多；柔性制造系统可使生产周期缩短40%，生产成本降低50%。根据机电一体化产品的特性，在人机关系上，由控制和检测系统完成数据处理及程序自动运行，极大地减轻了操作者的劳动强度，改善了劳动条件，并使系统具有极佳的操作性和使用性，建立了良好的人机界面。如CAD、CAM均极大地减轻了设计者和制造者的劳动复杂性。

第三，在简化结构、节约能源方面，机电一体化产品也具有优势。用电子器件取代老式的复杂机械传动，使机电一体化产品的体积缩小、结构简化、重量减轻，并因采用低能耗的驱动机构而使能耗降低。例如，汽车电子点火器由于可控制最佳点火时间和状态而大幅度降低了汽车耗油量。

第四，机电一体化产品在现代制造产业结构中占有重要的地位和作用。机床作为“工业之母”，是一个国家制造业水平高低的象征。而数控机床较好地解决了复杂、精密、小批量、多品种的零件加工问题，是一种柔性的、高效能的自动化机床，代表了现代机床控制技术的发展方向，是一种典型的机电一体化产品。由于过去几年柔性制造系统的快速发展，制造系统自动化（CIMS、IMS和VMS等）新技术也进一步促进了制造技术的发展，例如，工业机器人不断应用于制造业，而且逐渐向水下、空间、核工业、救灾和军事等方面发展，得到各国的重视。所以机电一体化技术在现代制造产业结构中占据极其重要的地位。

1.1.4 机电一体化技术的发展方向

根据人类活动的需要和机电一体化技术的特点，发展方向可总结为：

1）复合化。指同一工位上能同时完成两种以上的工序加工，通过这种复合化处理，可最大限度降低使用空间，以期实现多品种、小批量生产的自动化和高效化。

2）小型化和轻型化。小型化和轻型化是指与微细加工技术类似的一种表现，有利于提高产品的性能。

3）高速化和精准化。机电一体化产品应能快速、准确地完成其规定的各项功能，提高生产率和产品质量。

4）智能化。就是使机电一体化产品具有“思维”，通过声音和图像等指令即可完成指定的功能，达到无人控制，实现完全的自动化。

5）系统化。从系统的观点出发，把机电一体化技术分成有机的各子系统学科，各相关学科的发展都是机电一体化技术的支撑，从而为机电一体化技术提供更广阔的发展空间。

1.2 机电一体化系统的构成要素及相关技术

1.2.1 机电一体化系统的构成要素

一个较为完善的机电一体化系统主要由以下5个子系统构成（图1-1a）：

1）机械子系统。系统所有功能元素的机械支持结构，包括机架和机械连接等。

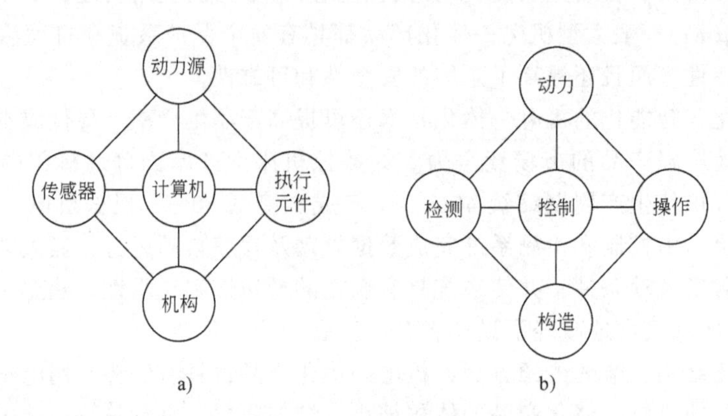

图 1-1　机电一体化系统的构成要素和功能

a）构成要素　b）功能

2）电子信息处理子系统。将来自传感器的检测信息和外部输入命令进行集中、存储、分析、加工，根据信息处理结果，按照一定的程序和频率发出相应的指令，控制整个系统按序、有目的地运行。主要指计算机和逻辑电路等。

3）动力子系统。按照系统控制要求，为系统提供动力，以保障系统正常运行。

4）传感检测子系统。对系统运行中所需要的自身、外界环境，各种参数及状态进行检测，将其变成可识别信号，传输到信息处理单元，经过分析处理后产生相应的控制信息。主要指传感器和仪表等。

5）执行机构子系统。根据控制信息和指令，完成要求的指定动作。一般采用机械、电磁和电液等机构。

机电一体化系统的构成要素使其具备了控制功能、检测功能、动力功能、操作功能、构造功能 5 种功能（图 1-1b）。

机电一体化系统数控机床的构成要素实例如图 1-2 所示。

1.2.2　机电一体化系统相关技术

机电一体化技术主要包括软件和硬件两方面。为了推动和加快机电一体化技术的发展，应从以下几个方面不断加强和改进。

1. 机械技术

机械是机电一体化系统的基础，在机电一体化产品中，它不再是单一地完成系统间的连接，必须从系统的结构、重量、体积、刚性、可靠性及通用性等几个方面加以改进，使机电一体化产品结构合理、重量减轻、刚性提高，具有高的可靠性，实现产品的通用化、标准化、系列化，提高产品的可维修性，为机电一体化产品提供坚实的基础。

2. 传感检测技术

传感检测系统是机电一体化的感受器官，是实现自动控制、自动调节的关键性环节，它的功能越强，系统的自动化程度就越高。其关键元件是传感器，它的主要评价指标有功能范围、灵敏度、分辨率、抗干扰性和可靠性等。就传感器而言，主要是提高可靠性、灵敏度和精确度，向元件化和智能化方面发展。

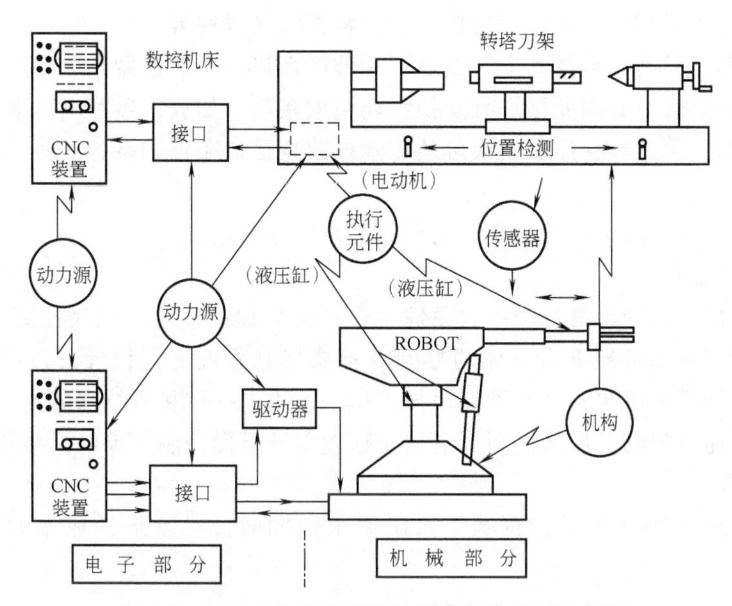

图 1-2 机电一体化系统数控机床的构成要素实例

3. 信息处理技术

信息处理技术包括信息的交换、存取、运算、判断和决策，主要设备是计算机或可编程序控制器，及与其配套的I/O设备、显示器和外部存储器。因此，计算机技术的发展与信息处理技术是紧密相关的。在机电一体化系统中，计算机与信息处理部分指挥整个系统，并直接影响系统工作的质量和效率，计算机应用及信息技术已成为促进机电一体化技术发展的最关键性因素。对于提高信息处理设备的可靠性，数据处理速度和解决抗干扰问题是信息处理技术中的关键。

4. 伺服驱动技术

驱动技术按动力源可分为电动、液压和气动3种，常见伺服驱动有电液马达、脉冲液压缸、步进电动机和交/直流伺服电动机。目前存在提高功能可靠性和减小体积等需求。

5. 系统技术

系统技术就是以整体的概念组织应用各种相关技术，从系统目标出发，将整体分解成相互关联的若干功能子系统，以子系统进行分解，生成功能更为单一的、具体的功能单元，直到找出一个最佳、可行的技术方案。

接口技术是系统技术中的一个重要方面，它是实现系统各部分有机连接的保证。其主要完成两方面作用，一是信息交换，另一个是作为同类型元器件间进行连接时所需的接口。接口按其功能可分为I/O接口、调整和变换接口两种。根据I/O接口功能，接口可分为以下4种：

1）机械接口。如法兰盘、联轴器和插座等。

2）物理接口。如电容和频率等。

3）环境接口。如防尘过滤器和缓冲减振器等。

4）信息接口。如ASCII码和计算机语言等。

接口根据其调整和变换的功能可分为以下4种：

1）零接口。不进行任何调整、变换，如联轴器和接线柱等。

2）无源接口。只有无源要素进行变换、调整的接口，如减速器和导轨等。

3）有源接口。含有有源要素进行变换、调整的接口，如放大器和电磁继电器等。

4）智能接口。可进行程序编制或可适应性地改变接口条件的接口，如 STD 总线和自动切换装置。

目前，接口技术正向标准化、小型化和智能化的方向发展。

6. 自动控制技术

自动控制所依据的理论是自动控制原理（包括经典控制理论和现代控制理论），自动控制技术就是在此理论的指导下对具体的控制装置或控制系统进行设计；设计后进行系统仿真，现场调试；最后使研制的系统可靠地投入运行。机电一体化系统中的自动控制技术主要包括位置控制、速度控制、最优控制、自适应控制以及模糊控制、神经网络控制等。

7. 软件技术

软件必须与硬件协调发展，在满足系统要求的同时，必须降低成本并提高软件的通用性。

1.3 机电一体化系统的基本类型

各种机电一体化产品和自动化工业设备，根据机电一体化系统的控制特点，可以分为 4 种基本类型：顺序控制系统、轨迹控制系统、过程控制系统和综合控制系统。

1.3.1 顺序控制系统

1. 顺序控制系统简介

顺序控制系统中，模块之间传递的信息是电动机的起动或停止、温度是否达到设定值、是否碰到行程开关等状态信息；控制器对操作开关和检测开关的信息进行逻辑或时序的分析，决定驱动单元的开关状态。例如，高层建筑中电梯的升降和工业生产流水线上的自动送料车都是典型的顺序控制系统，由于设计时需要停留在特定地点，也称为点位控制，这也是最常见的工业设备和民用产品。

由于顺序控制系统中模块之间传递的信息是开关状态，传统的控制器通常由许多继电器组成。现在常采用可编程序控制器和各种非接触的光敏开关代替继电器和机械式行程开关，系统可靠性大幅提高。

在设计系统时应尽量选用易于开关控制的驱动部件，如用电磁阀控制汽缸代替控制普通电动机起动的连杆机构。通过软件实现输出量的各种互锁和自锁，减少硬件接线。

有些精度要求不高的位移动作，可以通过电动机计时运行的方式实现。在系统调试时要对定时器进行时间参数调整，在设备使用、维护过程中，要增加调整要求。

2. 可编程序控制器自动送料车试验系统

许多高层住宅的升降电梯、工业生产流水线上的自动送料车和注塑机等的控制系统都是典型的顺序控制系统。这些系统的关键技术与牵引小车可编程序控制器自动送料车试验系统相似，其一维运动系统的设计是复杂多自由度系统的基础，特别是变频速度控制技术有广泛的应用。

自动送料车试验系统是机电一体化实验室的一个演示和试验系统，如图 1-3 所示。在该系统的台架上，可以方便地变换钢丝绳、齿形带等各类牵引方式，可以增、减砝码改变载荷，也可以更换成滑动导轨或沿导轨安装行程开关。利用这套系统，可以进行自动送料车加、减速控制试验，进行电动机驱动的载荷试验、导轨摩擦特性试验、行程开关的定位控制精度试验。若安装光栅测量系统和伺服电动机驱动系统，还可以进行闭环控制特性试验。

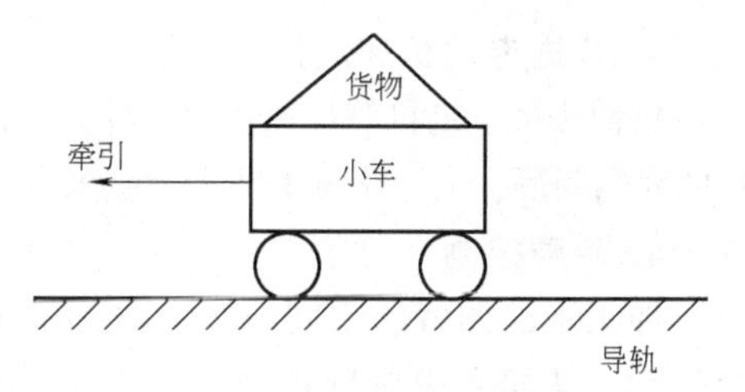

图 1-3 自动送料车试验系统

3. 自动送料车系统的设计示例

1）支撑单元——小车沿固定轨道运行，运行行程 6m，采用型材作为导轨，小车四角安装四个滚轮，导轨两端及中间均可以安装行程开关，模拟电梯运行模式。

2）传动系统设计——对于行程长、精度要求不高、载荷不大的情况，可采用齿形带牵引。

4. 自动送料车变频调速加减速控制

控制系统采用可编程序控制器，可以实现自动送料的多点停留自动循环，也可以根据按钮指令到达指定地点。通常，程序设计采用混合功能的应用系统。

为了减小起、停时的冲击，提高定位精度，驱动系统增加变频调速环节。试验系统中，采用带减速器的交流电动机和小功率变频调速器，通过设定变频调速器的加减速参数，实现小车平稳运行。

1.3.2 轨迹控制系统

1. 轨迹控制系统简介

数控铣床是典型的轨迹控制系统。加工曲面时，横向和纵向驱动系统协调同步运动，带动刀具按照复杂的轨迹运动，可以加工出特定的曲面。绘图机、电脑绣花机等设备的控制系统都是典型的轨迹控制系统。

轨迹控制系统中精度控制和运动速度是两个相互矛盾的主要功能。在数控车床上，加工时要保证加工精度，驱动系统不要求有很高的速度；在退刀、换刀等辅助工序，希望节约时间，驱动系统要求有很高的速度，必须采用加减速控制提高系统的高速性能。

在平面内实现曲线轨迹的运动，可以通过加工指令完成两坐标的插补，从而实现圆弧运动轨迹和斜线运动轨迹，其他曲线可以用这两种指令分段近似形成。简单的系统都可以设计专用的指令，具备现场编程的功能。对于多自由度系统，如加工螺旋桨空间曲面的五轴数控铣床，加工指令很多，无法手工编制，必须设计自动编程功能。

2. 绘图机试验系统

绘图机试验系统是机电一体化实验室的一个演示和试验系统，采用单片机控制两个步进电动机，实现绘图笔在平面内的曲线运动。数控冲床、电脑绣花机、激光切割机等设备的轨迹控制都是这个原理。绘图机试验系统可以进行插补原理试验、数控编程试验等。

绘图机试验系统采用精度较高的圆柱导轨，驱动系统由步进电动机带动滚珠丝杠；控制系统采用单片机，需要完成轨迹控制中加减速运动和插补的程序设计。

3. 步进电动机速度控制系统

按照步进电动机等加速过程设计，可以计算出电动机每步动作的时间间隔，控制进给脉冲序列的时间间隔，命令步进电动机由疏到密、由密到疏地产生间歇步进动作，实现加减速运动。

4. 轮廓控制

加工平面曲线、空间曲线、空间曲面时，需要进行多坐标联动，从而实现轮廓控制。以平面的任意曲线加工为例，要求刀具T沿圆弧做曲线轨迹运动，如图1-4所示。将曲线分割成线段，用刀具T以直线（或圆弧）代替（逼近）这些线段，当逼近误差相当小时，这些线段之和就接近曲线了。轮廓控制也称连续轨迹控制，它的特点是不仅对坐标的移动量进行控制，而且对各坐标的移动速度及它们之间的比率都要进行严格控制，以便加工出给定的轨迹。

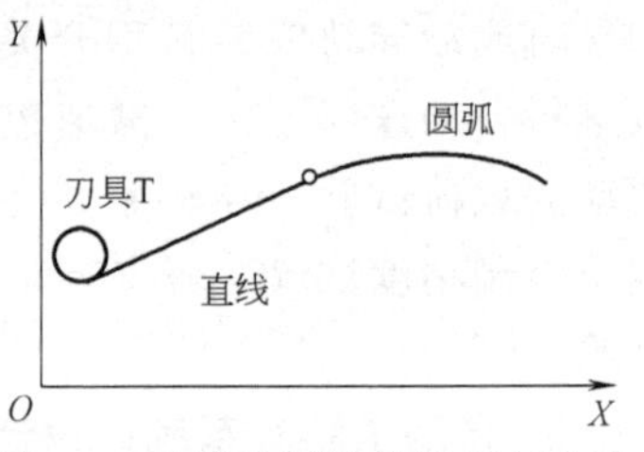

图1-4 轮廓控制的分段近似方法

实现直线插补和二次曲线插补的方法有多种，常见的有数字脉冲乘法器、数字积分法和逐点比较法等，其中又以逐点比较法使用最广。

1.3.3 过程控制系统

1. 过程控制系统简介

在生产过程中，对温度、压力、流量等物理量的控制十分普遍，恒温炉是典型的过程控制系统。这类系统中，控制精度和安全性是基本要求。

在过程控制中，控制精度不仅与控制器的性能有关，还与整个系统的动态特性和环境干扰有关，必须充分考虑环境变化的各种情况，从系统特性和控制器特性两方面综合考虑。过程控制系统常采用闭环控制，要选择合适的控制算法，达到控制精度要求。在设计时，必须设置相应的报警和联锁保护系统，以确保人身和设备的安全。

过程控制是指在生产过程中，运用合适的控制策略，采用自动化仪表及系统来代替操作人员的部分或全部直接劳动，使生产过程在不同程度上自动地进行，并能够自动地跟踪给定参数的变化；当生产过程中发生内部或外部的扰动，使得过程变量发生变化时，能自动地消除扰动的影响，从而保证生产过程的状态参数在期望的范围内。所以，过程控制又被称为生产过程自动化。

过程控制系统通常由控制装置（仪表）和控制对象组成，包括调节器、执行器、检测变送器三部分。过程控制的任务是针对过程设备的主要参数，即温度、压力、液位（或物位）、成分和物性等，进行控制。

过程控制的要求主要是从安全性、经济性和稳定性三个方面考虑。安全性是指在整个生产过程中，要保证人身和设备安全，这是最重要也是最基本的要求。经济性是指生产同样数量和质量产品所消耗的能量和原材料要最少。稳定性是指系统所应具有的抗外部干扰、保证生产长期稳定运行的能力。因此，过程控制是控制理论、工艺知识、计算机技术和仪器仪表等相结合构成的一门综合性应用科学。

简单输入、输出控制系统的线性系统，是控制系统的基本形式，也称单回路系统。单回路控制系统，指一个被调量、一个调节量、一个调节器和一个调节阀组成的系统。只有一个调节回路，这类系统在过程控制系统中占大部分。统计表明，生产过程中80%的控制系统为由比例积分微分（PID）控制器构成的单回路反馈控制系统。而复杂控制系统是在简单系统的基础上发展起来的。

2. PID 控制的基本原理

PID 控制是一种负反馈控制，即控制器与被控对象构成的系统为闭环负反馈系统。其作用是对输入偏差进行调节，从而缓解系统的不平衡，使系统输出稳定。

典型单回路 PID 控制系统框图如图 1-5 所示，其控制原理简单、易于实现、适应性强，且具有一定的“鲁棒性”，故在工业过程控制中得到广泛的应用。随着计算机技术的普及应用，用计算机实现的数字 PID 控制不仅可以将控制数字化，而且可以开发出不同形式的 PID 控制，以满足不同的控制要求。关于 PID 控制的基本算法和改进算法，由于篇幅限制，请同学们自行学习。

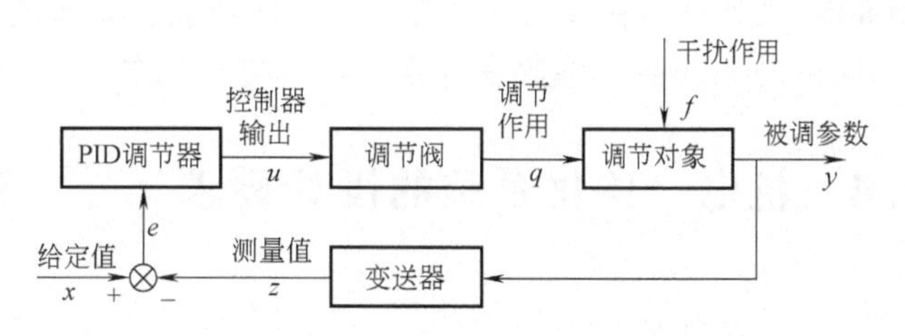

图 1-5　典型单回路 PID 控制系统框图

1.3.4　综合控制系统

1. 综合控制系统简介

大中型的机电一体化系统控制对象很多，需要数个控制系统联合在一起，形成一个多控制器的复杂综合控制系统。一般由主控制器协调控制其他控制器的工作，形成多级控制系统。多级控制系统中，控制器之间的协调和信息传输是关键问题，一般用信息通信的办法解决。

2. 无线数据传输模块

无线数传模块，是数传电台的模块化产品，是指借助 DSP（数字信号处理）技术和无线电技术实现的高性能专业数据传输电台。数传电台的使用从最早的按键电码、电报、模拟电台加无线 MODEM，发展到目前的数字电台和 DSP、软件无线电；传输信号也从代码、低速数据发展到高速数据，可以传输遥控遥测数据、动态图像等。

无线数据传输广泛地运用在车辆监控、遥控、遥测、小型无线网络、无线抄表、门禁系统、小区传呼、工业数据采集系统、无线标签、身份识别、非接触 RF 智能卡、小型无线数据终端、安全防火系统、无线遥控系统、生物信号采集、水文气象监控、机器人控制、无线 232 数据通信、无线 485/422 数据通信、数字音频传输、数字图像传输等领域中。

3. ZigBee 无线技术

ZigBee 是一种近程无线网络通信技术，利用国际上工业、科学和医疗通用的 2.4GHz 频段，广泛用于嵌入式系统，涉及无线数据传输、无线传感器网络、无线实时定位、射频识别、数字家庭、安全监视、无线键盘、无线遥控器、无线抄表、汽车电子、医疗电子设备、自动化装备等。

ZigBee 的通信速率低，工作速率 250kbit/s，能满足低速率传输数据的应用需求。主要特点是：功耗低、成本低、响应快、具备多种安全模式、节点容量大。在低耗电待机模式下，两节 5 号干电池可支持 1 个节点工作 6~24 个月，甚至更长。通过简化通信协议，降低控制器的复杂程度，而且无协议使用费，降低了结点成本。相邻节点间传输范围一般可达 100m，在增加 RF 发射功率后，亦可增加到 1~3km，通过节点间通信的接力，传输距离可以更远。ZigBee 一般从睡眠状态转入工作状态只需 15ms，节点连接进入网络只需 30ms。一个主节点可管理 254 个子节点，采用星状、片状和网状网络结构，最多可组成 65000 个节点的大网。多种安全模式灵活应用，防止非法获取数据，确保数据安全属性，可以使用接入控制清单 ACL，也可以采用高级加密标准（AES128）的对称密码。

目前，世界上很多芯片公司开发了多种微处理器的硬件平台和相应的编译调试系统。新型 8051 微处理器在我国十分普及，在低功耗、高速度、低噪声等方面有较大提高，可以和 2.4GHz 的 ZigBee 无线收发电路完美地配合工作。

1.4 机电一体化系统的设计要求

1.4.1 设计原则

整体设计原则是在保证产品完成规定功能的前提下，通过对构成各子系统的方案进行优化组合，降低成本，使系统功能达到稳、准、快，以满足用户的要求。机电一体化产品的主要特征是自动化操作。功能是产品的生命，只有功能可靠，产品才具有价值。另一方面，要使功能达到最佳，机械子系统、电子信息处理子系统、动力子系统、传感检测子系统和执行机构子系统 5 部分构成要素的匹配、相互协调和相互补充也极为重要。而通过降低成本，并且使系统功能稳定、可靠、精确、快速，又增强了产品的市场竞争力。

1.4.2 设计步骤与方法

1. 设计步骤

设计过程一般分为总体系统设计、部装（子系统）设计和零件（单元）设计 3 个阶段。总体设计步骤为：

1）明确设计思想。

2）分析综合要求。

3）划分各子系统。

4）确定设计参数。

5）调研。

6）拟定总体方案。

7）方案优化。

8）编写总体设计证书。

在总体设计过程中，要明确哪些功能由哪项技术完成，并对产品的功能进行可靠性分析。机电一体化设计流程如图 1-6 所示。

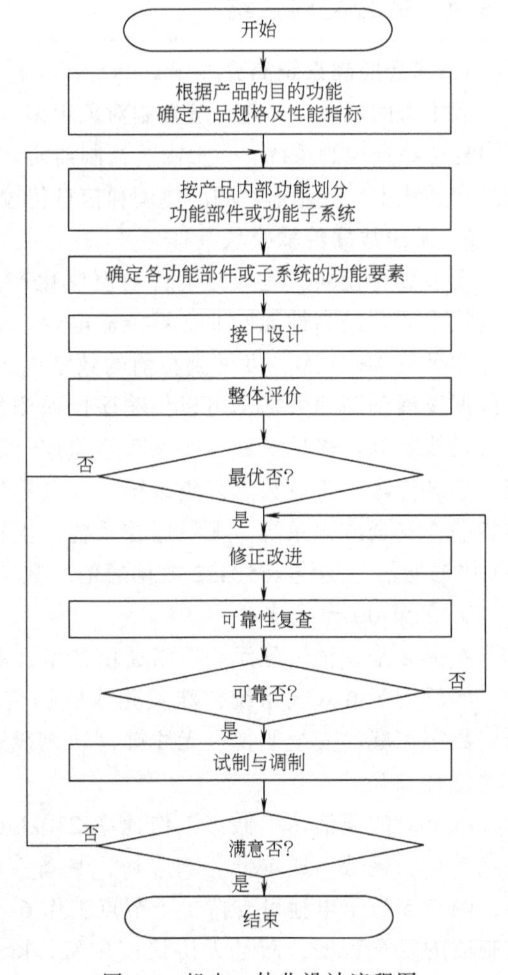

图 1-6 机电一体化设计流程图

2. 设计方法

常用的机电一体化设计方法有机电互补法、融合法和组合法 3 种。

1）机电互补法。该方法是利用电子部件取代传统的机械部件，以简化产品结构、减轻重量。如现金出纳机采用微机控制，可取代几百个机械传动部件。而简化结构、减轻重量对航空航天技术更具有特殊意义。

2）融合法。是将各组成单元有机结合成某一子系统，使单元间机电参数匹配合理的方法。如激光打印机的主扫描机构——激光扫描镜，扫描镜转轴就是电动机的转子轴，这就是执行元件与执行机构合理匹配的结果。

3）组合法。它是将融合法制成的子系统，利用接口技术组合成机电一体化产品的方法。例如，CNC 机床就是利用接口技术将各子系统连接起来的机电一体化产品。

1.5 机电一体化的特点及发展趋势

1. 智能化

智能化是 21 世纪机电一体化技术的一个重要发展方向。人工智能在机电一体化建设中的研究日益得到重视，机器人与数控机床的智能化就是重要应用。这里所说的“智能化”是对机器行为的描述，是在控制理论的基础上，吸收人工智能、运筹学、计算机科学、模糊数学、心理学、生理学和混沌动力学等新思想、新方法，模拟人类智能，使它具有判断推理、逻辑思维、自主决策等能力，以求得到更高的控制目标。

2. 模块化

由于机电一体化产品种类和生产厂家繁多，研制和开发具有标准机械接口、电气接口、动力接口、环境接口的机电一体化产品单元是一项十分复杂但又非常重要的事。这需要制定各项标准，以便各部件、单元匹配。由于利益冲突，短期内很难制定这方面的国际或国内标准，但可以通过发展一些大企业逐渐形成。显然，从电气产品的标准化、系列化带来的好处可以肯定，无论是对生产标准机电一体化单元的企业，还是对生产机电一体化产品的企业，模块化都将是必然趋势。

3. 网络化

20 世纪 90 年代，计算机技术的突出成就是网络技术。机电一体化新产品一旦研制出来，只要其功能独到、质量可靠，很快就会畅销全球。由于网络的普及，基于网络的各种远程控制和监视技术方兴未艾，而远程控制的终端设备本身就是机电一体化产品。因此，机电一体化产品无疑会朝着网络化方向发展。

4. 微型化

微型化兴起于 20 世纪 80 年代末，指的是机电一体化向微型机器和微观领域发展的趋势。国外称其为微电子机械系统（MEMS），泛指几何尺寸不超过 $1cm^3$ 的机电一体化产品，并向微米、纳米级发展。微机电一体化产品体积小 、耗能少、运动灵活，在生物医疗、军事、信息等领域具有不可比拟的优势。微机电一体化发展的瓶颈在于微机械技术，微机电一体化产品的机械加工采用精细加工技术，即超精密技术，包括光刻技术和蚀刻技术两类。

5. 绿色化

工业的发展给人们的生活带来了巨大变化。一方面，物质丰富，生活舒适；另一方面，资源减少，生态环境受到严重污染。于是，人们呼吁保护环境资源，回归自然。绿色产品概念在这种呼声下应运而生，绿色化是时代的趋势。绿色产品在其设计、制造、使用和销毁的生命周期中，符合特定的环境保护和人类健康的要求，对生态环境无害或危害极小，资源利用率极高。设计绿色的机电一体化产品，具有远大的发展前景。机电一体化产品绿色化主要是指使用时不污染生态环境，报废后能回收利用。

6. 系统化

系统化的表现特征之一就是系统体系结构进一步采用开放式和模块化的总线结构。系统可以灵活组态，进行任意剪裁和组合，同时寻求实现多子系统协调控制和综合管理。表现特征之二是通信功能大大加强，一般除 RS232 接口外，还有 RS485 等。

总之，机电一体化将在性能上向高精度、高效率、高性能、智能化方向发展；功能上向小型化、轻型化、多功能方向发展；层次上向系统化、复合集成化方向发展。

复习思考题

1. 简述研究机电一体化技术的重要性。
2. 简述机电一体化技术的构成要素。
3. 简述机电一体化技术的设计原则及常用方法。
4. 简述机电一体化的发展趋势。
5. 简述机电一体化系统的接口功能。
6. 简述常用的机电一体化设计方法。

第2章 机械系统分析

2.1 机械系统概述

2.1.1 机械系统的基本概念

机械系统一般由电动机、传动装置、导向装置、执行装置和控制装置组成。随着现代社会的不断进步，机电一体化产品已得到广泛应用，也更强调重量轻、速度快、精度高、冲击振动小、噪声低、稳定性好和动作灵敏等诸多要求，为满足这些要求，就必须重视计算机的强大功能。所以，机电一体化的机械系统是“由计算机信息网络协调与控制的，用于完成包括机械力、运动和能量流等动力学任务的机械和（或）机电部件一体化的机械系统。”它的核心是由计算机控制的，包括涉及机械、电子、电力、液压和光学等技术的伺服系统。因此，现代的机械系统与传统的机械系统相比，更强调计算机的作用、伺服功能以及各组成部分间的相互协调性。

2.1.2 机械系统的功能及要求

机械系统的功能是完成机械运动。在整个机械系统中，控制电动机、传动装置和执行装置组成的子系统完成单一的机械运动，若干个子系统通过计算机协调和处理完成一部机器的完整的机械运动。

机电一体化的机械系统必须满足的基本要求就是伺服性能精度高、响应快速和稳定性良好。精度是衡量产品加工质量的标准之一，由于机电一体化产品经常用于国防、航空航天、微电子和精密仪器等高精尖行业中，所以对它的精度和性能就提出了更高的要求，而它又不能完全脱离机械传动，相应地对机械系统的精度要求也就大大地提高了。因此，机械系统不再是单纯得以机械技术为主，而是机械技术、微电子技术以及其他新技术的融合体，所以要求整个机械系统响应快速，并且不易受外界环境的干扰，系统稳定性要好。

2.1.3 机械系统的设计

机械系统是机电一体化系统的基础，它是机和电两种技术的综合体。例如，在设计机械系统时应该选择与控制系统的电气参数相匹配的机械系统参数。所以，应组合、互补机械技术、微电子技术及相关技术。

由于机电一体化产品更趋向于高性能、智能化、低能耗、轻薄短小，因此机械系统的设计要求主要是消除间隙、低摩擦、转动惯量小、刚性好、谐振频率高和具有适当的阻尼比等。系统中各部件配合时常产生间隙，可以采用最优化的方法选择、设计结构。例如，选择最佳传动比、采用预紧法和缩小反向死区等均可减小间隙、降低摩擦；缩短传动链、提高刚度、简化结构、减少振动均可提高设计质量。

2.2 机械传动装置

机械传动是一种最基本的传动方式。要完成机械运动，传动机构、控制机构、伺服电动机要相互影响、相互作用。对传动机构来说，精度高、动态响应快、效率高、能耗低，运动平稳、振动小、灵敏度高和噪声低都是必不可少的要求。按传递力的方法分类，机械传动装置可分为摩擦传动装置和啮合传动装置。其中，摩擦传动装置又可分为摩擦轮传动装置和带传动装置；啮合传动装置又可分为齿轮传动装置、螺旋传动装置、蜗轮蜗杆传动装置和链传动装置。

随着机电一体化技术的不断进步，传动装置也正向着精密、高速、小型、轻量化方向发展。

2.2.1 机械传动装置性能要求

传动装置是一种转矩、转速变换器，使执行元件与负载在转矩与转速方面得到最佳匹配。所以，机械传动系统的好坏会影响到整个系统的伺服性能。对机械传动装置的性能要求主要有：

1）转动惯量小。若转动惯量过大，机械负载随之增大，系统响应速度变慢，灵敏度也下降，使系统固有频率降低，容易产生谐振。所以，在不影响系统刚度的前提下，机械传动部分的重量和转动惯量应尽可能小。

2）低摩擦。传动副中的摩擦力是一种主要的阻力，它在传动副运转时造成动力浪费，降低机械效率使本体受到磨损，从而影响精度和工作可靠性。摩擦力过大，易产生卡死现象，从而减少装置的使用寿命。

3）适当的阻尼。系统阻尼越大，系统动力损失越多，反转误差越大，精度随之降低；但同时最大振幅减小，衰减速度加快。所以，应选择合适的阻尼比。

4）刚度大。系统刚度越大，动力损失越小，增加了闭环伺服系统的稳定性，同时固有频率增高，不容易产生谐振，但刚度不影响开环系统稳定性。

5）高谐振频率。当外界传来的振动的激振频率接近或等于系统固有频率时，机械系统容易产生谐振，致使系统不能正常工作。

2.2.2 常见传动装置分析

1. 滚珠丝杠副

滚珠丝杠副是一种螺旋传动机构，目前已成为精密传动的数控机床、精密机械等各种机电一体化产品中不可缺少的传动机构。滚珠丝杠副传动装置如图 2-1 所示，它由丝杠 1、螺母 2、连续的很多粒等直径的中间传动元件——滚珠 3 以及为防止滚珠从滚道端面滚出的滚珠循环装置 4 组成。其工作原理是：在丝杠 1 和螺母 2 的螺纹滚道中装入一定数量的滚珠 3，当丝杠 1 与螺母 2 相对转动时，滚珠 3 可沿螺纹滚道滚动，并沿滚珠循环装置 4 的通道返回，构成封闭循环，使滚珠循环地参加螺旋传动，保持丝杠 1 与螺母 2 之间的滚动摩擦。与滑动摩擦相比，滚动摩擦减小了摩擦阻力，使传动效率提高到 90%以上。

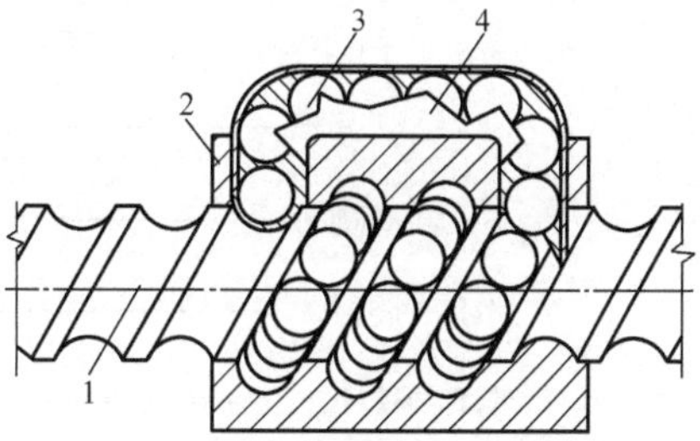

滚珠丝杠副可将回转运动变为直线运动，又可将直线运动变为回转运动。它运动平稳可靠、无爬行现象、传动精度高、使用寿命长。由于滚珠是在淬硬并精磨后的螺纹滚道上运动，所以加工工艺较复杂、成本高，且因不能自锁而需设置制动装置。

图 2-1 滚珠丝杠副传动装置

1—丝杠 2—螺母 3—滚珠

4—滚珠循环装置

（1）滚珠丝杠副的结构及参数

1）滚珠循环方式及螺纹滚道形式。滚珠丝杠副中滚珠的循环方式有内循环和外循环两种。图 2-2a 所示为内循环，在螺母 1 上开有侧孔，孔内镶有反向器 2，它把相邻两圈螺纹滚道接通起来，滚珠 3 越过螺纹顶部进入相邻圈，这样每一圈滚珠形成一个回路，滚珠 3 在循环过程中始终与丝杠 4 内的表面保持接触；图 2-2b 所示为外循环，滚珠 6 在循环返向时，离开丝杠 8 螺纹滚道，在螺母 5 体内或体外做循环运动。内循环中的滚珠回路短、磨损小、传动效率高，但反向器 2 加工困难；外循环方式结构简单、加工方便，但径向尺寸大、易磨损。

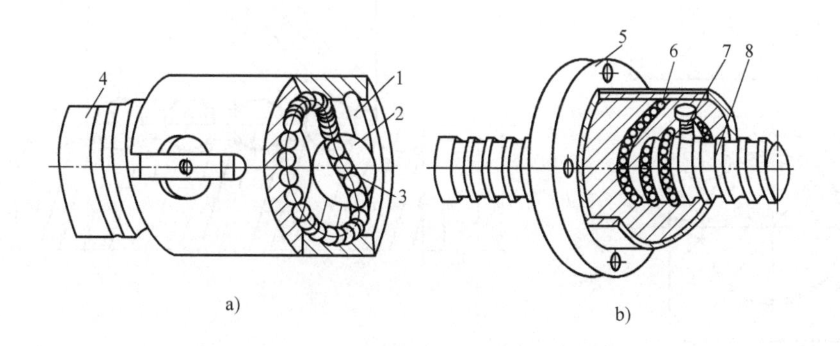

图 2-2 滚珠丝杠副

a）内循环 b）外循环

1、5—螺母 2、7—反向器 3、6—滚珠 4、8—丝杠

滚珠丝杠副的螺纹滚道截面型式有单、双圆弧之分。如图 2-3 所示，单圆弧型螺纹滚道精度高，传动效率、轴向刚度及承载能力随着接触角 β 的增大而增大；双圆弧型螺纹滚道接触角 β 始终不变，滚道底部易存油，磨损小，但加工成本高。

2）滚珠丝杠副主要尺寸参数。滚珠丝杠副主要尺寸参数包括公称直径 d_0、丝杠小径 d_1、丝杠大径 d、螺母小径 D_1、螺母大径 D、滚珠直径 d_b、基本导程 P_h（或螺距 t）、滚珠工作圈数及滚珠数，如图 2-4 所示。公称导程 P_{h0} 通常指用作尺寸标志的导程值（无公差）。

3）标注。国标 GB/T 17587. 1—2017 规定了滚珠丝杠的标注，按给定内容和顺序如下所示进行标注。

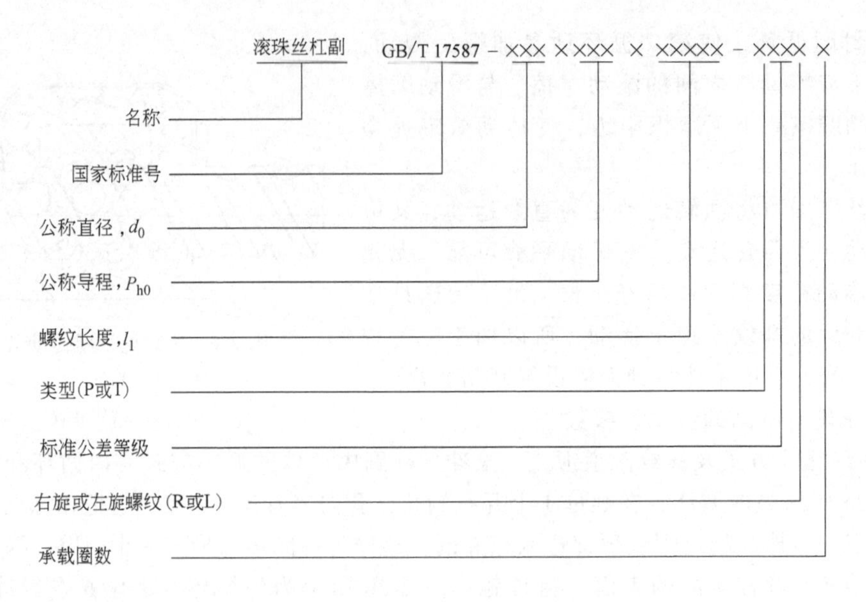

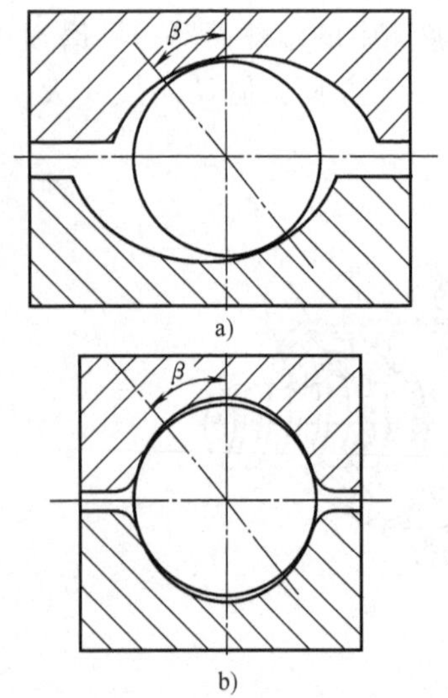

图 2-3　滚珠丝杠副螺纹滚道

a）单圆弧型　b）双圆弧型

β—接触角

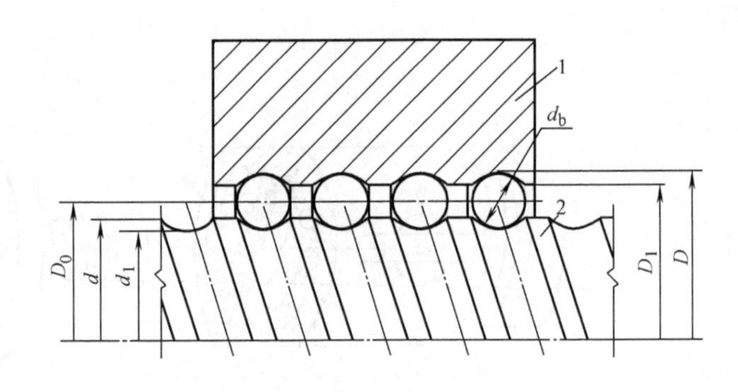

图 2-4　滚珠丝杠副主要尺寸参数

1—螺母　2—丝杠

4）精度等级。在 GB/T 17587.3—2017《滚珠丝杠副　第 3 部分：验收条件和验收检验》中，根据使用范围及要求，将标准公差等级分为 8 级，即 0、1、2、3、4、5、7、10。其中，标准公差等级 2 和 4 为不优先采用的标准公差等级，且等级数越小，精度越高，性能越好。

（2）滚珠丝杠副间隙调整法　滚珠丝杠副的轴向间隙是工作时滚珠与滚道面接触点的弹性变形引起的螺母位移量，它会影响反向传动精度及系统的稳定性。常用的消隙方法是双螺母加预紧力（在调隙时，应注意预紧力大小要适宜），基本能消除轴向间隙。

1）双螺母垫片式调隙。调整垫片厚度使两个螺母产生轴向相对位移，从而消除几何间隙和轴向间隙，并施加预紧力。其特点是结构简单、工作可靠，但调整不精确。双螺母垫片式调隙机构如图 2-5 所示。

2）双螺母螺纹式调隙。双螺母螺纹式调隙机构如图 2-6 所示，它主要由锁紧螺母 1、圆螺母 2 及丝杠 5 组成。右端螺母 6 外部有凸台顶在套筒 3 外，左端螺母 8 制有螺纹，并用锁紧螺母 1 和圆螺母 2 锁紧，旋转圆螺母 2 即可消除轴向间隙，并施加一定的预紧力，然后用锁紧螺母 1 锁紧。预紧后螺母 6 和 8 内的滚珠 4 相向受力，从而消除了轴向间隙。其特点是结构简单、工作可靠、调整方便，但不能精确调整。

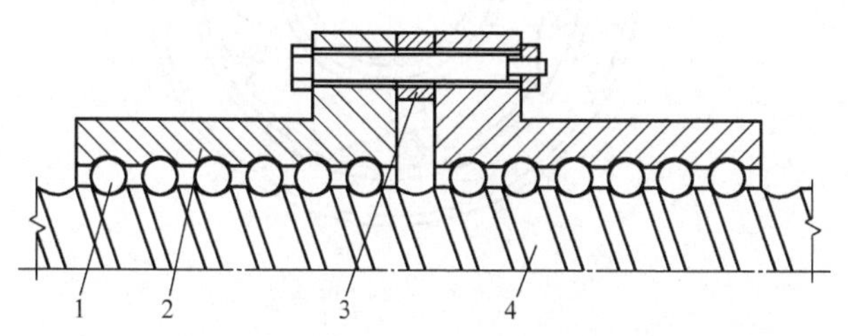

图 2-5 双螺母垫片式调隙机构

1—滚珠 2—螺母 3—垫片 4—丝杠

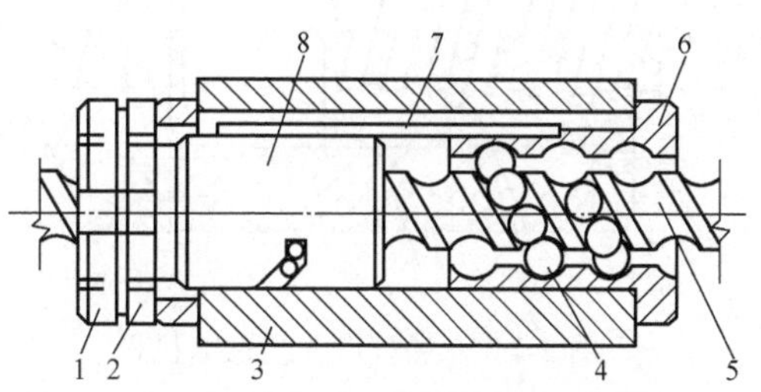

图 2-6 双螺母螺纹式调隙机构

1—锁紧螺母 2—圆螺母 3—套筒 4—滚珠 5—丝杠 6、8—螺母 7—键

3）双螺母齿差式调隙。双螺母齿差式调隙机构如图 2-7 所示，双螺母两端制有圆柱齿轮 2（两齿轮齿数相差 1），并分别与内齿轮 3、5 啮合。内齿轮 3、5 分别固定在套筒 1 的两端。调整时，先取下内齿轮 3、5，转动螺母（2 个螺母相对套筒 1 同一方向转动同一个齿后固定），使之产生角位移，进而形成轴向位移，消除轴向间隙，并施加预紧力，然后合上内齿轮 3、5。该调隙机构结构复杂，但工作精确、可靠，可实现定量调整，即进行精密微调，调整精度高。

（3）滚珠丝杠副的安装 滚珠丝杠的支承常采用以推力轴承为主的轴承组合，可以根据不同的工作环境选择合适的轴承组合形式，进而提高滚珠丝杠副的传动精度和刚度。在设计时，可以将单个或两个轴承分别安装在丝杠两端，并施加预紧力，也可以一端安装单轴承、一端安装双轴承。例如，在高精度的精密丝杠传动系统中，就采用推力轴承与深沟球轴承组合，分别安装在丝杠两端。为提高滚珠丝杠副传动精度，防止灰尘等杂质进入而加大磨损，可采用一些密封、防尘、防护装置。润滑油和润滑脂可以提高滚珠丝杠副的耐磨性和传动效率，延长使用寿命。润滑油可以通过注油孔定期注入，润滑脂一般放进螺母滚道内定期润滑。滚珠丝杠副不能自锁，安装时应考虑制动装置。

图 2-8 所示为滚柱式超越离合器，当星轮 2 顺时针转动时，滚柱 4 受摩擦力被楔紧在收缩槽内，从而带动外圈 1 转动，此时离合器处于分离状态。超越离合器可以使同一轴具有两种不同转速，工作时无噪声，适于高速传动。

（4）滚珠丝杠副的设计

1）设计方法。

① 设计条件。工作载荷 F（单位为 N）或平均工作载荷 F_m（单位为 N）；使用寿命 L_h'（单位为 h）；丝杠工作长度 L（单位为 m）；丝杠转速 n（单位为 r/min）；滚道硬度及运转情况。

② 设计步骤。根据设计条件，并经过计算，选择合适的滚珠丝杠参数。

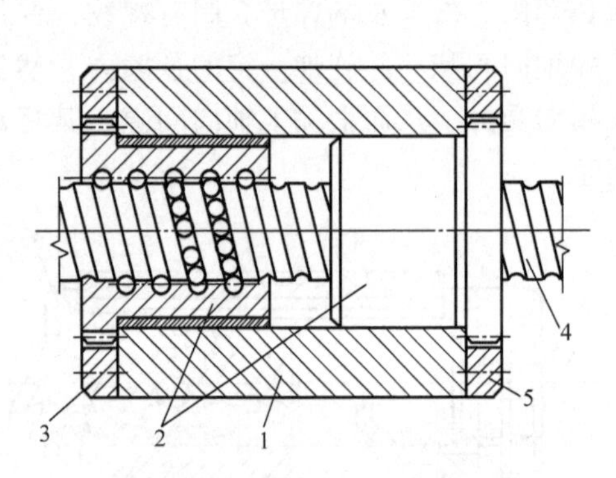

图 2-7 双螺母齿差式调隙机构

1—套筒 2—圆柱齿轮 3、5—内齿轮 4—丝杠

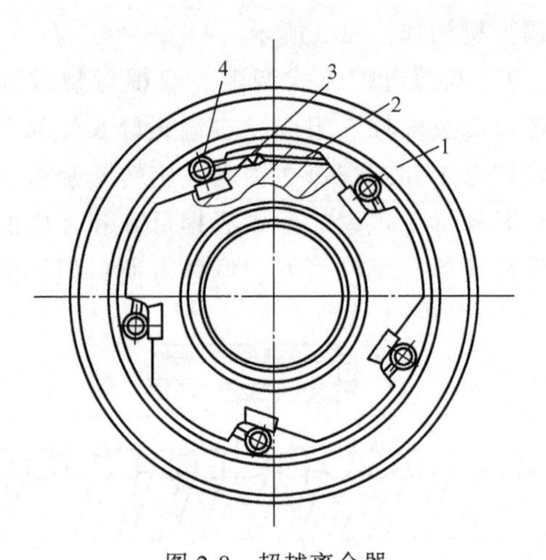

图 2-8 超越离合器

1—外圈 2—星轮 3—弹簧顶杆 4—滚柱

a. 计算额定动载荷 C_a'（单位为 N）

$$C_a' = K_F K_H K_A F_m \sqrt[3]{\frac{nL_h'}{1.67\times10^4}} \tag{2-1}$$

式中 K_F——载荷系数，参见表 2-1；

K_H——硬度系数，参见表 2-1；

K_A——精度系数，参见表 2-1；

F_m——平均工作载荷（N）；

n——丝杠转速（r/min）；

L_h'——使用寿命（h）。

表 2-1 滚珠丝杠副载荷、硬度和精度系数表

载荷系数		硬度系数		精度系数	
载荷性质	K_F	滚道实际硬度 HRC	K_H	精度等级	K_A
		≥58	1.0	C、D	1.0
冲击小、平稳运转	1.0~1.2	55	1.11	E、F	1.1
一般冲击	1.2~1.5	50	1.56	G	1.25
较大冲击、振动	1.5~2.5	45	2.4	H	1.43

b. 根据额定动载荷选择滚珠丝杠副的相应参数。滚珠丝杠副的额定动载荷 $C_a \geq C_a'$，查找参数表选择合适的丝杠副参数，但各生产厂家的规格型号会略有不同。选择的主要参数包括公称直径 D_0、基本导程 P_h、螺纹升角 ψ 和滚珠直径 d_b（可参见表 2-2）。

滚珠丝杠副的相应参数还有螺纹滚道半径 R（单位为 mm）、偏心距 e（单位为 mm）和丝杠内径 d_1（单位为 mm），计算式分别为

表 2-2　滚珠丝杠副主要尺寸表

公称直径 D_0/mm	基本导程 P_h/mm	螺纹升角 ψ	滚珠直径 d_b/mm
30	5	3°2′	3.175
	6	3°39′	3.969
40	6	2°44′	3.969
	8	3°39′	4.763
50	6	2°11′	3.969
	8	2°55′	4.763
	10	3°39′	5.953
60	8	2°26′	4.763
	10	3°2′	5.953
	12	3°39′	7.144
80	10	2°17′	5.953
	12	2°44′	7.144

$$R=(0.52\sim0.58)d_b \tag{2-2}$$

$$e=\left(R-\frac{d_b}{2}\right)\sin\alpha \tag{2-3}$$

$$d_1=D_0+2e-2R \tag{2-4}$$

式中　α——接触角，$\alpha=45°$。

c. 验算稳定性。要求安全系数 S 在 2.5~4 之间，此时丝杠工作最稳定，其计算式为

$$S=\frac{F_{cr}}{F_m} \tag{2-5}$$

$$F_{cr}=\frac{\pi^2 EI_a}{(\mu L)^2}$$

各式中　F_{cr}——临界载荷（N）；

F_m——平均工作载荷（N）；

E——丝杠材料弹性模量，取 $E=206\text{GPa}$，材料为钢；

I_a——丝杠危险截面的轴惯性矩（m^4），$I_a=\frac{\pi d_1^4}{64}$；

μ——长度系数，$\mu=1\sim2$；

L——丝杠工作长度（m）。

d. 验算刚度。导程的每米变形量 ΔL 应在规定的滚珠丝杠副导程精度公差范围内，其计算式为

$$\Delta L=\pm\frac{F}{EA}\pm\frac{P_h T}{2\pi GJ_c} \tag{2-6}$$

式中　F——工作载荷（N）；

E——丝杠材料弹性模量，$E=206\text{GPa}$；

A——丝杠截面积（m^2）；

P_h——基本导程（m）；

T——转矩(N·m)，$T=F_m\frac{D_0}{2}\tan(\psi+\rho)$；

G——丝杠切变模量，$G=83.3\text{GPa}$；

J_c——丝杠的极惯性矩（m^4），$J_c=\frac{\pi d_1^4}{32}$。

e. 验算效率。滚珠丝杠副的传动效率 η 的计算式为

$$\eta=\frac{\tan\psi}{\tan(\psi+\rho)}$$

式中 ψ——螺纹升角；

ρ——补偿值。

一般滚珠丝杠副的传动效率 $\eta>90\%$ 即可。

2）设计示例。

例 试设计某数控机床工作台进给用滚珠丝杠副。已知平均工作载荷 $F_m=4000\text{N}$，丝杠工作长度 $L=2\text{m}$，转速 $n=120\text{r/min}$，使用寿命 $L_h'=14400\text{h}$，丝杠材料为 CrWMn 钢，滚道硬度为 58~62HRC。

解 a. 计算额定动载荷 C_a'（单位为 N）。其计算式为

$$C_a'=K_FK_HK_AF_m\sqrt[3]{\frac{nL_h'}{1.67\times10^4}}$$

查表 2-1 得：$K_F=1.2$，$K_H=1.0$，$K_A=1.0$（数控机床的精度等级取 C、D 级），代入上式，得

$$C_a'=1.2\times1.0\times1.0\times4000\sqrt[3]{\frac{120\times14400}{1.67\times10^4}}\text{N}\approx22535\text{N}$$

b. 根据额定动载荷选择滚珠丝杠副的相应参数。依据 $C_a\geqslant C_a'$的原则，选择某厂滚珠丝杠副规格及尺寸为：$C_a=22556\text{N}$，$D_0=50\text{mm}$，$P_h=8\text{mm}$，$\psi=2°55'$，$d_b=4.763\text{mm}$。取螺母调整预紧后原螺纹升角的补偿值 $\rho=8'40''$，参照式(2-2)~(2-4)计算螺纹滚道半径 R、偏心距 e 和丝杠内径 d_1 分别为

$$R=0.52d_b=0.52\times4.763\text{mm}\approx2.477\text{mm}$$

$$e=\left(R-\frac{d_b}{2}\right)\sin45°=\left(2.477\text{mm}-\frac{4.763\text{mm}}{2}\right)\times0.707\approx6.75\times10^{-2}\text{mm}$$

$$d_1=D_0+2e-2R=50\text{mm}+2\times6.75\times10^{-2}\text{mm}-2\times2.477\text{mm}=45.18\text{mm}$$

c. 验算稳定性。临界载荷 F_{cr} 的计算式为

$$F_{cr}=\frac{\pi^2EI_a}{(\mu L)^2}$$

$$I_a=\frac{\pi d_1^4}{64}=\frac{3.14\times(45.18\times10^{-3}\text{m})^4}{64}\approx2.04\times10^{-7}\text{m}^4$$

将 $E=206\times10^9\text{Pa}$（丝杠材料为钢）、$\mu=1$、$I_a=2.04\times10^{-7}\text{m}^4$、$L=2\text{m}$ 代入临界载荷计算式，得

$$F_{cr}=\frac{3.14^2\times206\times10^9\text{Pa}\times2.04\times10^{-7}\text{m}^4}{(1\times2\text{m})^2}\approx103584\text{N}$$

则安全系数 S 为

$$S=\frac{F_{cr}}{F_m}=\frac{103584\text{N}}{4000\text{N}}=25.896$$

由上式可见，$S>4$，所以丝杠可以安全工作。

d. 验算刚度。导程的每米变形量 ΔL 的计算式为

$$\Delta L=\pm\frac{F}{EA}\pm\frac{P_hT}{2\pi GJ_c}$$

$$A=\frac{\pi d_1^2}{4}=\frac{3.14\times(45.18\times10^{-3}\text{m})^2}{4}\approx1.60\times10^{-3}\text{m}^2$$

$$T=F_m\frac{D_0}{2}\tan(\psi+\rho)=4000\text{N}\times\frac{50}{2}\times10^{-3}\text{m}\times\tan(2°55'+8'40'')=5.3\text{N}\cdot\text{m}$$

$$J_c=\frac{\pi d_1^4}{32}=\frac{3.14\times(45.18\times10^{-3}\text{m})^4}{32}=4.09\times10^{-7}\text{m}^4$$

将 $F=4000\text{N}$、$E=206\times10^9\text{Pa}$、$A=1.60\times10^{-3}\text{m}^2$、$P_h=8\times10^{-3}\text{m}$、$T=5.3\text{N}\cdot\text{m}$、$G=83.3\times10^9\text{Pa}$ 和 $J_c=4.09\times10^{-7}\text{m}^4$ 代入导程的每米变形量 ΔL 的计算式（2-6），得

$$\Delta L=\frac{4000\text{N}}{206\times10^9\text{Pa}\times1.60\times10^{-3}\text{m}^2}+\frac{8\times10^{-3}\text{m}\times5.3\text{N}\cdot\text{m}}{2\times3.14\times83.3\times10^9\text{Pa}\times4.09\times10^{-7}\text{m}^4}\approx12.3\times10^{-6}$$

根据 *GB/T* 17587.3—2017，数控机床中滚珠丝杠副标准公差等级为 3 级，即任意 300mm 内行程变动量为 12μm，则每米公差为 40×10^{-6}m，所以刚度验算合格。

e. 验算效率。滚珠丝杠副的传动效率 η 的计算式为

$$\eta=\frac{\tan\psi}{\tan(\psi+\rho)}$$

将 $\psi=2°55'$、$\rho=8'40''$代入上式，得

$$\eta=\frac{\tan2°55'}{\tan(2°55'+8'40'')}=95.3\%$$

由上式可见，$\eta>90\%$，符合要求。

2. 齿轮传动装置

齿轮传动具有准确可靠、平稳性好、无侧隙、无回差、精度高、瞬时传动比为常数、传动效率高、速度范围大、结构紧凑和寿命长等优点。因此，在机电一体化产品中得到广泛应用。

齿轮传动装置是转矩、转速和转向的变换器。它输入高转速、低转矩，输出低转速、高转矩，也称它为齿轮减速装置。机械传动系统要求的伺服性能之一是响应快，对齿轮传动装置而言，在同样的驱动功率下，要求其加速度响应最大。

要使伺服电动机驱动负载产生的加速度最大，应选择合适的总传动比。如图 2-9 所示，转矩为 T_m、转动惯量为 J_m 的直流伺服电动机通过传动比为 i 的齿轮减速器带动转矩为 T_{LF}、转动惯量为 J_L 的机械负载，当最佳总传动比 $i>1$ 时，机械系统的加速度响应最大。设电动机轴上的加速转矩为 T_a，换算到电动机

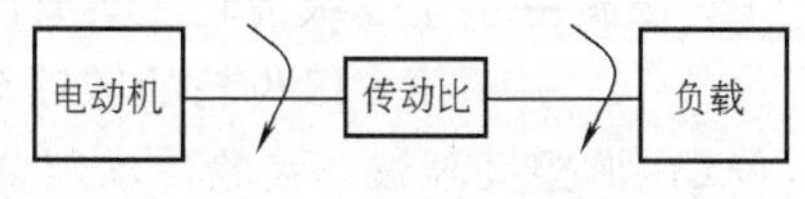

图 2-9 电动机驱动负载模型

轴上的阻抗力矩为$\frac{T_{\mathrm{LF}}}{i}$，则

$$T_{\mathrm{a}}=T_{\mathrm{m}}-\frac{T_{\mathrm{LF}}}{i}$$

经计算，可求得使负载加速度最大的总传动比 i 为

$$i=\frac{T_{\mathrm{LF}}}{T_{\mathrm{m}}}+\sqrt{\left(\frac{T_{\mathrm{LF}}}{T_{\mathrm{m}}}\right)^{2}+\frac{J_{\mathrm{L}}}{J_{\mathrm{m}}}}$$

若 $T_{\mathrm{LF}}=0$，则

$$i=\sqrt{\frac{J_{\mathrm{L}}}{J_{\mathrm{m}}}}$$

当作用于负载的干扰很大时，为减小影响，可选用较大的传动比。

(1) 传动比最佳分配原则 在设计齿轮传动副时，除了计算出总传动比外，当选择多级齿轮减速器时，还应合理分配各级传动比，使系统结构紧凑，提高效率和精度。通常遵循以下分配原则：

1）等效转动惯量最小原则。采用此原则设计齿轮传动装置时，换算到电动机轴上的等效转动惯量为最小。小功率电动机驱动多级齿轮减速器时，各级齿轮传动比可按“先大后小”次序分配。假设轴与轴承转动惯量不计，则 n 级齿轮传动副各级的传动比如下：

$$i_k=\sqrt{2}\left(\frac{i}{2^{\frac{n}{2}}}\right)^{\frac{2^{(k-1)}}{2^n-1}} \qquad (k=2,3,4,\cdots,n) \tag{2-7}$$

大功率电动机驱动负载及齿轮减速器时，式（2-7）不通用，但可以按“前小后大”原则分配。运动平稳、起停频繁和动态性能良好的伺服系统减速齿轮系常采用此原则设计齿轮传动系统。

2）重量最轻原则。按此原则设计的齿轮传动装置重量最轻。小功率传动装置各级传动比相等（假定各主动小齿轮模数、齿数相同），即

$$i_1=i_2=\cdots=i_n=\sqrt[n]{i} \tag{2-8}$$

大功率传动装置不适用式（2-8），应按“前大后小”原则分配。体积小、重量轻的齿轮传动系统常采用此原则。

3）输出轴转角误差最小原则。输出轴总转角误差主要取决于最末一级齿轮的转角误差和传动比的大小。各级传动比可按“前小后大”原则分配，但末两级传动比应大一些，进而提高精度、减小误差。以提高传动精度和减小回程误差为主的降速传动齿轮系采用此原则设计。采用式（2-9）进行传动比分配时，以最大的总转角误差最小为基本原则。

$$\Delta\phi_{\max}=\sum_{i=1}^{n}\frac{\Delta\phi_{\mathrm{k}}}{i_{\mathrm{kn}}} \tag{2-9}$$

式中 $\Delta\phi_{\max}$——总转角误差最大值；

$\Delta\phi_{\mathrm{k}}$——第 k 级齿轮所具有的转角误差；

i_{kn}——第 k 级齿轮的转轴至 n 级输出轴的传动比。

(2) 调整间隙法 齿轮传动装置在工作中产生的间隙（主要是齿侧间隙）会影响到它的变向功能，降低传动精度，影响系统稳定性，所以应采取一些措施予以消除。常见的齿轮

传动有圆柱齿轮传动、斜齿轮传动、锥齿轮传动、齿轮齿条传动等，它们消除间隙的方法主要有错齿法和偏心套法两种。

1）错齿法。通过增加一些中间元件（如垫片和弹簧）或改进结构使两啮合齿轮错齿，以消除齿侧间隙。错齿法常见形式有垫片调整法和弹簧调整法两种。

① 垫片调整法。垫片调整法有斜齿轮垫片调整法和轴向垫片调整法两种。

a. 斜齿轮垫片调整法。此方法是利用中间元件垫片使两啮合齿轮错齿。如图 2-10 所示，宽齿轮 1 与薄片斜齿轮 2、4 啮合，其中间加一垫片 3。调节垫片 3 的厚度，使薄片斜齿轮 2 和 4 在轴向分开一段距离，螺旋线错开，消除齿侧间隙。该方法结构简单，但调整费时，且齿侧间隙不能补偿。

b. 轴向垫片调整法。此方法是改进两啮合圆柱齿轮结构并利用垫片来调整间隙的。如图 2-11 所示，两啮合带锥度圆柱齿轮 1、3 沿轴线方向齿厚略有锥度，调节垫片 2 的厚度，使齿轮 1 沿轴向移动，两齿轮错位，从而消除齿侧间隙。

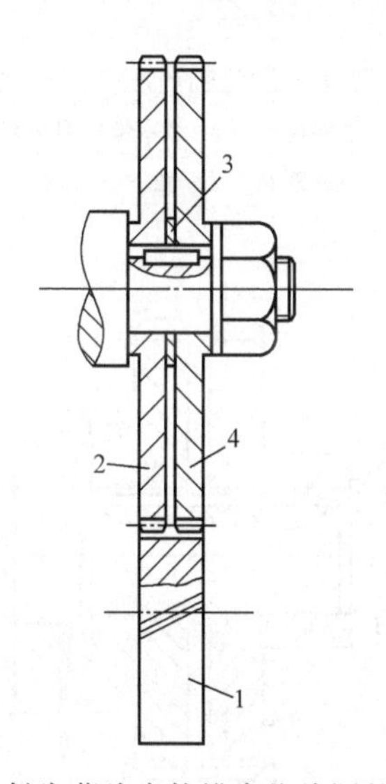

图 2-10 斜齿薄片齿轮错齿垫片调整法示意图

1—宽齿轮 2、4—薄片斜齿轮 3—垫片

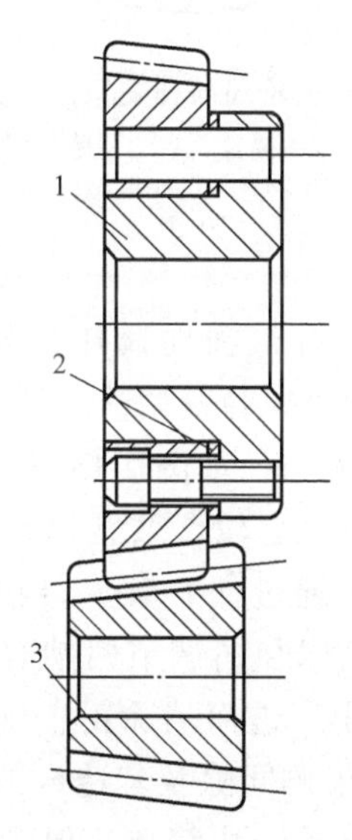

图 2-11 带锥度齿轮垫片调整法示意图

1、3—带锥度圆柱齿轮 2—垫片

② 弹簧调整法。弹簧调整法有双片薄齿轮周向弹簧调整法、斜齿轮轴向压簧法和斜齿碟形弹簧调整法 3 种。

a. 双片薄齿轮周向弹簧调整法。此方法采用两个薄片圆柱齿轮与 1 个宽齿轮啮合，1 个薄片齿轮的左侧齿与另 1 个薄片齿轮的右侧齿分别与宽齿轮的左、右两侧齿槽相贴。如图 2-12 所示，在两个薄片圆柱齿轮 3 和 4 上分别开有几条周向圆弧槽，在它们的端面上安装弹簧 2 和短柱 1。弹簧 2 使薄片圆柱齿轮 3 和 4 错位来消除齿侧间隙。由于周向弧槽及弹簧尺寸不能太大，所以间隙调整受到限制。

b. 斜齿轮轴向压簧法。如图 2-13 所示，宽斜齿轮 1 与两个薄片斜齿轮 2、3 啮合，通过弹簧 4 使两个薄片斜齿轮 2、3 的两侧面紧贴在宽斜齿轮 1 左右两侧面上。弹簧 4 的压力通过螺母调节，薄片斜齿轮 2、3 通过键 5 套在轴 6 上而使轴向尺寸过大，但间隙调整可以自动补偿。

c. 斜齿碟形弹簧调整法。如图 2-14 所示，宽齿轮 1 与两薄片斜齿轮 2、3 啮合，调节螺母4，通过垫片5使碟形弹簧6弹性变形，推动薄片斜齿轮3沿轴向移动，使两薄片斜齿轮2、3错齿，从而消除齿侧间隙。

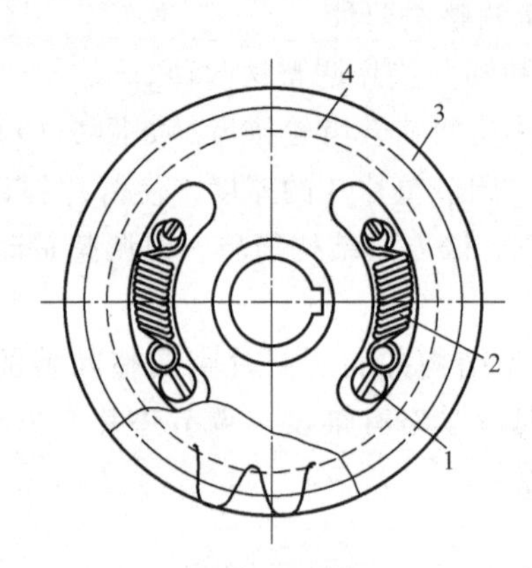

图 2-12　薄片齿轮周向弹簧错齿调整法示意图
1—短柱　2—弹簧　3、4—薄片圆柱齿轮

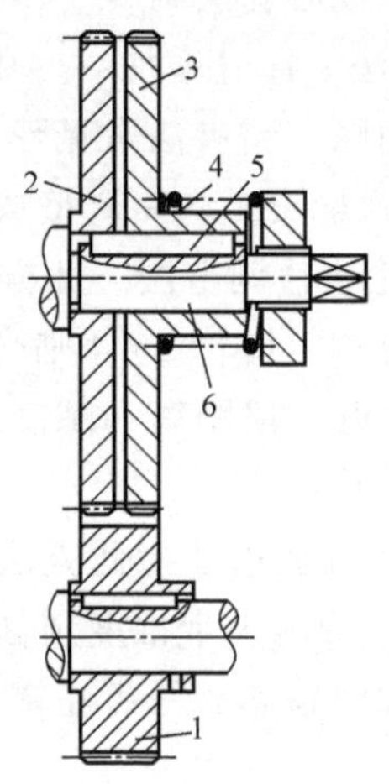

图 2-13　薄片斜齿轮轴向压簧调整法示意图
1—宽斜齿轮　2、3—薄片斜齿轮
4—弹簧　5—键　6—轴

错齿法还有双圆柱薄片齿轮错齿调整法、锥齿轮周向和轴向弹簧调整法等。

2）偏心套法。如图2-15所示，圆柱齿轮1与2啮合，圆柱齿轮2装在电动机4的输出轴上，电动机4通过偏心套3装在壳体5上。转动偏心套3可以径向调节两啮合直齿圆柱齿轮1、2的中心距，进而消除正、反转时直齿圆柱齿轮1、2的齿侧间隙及其造成的反转回差。该调整法的特点是结构简单，但齿侧间隙调整后不能自动补偿。

偏心套消隙机构属于刚性消隙法消隙，虽不能补偿间隙，但能提高传动系统的刚度。

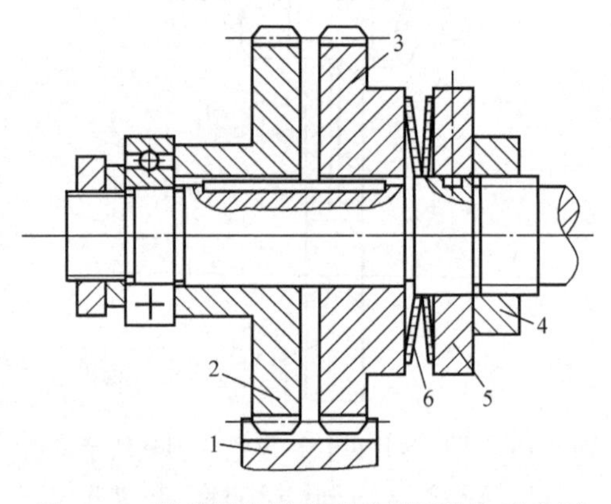

图 2-14　薄片斜齿轮碟形弹簧调整法示意图
1—宽齿轮　2、3—薄片斜齿轮　4—螺母
5—垫片　6—碟形弹簧

3. 其他传动机构

（1）谐波齿轮减速器　谐波齿轮减速器主要由刚轮、柔轮和谐波发生器3个构件组成，如图2-16所示。假设刚轮1固定，柔轮2与谐波发生器3的转向相反，并且刚轮1比柔轮2齿数多。当谐波发生器3装入柔轮2后，迫使柔轮2的剖面从原始的圆形变为椭圆形。其长轴两端附近的齿与刚轮1的齿完全啮合，短轴两端附近的齿则与刚轮1完全脱开，周长上其余不同区段内的齿，有的处于啮入状态，有的处于啮出状态。当谐波发生器3连续转动时，柔轮2的变形部位也随之转动，使柔轮2的齿依次进入啮合，然后再依次退出啮合，从而实现啮合传动。

假设柔轮2固定，刚轮1与谐波发生器3的转向相同，工作原理同上。谐波齿轮减速器体积小、重量轻、传动比大而且范围宽、传动效率在60%~96%，同时啮合的齿数多，所以磨损小、传动平稳、噪声低、传动精度高，广泛用于航天飞行器、机器人、机床、冶金设备、化工设备和纺织设备等机电一体化产品中。

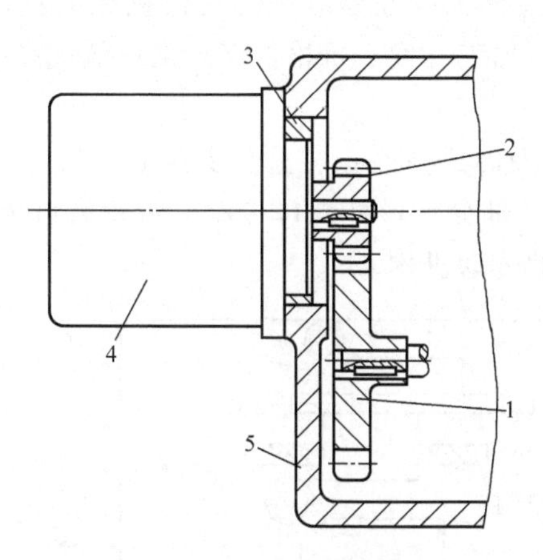

图 2-15　偏心轴套式调整法示意图
1、2—圆柱齿轮　3—偏心套
4—电动机　5—壳体

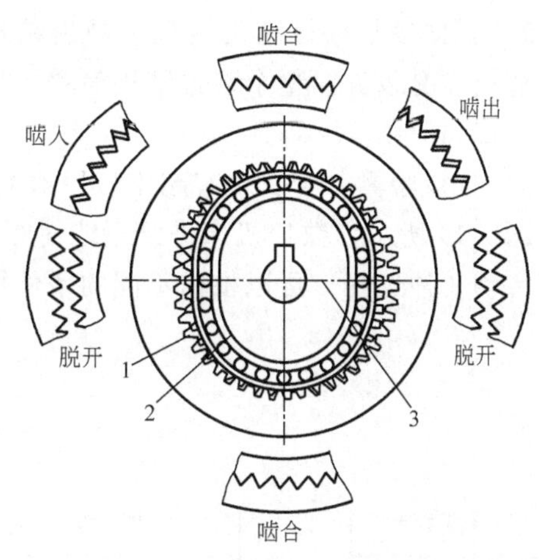

图 2-16　谐波齿轮减速器
1—刚轮　2—柔轮　3—谐波发生器

(2) 同步带传动　图 2-17 所示为打印机中用到的同步带结构，它利用传动带作为中间的挠性件，依靠传动带与带轮之间的摩擦力来传递运动。同步带采用的高强材料能保证带节距不变，所以传动准确、噪声低、重量轻。图 2-18 所示为与同步带相啮合的带轮结构。同步带传动综合了带传动、齿轮传动、链传动的优点，并保证无相对滑动，传动效率在 98%左右。同步带轻而薄，适于高速传动，无需润滑，保养方便，但对制造和安装要求较高，成本偏高，适于要求传动比准确的中、小功率传动。

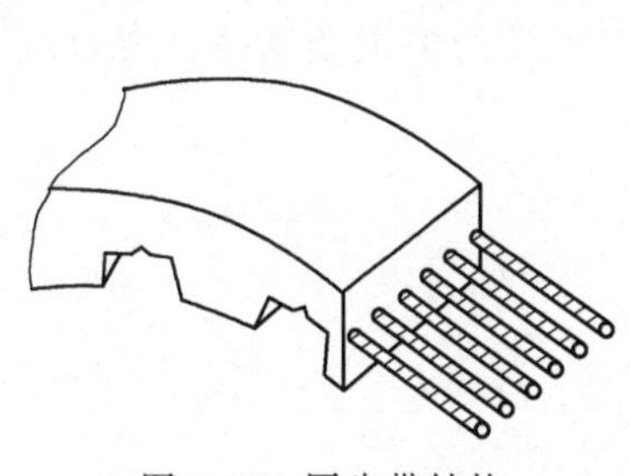

图 2-17　同步带结构

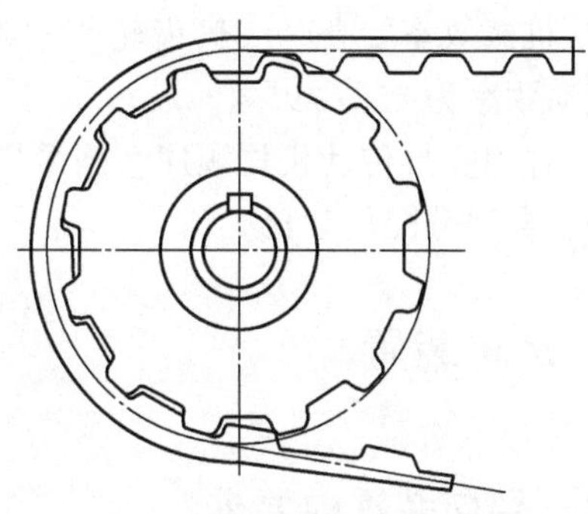

图 2-18　与同步带相啮合的带轮结构

2.2.3　传动系统方案设计

机械传动系统是机械系统的重要组成部分，其作用不仅是为了实现减速（或增速）、换向、转换运动形式和使各执行元件协调配合工作等运动要求，同时还把电动机输出的功率和转矩传到执行元件上。在设计时主要考虑如何实现预期运动要求和传递动力两大问题。主要方法和步骤如下：

1）根据已知条件确定最佳传动方案。依据机械传动系统的工作原理和各种传动的特点，综合考虑机械系统的工作性能、适应性、可靠性、先进性、工艺性和经济性等多方面因素，确定最佳传动方案。

2）根据参数选择结构类型、画出结构图。合理的结构方案应满足工作机床的性能要求、适应工况条件、整个装置结构简单、尺寸紧凑、加工方便、价格低廉、工作效率高，并便于维修和使用。

3）校核验算。若发现有超出许用值的现象，应及时进行改正，重复步骤1和2。

图2-19所示为数控机床进给系统简图，机械传动部分有丝杠螺母传动、齿轮齿条传动、蜗杆传动3种选择，可以根据不同的条件选择合适的传动机构。

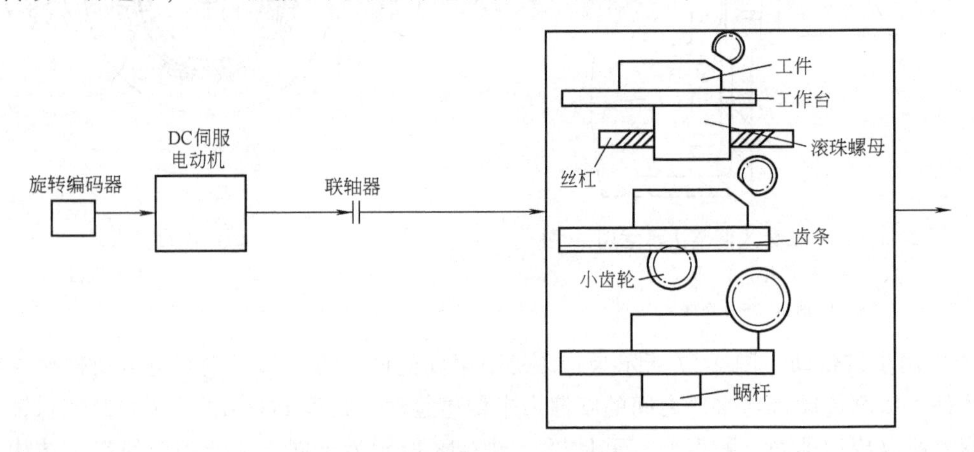

图2-19 数控机床进给系统简图

在设计时还应注意以下几个方面：

1）尽可能采用简短的传动链，防止能量损失。

2）机械效率要高。一般齿轮传动效率为88%～98%，带传动效率为90%～98%，滚动螺旋传动效率为85%～95%。

3）合理安排传动机构顺序。当采用由几种传动形式组成的多级传动时，要合理布置传动次序，合理分配传动比。

2.3 导向装置

2.3.1 导向装置的要求

导轨副是导向装置的常见件，由支承导件和运动件两部分组成，如图2-20所示。支承导件1在工作时一般不动，运动件2沿支承导件1运动，其运动形式有直线运动和回转运动两种。导轨副的作用是支承并完成给定方向和要求的运动。导轨副的运动准确性和安全平稳性对整个机电一体化产品会有很大影响，在选择和设计时，要严格遵循导轨副应满足的基本要求，主要应从以下几方面考虑：

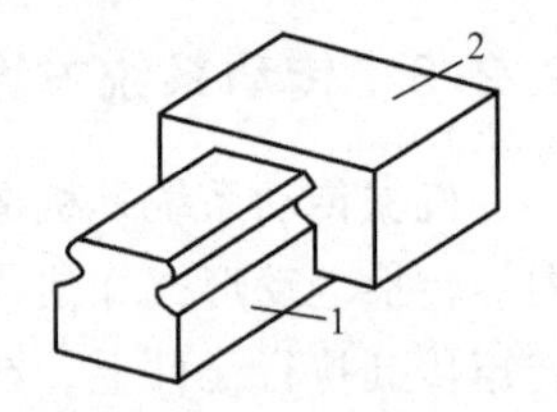

图2-20 导轨副
1—支承导件 2—运动件

1）导向精度高。导向精度的高低直接影响到运动件按给定方向运动的准确程度。直线运动导轨副导向精度主要与导轨在水平面

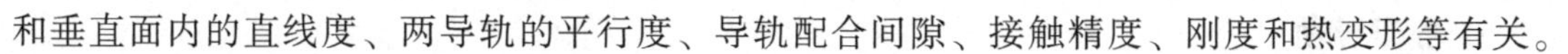

和垂直面内的直线度、两导轨的平行度、导轨配合间隙、接触精度、刚度和热变形等有关。

2）刚度好。刚度是使弹性体产生单位变形量所需的作用力。刚度的好坏由恒定作用力下物体变形大小衡量。导轨变形主要在作用力集中的地方、接触面及自身变形。在实际工作中应尽量增大导轨尺寸，合理布置肋板，增加接触面积。

3）运动平稳。机电一体化产品对动态响应（快速响应、良好稳定性）性能要求高。低速运动时，要防止爬行现象出现，可以选择合适的导轨结构、缩短传动链、减小结合面和增加润滑等；高速运动时，要消除振动。当温度发生变化时，导轨会受到影响，为保证正常平稳工作，应选择合适的材料，如铸铁、塑料和钢等，塑料的耐磨性、抗振性好、成本低，钢可以进一步提高耐磨性。

4）结构工艺性好。导轨结构应简单，以便于制造、维修、检测、调整，工艺性和经济性好。

2.3.2 常见机构分析

1. 滚动直线导轨

滚动直线导轨的运动方向为直线，支承导件与运动件接触面间为滚动摩擦，中间介质为滚动体。它具有很多特点：

1）导向精度高，运动平稳可靠，摩擦系数小，动作轻便、灵活，无爬行现象，微量位移准确。

2）可施加预紧力，预紧后导轨刚度提高，能承受较大冲击和振动。

3）寿命长。

4）便于润滑，故在精密产品中被广泛应用。

常见滚动直线导轨形式如图 2-21 和图 2-22 所示。图 2-21 所示为滚动体不循环的滚动导轨副。其特点是结构简单、便于制造、成本低，但刚性差、行程短、抗振性差、不能承受冲击载荷。按滚动体的形状不同，其可分为滚珠式和滚柱式两种，滚珠式的特点是摩擦阻力小，但承载能力差，适于载荷小的工作场合；滚柱式的特点是承载能力高、刚性高，但摩擦力较大。

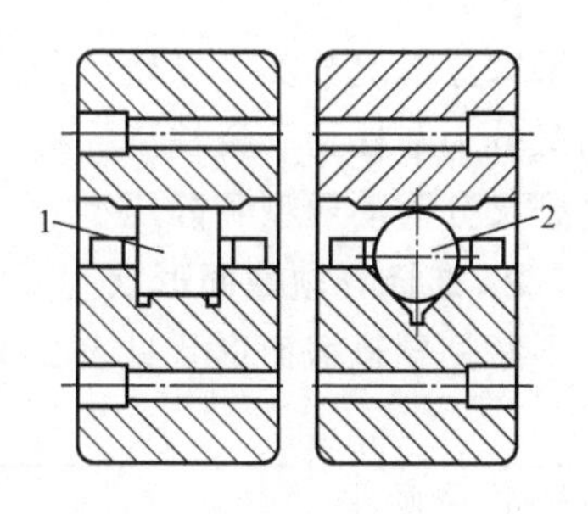

图 2-21 滚动体不循环的滚动导轨副

1—滚柱 2—滚珠

图 2-22 所示为滚动体循环的滚动导轨副，其特点是结构紧凑、行程长、装卸和调整方便。按滚动体的形状不同，其可分为滚珠式和滚柱式两种，图 2-22 所示为滚柱式导轨块。

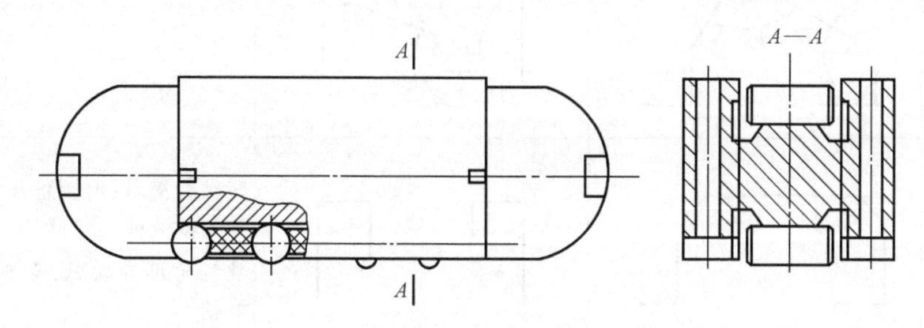

图 2-22 滚动体循环的滚动导轨副

2. 静压导轨

液体静压导轨的工作原理是：液压油通过节流阀由侧面油腔进入支承导件与运动件的间隙内，然后经回油孔返回油箱，如图 2-23 所示。当运动件 7 受垂直力 F_1 作用时，间隙 1 和 2 减小，间隙 4 和 5 增大，由于节流阀的作用，间隙 1 和 2 油压增大，间隙 4 和 5 油压减小，油腔产生一个与 F_1 大小相等、方向相反的平衡反作用力，致使支承导件与运动件 7 脱离接触，使运动件 7 稳定在一个新的平衡位置，大大降低了摩擦阻力；当运动件 7 受水平力 F_2 作用时，间隙 3 减小，间隙 6 增大，由于节流阀的作用，间隙 3 油压增大，间隙 6 油压减小，左右油腔产生的压力的合力与水平力 F_2 处于平衡状态。

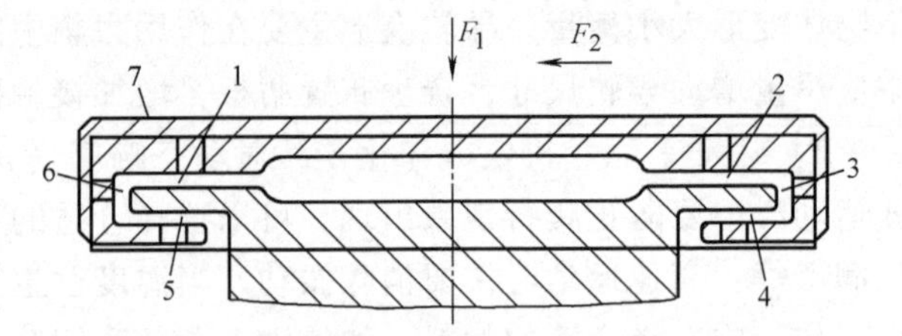

图 2-23 静压导轨副

1～6—间隙 7—运动件 F_1—运动件所受垂直方向作用力 F_2—运动件所受水平方向作用力

提高供油压力可以提高静压导轨的刚度。由于油压比气压高，所以液体静压导轨比气体静压导轨刚度高。改善油液参数和油腔形状均可提高静压导轨的导向精度。

2.3.3 导向装置设计

1. 根据已知的工作条件选择合适的导轨类型

按运动方向分类，导轨可分为直线运动导轨副和回转运动导轨副；按支承导件与运动件接触摩擦情况分类，导轨可分为滑动导轨副、滚动导轨副和气、液导轨副。其中，滑动导轨副又分为圆柱型、棱柱型、组合型和滚柱型，滚动导轨副又分为滚珠型和滚柱型，气、液导轨副又分为动压型和静压型。

2. 选择导轨截面形状

常见导轨截面形状见表 2-3。

表 2-3 导轨截面形状

导轨副分类	截面形状		凸形①	凹形②	特点
滑动导轨副	三角形	对称	45° 45°	90°	三角形导轨磨损后能自动补偿，导向精度高。若导轨在两个方向上的分力相差较大，可采用不对称三角形
		不对称	30° 90°	70° 90°	
	矩形				结构简单、承载能力大、刚度高、制造维修方便，应用广泛。但导向精度比三角形导轨低，磨损后不能自动补偿

（续）

导轨副分类	截面形状	凸　形①	凹　形②	特　点
滑动导轨副	燕尾形	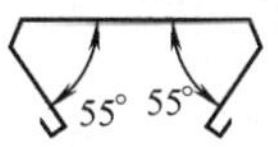 55° 55°	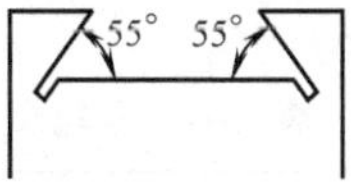 55° 55°	结构紧凑、磨损后不能自动补偿、刚性差、摩擦力大、制造维修不方便，适于运动速度及受力小的场合
	圆形	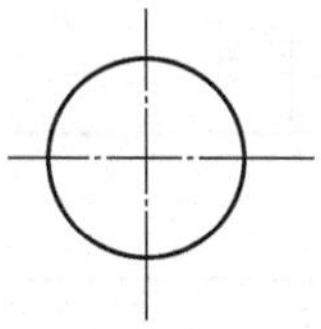	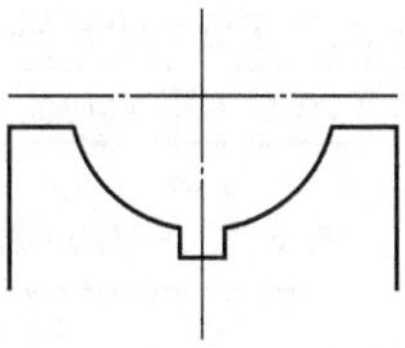	磨损后不能调整和补偿，制造方便，适于承受轴向载荷的场合
滚动导轨副	矩形	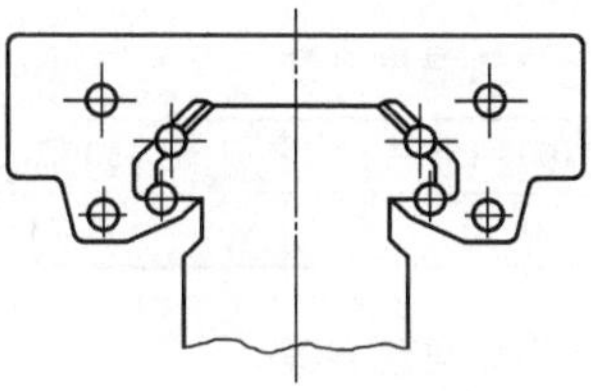		矩形截面四个方向受力大小相等，承载均匀
	梯形	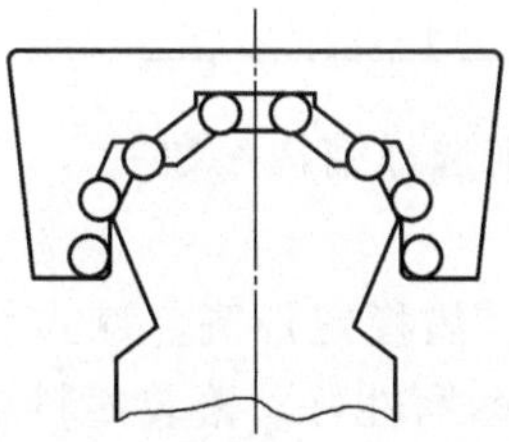		导轨承受较大的垂直载荷，其他方向承载能力低

①凸形导轨不易存切屑等脏物，但也不存润滑油。

②凹形导轨易存切屑、脏物，造成堵塞，但也易存润滑油，适宜高速工作。

3. 通过计算选择结构参数

（1）计算额定动载荷 C_a'（单位为 N）

$$C_a'=\frac{K_W}{K_H K_T K_C}\sqrt[3]{\frac{T_S}{K}}F \tag{2-10}$$

式中 K_W——负荷系数，按表 2-4 选取；

K_H——硬度系数，按表 2-5 选取；

K_T——温度系数，按表 2-6 选取；

K_C——接触系数，按表 2-7 选取；

K——寿命系数，一般取 $K=50\text{km}$；

F——平均载荷（N）。

$$T_S = 2l_S nT_h \times 10^{-3} \tag{2-11}$$

式中 T_S——额定行程长度系数（km）；

l_S——单向行程长度（m）；

n——每秒往复次数（次/h）；

T_h——额定工作时间寿命（h）。

表 2-4 导轨负荷系数

工作条件	K_W
无外部冲击或振动的低速运动场合，速度小于 15m/min	1～1.5
无明显冲击或振动的中速运动场合，速度小于 60m/min	1.5～2
有外部冲击或振动的高速运动场合，速度大于 60m/min	2～3.5

表 2-5 导轨硬度系数

滚道表面硬度 HRC	60	58	55	53	50	45
K_H	1.00	0.98	0.90	0.71	0.54	0.38

表 2-6 导轨温度系数

工作温度/°C	<100	100～150	150～200	200～250
K_T	1.00	0.90	0.73	0.63

表 2-7 导轨接触系数

每根导轨上的滑块数	1	2	3	4	5
K_C	1.00	0.81	0.72	0.66	0.61

（2）选择结构参数 依据 $C_a \geqslant C_a'$ 的原则选择结构参数。

4. 其他参数的选择

（1）导轨材料的选择 铸铁耐磨性好、热稳定性高、减振性好、成本低、易于加工，在滑动导轨中得到广泛应用。淬硬的钢导轨耐磨性好。镶装塑料导轨具有耐磨性好、动摩擦因数与静摩擦因数接近、化学稳定性好、抗振性好、抗撕裂能力强、工作范围广和成本低等诸多优点。在选材时，支承导件与运动件应选不同的材料，热处理的方式也有所不同。

（2）调整装置的选择 导轨工作时会产生间隙，间隙过小会增加摩擦阻力，间隙过大会降低导向精度，所以应选择合适的调整装置。如滑动导轨副可采用压板调隙和镶条调隙两种方法调整，其结构如图 2-24 所示。

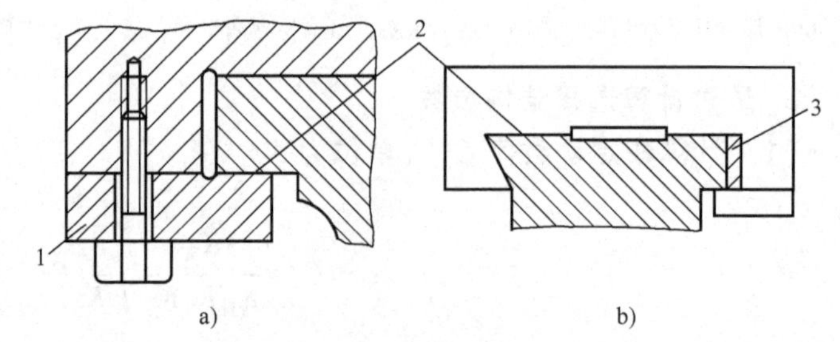

图 2-24 滑动导轨副调隙结构

a）压板调隙 b）镶条调隙

1—压板 2—接触面 3—镶条

5. 设计示例

现以设计滚动直线导轨为例，已知作用在滑座上的载荷 $F_\Sigma = 18000\text{N}$，滑座数 $M = 4$，单向行程长度 $l_S = 0.8\text{m}$，每分钟往返次数为 3，工作温度不超过 120°C，工作速度为 40m/min，每天开机 6h，每年工作 300 个工作日，要求工作 8 年以上，滚道表面硬度取 60HRC。试设计导轨副。

解 由已知条件得额定工作时间寿命 T_h 和额定行程长度系数 T_S 分别为

$$T_h = (6\times300\times8)\,h = 14400h$$

$$T_S = 2l_S n T_h \times10^{-3} = 2\times0.8m\times3\times60h^{-1}\times14400h\times10^{-3} = 4147.2km$$

因

$$C_a' = \frac{K_W}{K_H K_T K_C}\sqrt[3]{\frac{T_S}{K}}F$$

查表取 $K_W = 2$、$K_H = 1.0$、$K_T = 0.90$、$K_C = 0.81$，则

$$C_a' = \frac{2}{1.0\times0.90\times0.81}\times\sqrt[3]{\frac{4147.2}{50}}\times\frac{18000}{4}N = 53840.6N$$

选择滚动直线导轨，查表后，选择相应的型号及参数。

复习思考题

1. 简述机电一体化的机械系统的含义。
2. 简述机电一体化的机械系统与传统的机械系统的功能区别。
3. 简述机械传动装置在机电一体化产品中的性能要求。
4. 简述滚珠丝杠副的特点。
5. 滚珠丝杠副的工作间隙是怎么产生的？如何消除？
6. 如何设计齿轮传动装置的总传动比与各级传动比？
7. 简述齿轮传动的齿侧间隙调整方法。
8. 谐波齿轮减速器是如何实现减速的？
9. 如图 2-23 所示，若液体静压导轨受一顺时针方向的翻转力矩，试分析静压导轨的工作状况。
10. 画出机械传动装置方案设计框图。
11. 某数控铣床作用在滑座上的载荷 $F_\Sigma = 18000N$，滑座数 $M = 4$，单向行程长度 $l_S = 0.6m$，每分钟往返次数为 4，每天开机 6h，每年工作 300 个工作日，寿命要求 8 年以上，试设计滚动直线导轨副。

第3章 执行装置及伺服电动机

在机电一体化系统中，广泛使用机械能流来完成机械运动，做出机械功。机械能流支持系统一般由动力装置、传动装置、执行装置以及能源组成。能源一般采用电源或液（气）压源。动力装置的作用是将电能或液（气）压能转换为机械能，如伺服电动机将电能转化为回转运动的机械能；步进气缸将气压能转换为直线运动的机械能。传动装置起传递机械运动能量的作用，或起转换运动轨迹、运动参数、增速和增大转矩的作用。执行装置的作用则是夹持物料、运动导向以及将机械能有效传入工艺过程。对于直线运动，执行装置包括工作台、刀架和输送带等；对于回转运动，执行装置包括主轴和转台等；对于组合运动，执行装置包括机械手等。传动装置已在第 2 章中叙述，由于篇幅限制，本章仅对常用执行装置及伺服电动机进行分析。

3.1 常用执行装置及分析

机电一体化产品具有信息处理系统、物流系统和加工系统，它是以能量、物质、信息的传递、处理、转换和保存等为目的的技术系统，为实现不同的目的和功能，需要采用不同形式的执行装置，其中有电动机式、机械式、电子式和激光式，本节主要介绍几种常用的执行装置。

3.1.1 微动装置

微动装置是一种能在一定范围内精确、微量地移动到给定位置或实现特定的进给运动的装置。在机电一体化产品中，微动装置一般用于精确、微量地调节某些部件的相对位置。如在仪器的读数系统中，利用微动装置调整刻度尺的零位；在磨床中，用螺旋微动装置调整砂轮架的微量进给；在医学领域中，各种微型手术器械均采用微动装置。

微动装置一般要求：灵敏度高；传动灵活、平稳，无空程与爬行现象；抗干扰能力强、快速响应性好和结构工艺性良好等。

微动装置按其传动原理不同分为机械式、热变形式、磁致伸缩式、电气-机械式、弹性变形式和压电式等多种形式，下面介绍其中的几种形式。

1. 机械式微动装置

常用的机械式微动装置传动类型有螺旋传动、齿轮传动、摩擦传动、杠杆传动以及这几种传动方案的结合。图 3-1 所示为万能工具显微镜工作台螺旋微动装置，它采用螺旋传动，由紧定螺母 2、调节螺母 3、微动手轮 4、螺杆 5 和钢珠 6 等组成。整个装置固定在测微套 1 上。旋转微动手轮 4 时，螺杆 5 顶动工作台，实现工作台的微动。螺旋微动装置的最小微动

量 $S_{\min}$（单位为 mm）为

$$S_{\min}=P\frac{\Delta\varphi}{360} \tag{3-1}$$

式中　P——螺杆的螺距（mm）；

$\Delta\varphi$——手轮的最小转角（°）。

为提高该装置的灵敏度，可增大微动手轮 4 或减小螺距。但手轮太大，将使装置的空间体积增大，操作不灵便；若螺距太小，则加工困难，使用时易磨损。因此该装置的灵敏度不高。

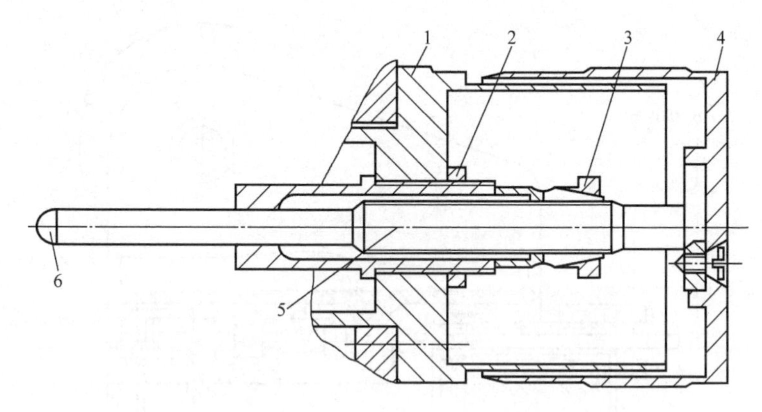

图 3-1　万能工具显微镜工作台螺旋微动装置

1—测微套　2—紧定螺母　3—调节螺母　4—微动手轮　5—螺杆　6—钢珠

2. 热变形式微动装置

该类装置利用电热元件作为动力源，靠电热元件通电后产生的热变形实现微小位移，其工作原理如图 3-2 所示。传动杆 1 的一端固定在机座上，另一端固定在沿导轨移动的运动件 3 上。当电阻丝 2 通电加热时，传动杆 1 受热伸长，其伸长量 ΔL（单位为 mm）为

$$\Delta L=\alpha L(t_1-t_0)=\alpha L\Delta t \tag{3-2}$$

式中　α——传动杆材料的线膨胀系数(1/°C)；

L——传动杆长度(mm)；

t_1——传动杆加热后的温度(°C)；

t_0——传动杆加热前的温度(°C)；

Δt——传动杆加热前后的温度差(°C)。

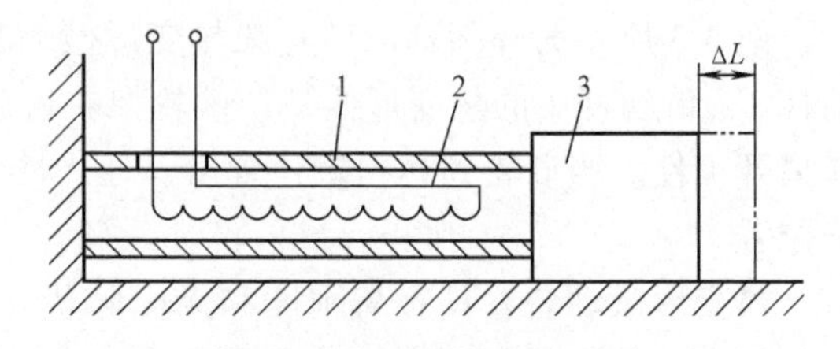

图 3-2　热变形式微动装置原理

1—传动杆　2—电阻丝　3—运动件

当传动杆 1 由于伸长而产生的力大于导轨副中的静摩擦力时，运动件 3 就开始移动。理想状态为传动杆的伸长量等于运动件的移动量，但由于导轨副摩擦力性质、位移速度、运动件重量以及系统阻尼等因素，往往达不到理想状态，实际传动杆的伸长量与运动件的移动量有一定差值，称之为运动误差 ΔS（单位为 mm），其计算式为

$$\Delta S=\pm\frac{CL}{EA} \tag{3-3}$$

式中　C——考虑到摩擦阻力、位移速度和阻尼的系数；

L——传动杆长度（mm）；

E——传动杆材料的弹性模量（Pa）；

A——传动杆的截面积（m^2）。

所以，传动杆位移的相对误差为

$$\frac{\Delta S}{\Delta L}=\pm\frac{C}{EA\alpha\Delta t} \tag{3-4}$$

为减少微量位移的相对误差，由式（3-4）可知，应增加传动杆的弹性模量 E、线膨胀系数 α 和截面积 A。所以，应选择线膨胀系数和弹性模量大的材料制成传动杆。

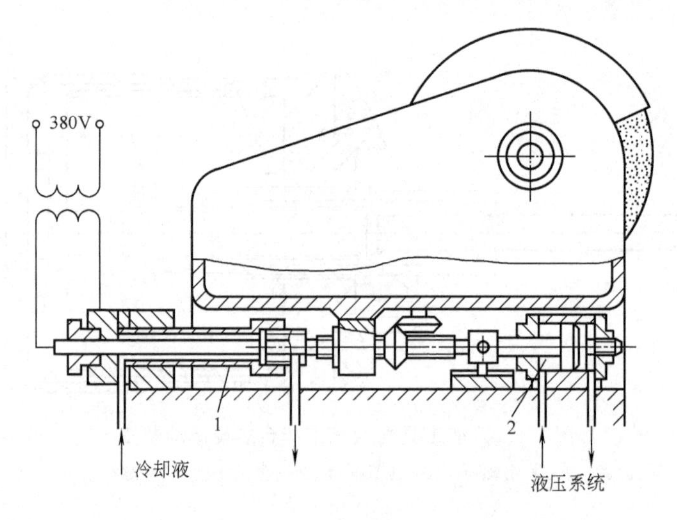

图 3-3　热变形微动装置

1—传动杆　2—液压缸

热变形微动机构可利用变压器和变阻器等调节方法来调节传动杆的加热速度，以实现对位移速度和微进给量的控制。为了使传动杆或运动件恢复到原来的位置，可利用压缩空气或乳化液流经传动杆的内腔使之冷却。

图 3-3 所示为外圆磨床砂轮架热变形微动装置。在砂轮架中，变压器输出的电流通过传动杆 1，传动杆 1 的热变形伸长使砂轮架获得微量进给；液压缸 2 用以实现砂轮架快速趋进或离开工件。当砂轮到达预定位置后，通入冷却液或压缩空气，使传动杆 1 冷却而恢复到原来位置。

热变形微动装置具有高刚度和无间隙优点，并可通过控制加热电流来得到所需微量位移，但由于热惯性以及冷却速度难以精确控制等原因，这种微动机构只适用于行程较短、频率不高的场合。

3. 磁致伸缩式微动装置

该类装置利用某些材料在磁场作用下具有改变尺寸的磁致伸缩效应来实现微量位移。其原理如图 3-4 所示，磁致伸缩棒 1 左端固定在机座上，右端与运动件 2 相连，绕在磁致伸缩棒 1 外的磁致线圈通电励磁后，在磁场作用下，磁致伸

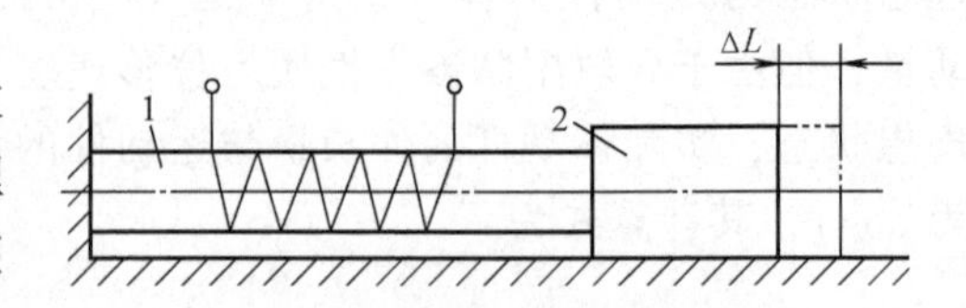

图 3-4　磁致伸缩式微动原理

1—磁致伸缩棒　2—运动件

缩棒1产生伸缩变形而使运动件2实现微量移动。通过改变线圈的通电电流大小来改变磁场强度，磁致伸缩棒1产生不同的伸缩变形，可使运动件2得到不同的位移量。在磁场作用下，磁致伸缩棒1的变形量ΔL(单位为μm)为

$$\Delta L=\pm\lambda L \tag{3-5}$$

式中 λ——材料磁致伸缩系数（μm/m）；

L——磁致伸缩棒被磁化部分的长度（m）。

当磁致伸缩棒变形时产生的伸缩力能克服运动件2导轨副的摩擦力时，运动件2便产生位移，其最小位移量ΔL_{min}(单位为μm)为

$$\Delta L_{min}>F_0/K \tag{3-6}$$

运动件2的最大位移量ΔL_{max}(单位为μm)为

$$\Delta L_{max}\leqslant\lambda_s L-F_d/K \tag{3-7}$$

式中 F_0——导轨副的静摩擦力(N)；

F_d——导轨副的动摩擦力(N)；

K——磁致伸缩棒的纵向刚度(N/μm)；

λ_s——磁饱和时磁致伸缩棒的相对磁致伸缩系数（μm/m）。

磁致伸缩式微动装置的特点是重复精度高，无间隙，刚度好，转动惯量小，工作稳定性好，结构简单、紧凑，但由于工程材料的磁致伸缩量有限，故该类装置所提供的位移量有限，因而该类装置适用于精确位移调整、切削刀具的磨损补偿、温度补偿及自动调节系统。图3-5所示为磁致伸缩式精密坐标工作台，它利用粗、精位移相结合得到所需的较大的进给量。粗位移时，用丝杠螺母副传动；微量位移时，用装在螺母与工作台3间的磁致伸缩棒2来实现。

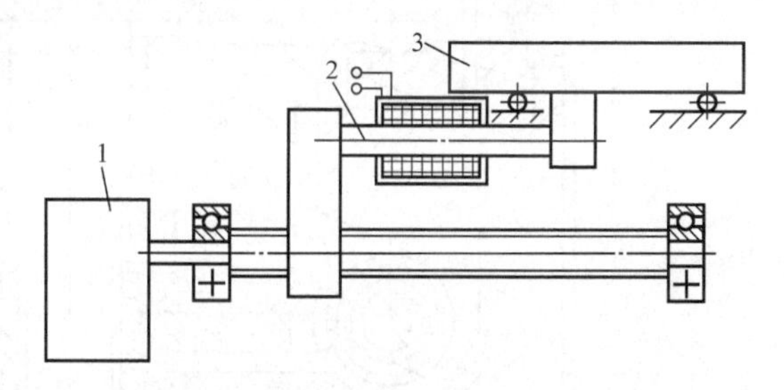

图3-5 磁致伸缩式精密坐标工作台

1—传动箱 2—磁致伸缩棒 3—工作台

4. 电气-机械式微动装置

图3-6所示是美国辛辛那提·米拉克隆S系列切入式外圆磨床的电气机械式微动装置简图，该装置由步进电动机1与2、齿轮3、丝杠螺母副、快速液压缸5和砂轮架4等元件组成。由步进电动机2经齿轮3和丝杠螺母副带动砂轮架4实现粗磨、半精磨和精磨等进给。通过步进电动机1经减速器及丝杠螺母副实现补偿进给，最小微进给量为0.0005mm。

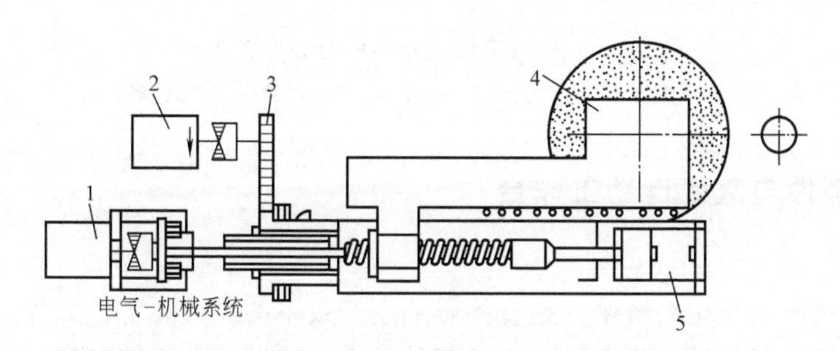

图3-6 电气-机械式微动装置简图

1、2—步进电动机 3—齿轮 4—砂轮架 5—快速液压缸

3.1.2 定位装置

定位装置是机电一体化系统中一种确保移动件占据准确位置的执行装置，通常采用分度机构和定位装置的组合形式来实现精确定位要求。图3-7所示的XH754型卧式加工中心分度工作台就是这样一种定位装置，工作台面1靠端面齿盘2和齿盘4精确定位。活塞5将工作台面1抬起，蜗杆蜗轮副6使工作台面1转动位置。齿盘4共有72齿，每齿间隙5°，故每次转位的角度必须为5°的倍数。

分度前，活塞5的下腔通液压油，经推力轴承3把工作台面1抬起，端面齿盘2和齿盘4分开。工作台的定心轴7与蜗轮为花键联接。分度时，直流伺服电动机通过十字滑块联轴器（图中未示出）、蜗杆蜗轮副6，经工作台定心轴7使工作台转位，至此实现工作台粗定位。转位完毕后，活塞的上腔通液压油，把工作台下拉，靠端面齿盘2和齿盘4定位，由此保证最后定位精度。

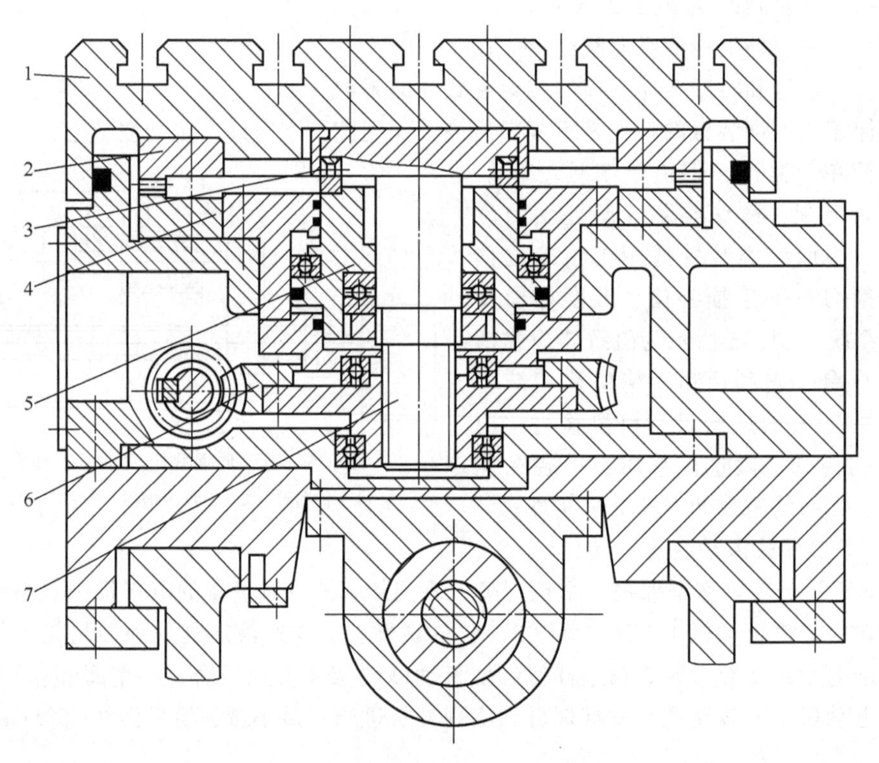

图3-7 XH754型卧式加工中心分度工作台

1—工作台面 2—端面齿盘 3—推力轴承 4—齿盘 5—活塞 6—蜗杆蜗轮副 7—定心轴

3.1.3 主轴部件与直线运动工作台

1. 主轴部件

主轴部件在机电一体化系统中，是直接影响生产效率的执行装置，如加工中心主轴、发电机组主轴和炼油系统的压缩机主轴。主轴部件要求具有足够的旋转精度、刚度、抗振性以及良好的热稳定性和耐磨性。

图 3-8 所示为 MJ—50 数控车床主轴部件结构。交流主轴电动机通过带轮 15 把运动传给主轴 7。主轴有前后两个支承，前支承由一个圆锥孔双列圆柱滚子轴承 11 和一对角接触球轴承 10 组成，轴承 11 用来承受径向载荷，两个角接触球轴承 10 一个大口向外（朝向主轴前端），另一个大口向里（朝向主轴后端），用来承受双向载荷和径向载荷。前支承轴承的间隙用螺母 8 来调整，螺钉 12 用来防止螺母 8 回松。主轴的后支承为圆锥孔双列圆柱滚子轴承 14，轴承间隙由螺母 1 和 6 来调整。螺钉 17 和 13 用来防止螺母 1 和 6 回松。主轴 7 的支承形式为前端定位，主轴 7 受热膨胀向后伸长。前后支承所用圆锥孔双列圆柱滚子轴承 11、14 的支承刚性好，允许的极限转速高。前支承中的角接触球轴承 10 能承受较大的轴向载荷，且允许的极限转速高。主轴 7 所采用的支承结构适宜低速、大载荷的需要。主轴 7 经过同步带轮 16 和 3 以及同步带 2 带动脉冲编码器 4 与其同速运转。脉冲编码器 4 用螺钉 5 固定在主轴箱体上。

2. 直线运动工作台

在机电一体化系统中，直线运动工作台是最常见的执行装置，如机床直线运动工作台、AGV 和加工中心之间的渡送装置。直线运动工作台的常见结构如图 3-9 所示，工作台支承于滚动导轨上，一般有 4 个支承点，滚珠丝杠螺母副的螺母和工作台固联。当滚珠丝杠转动时，工作台前后移动，工作台上的 T 形槽用于固定各种工件或其他功能元件。直线运动工作台的导向宽度和导向长度有一定的比例关系。

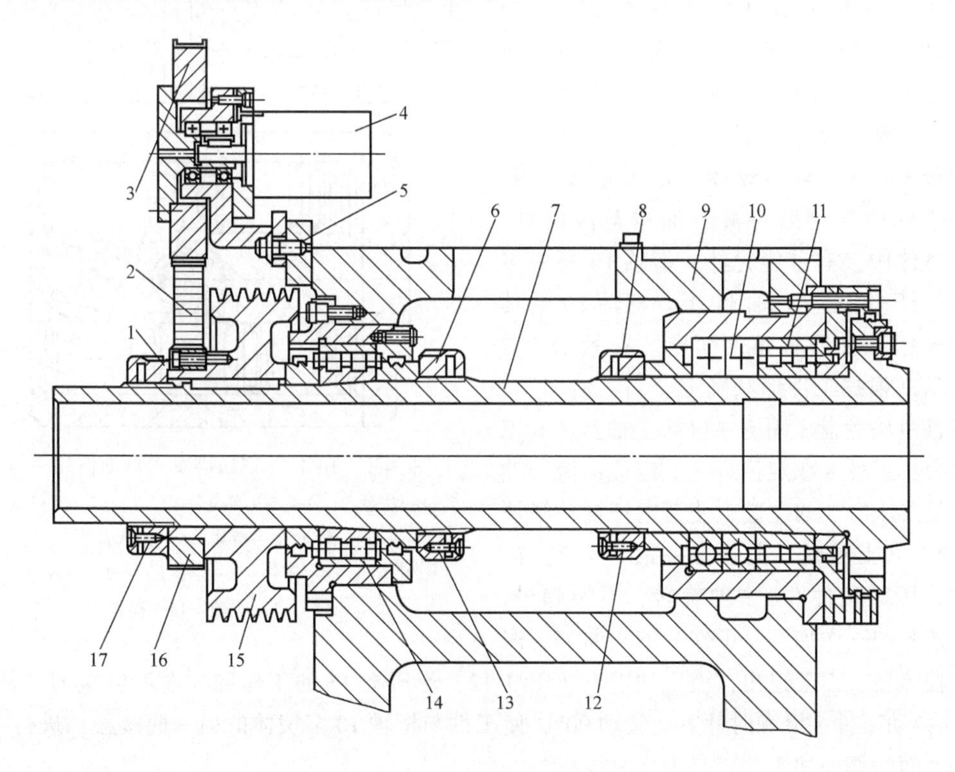

图 3-8 MJ—50 数控车床主轴部件结构

1、6、8—螺母 2—同步带 3、16—同步带轮 4—脉冲编码器 5、12、13、17—螺钉 7—主轴 9—主轴箱体 10—角接触球轴承 11、14—圆锥孔双列圆柱滚子轴承 15—带轮

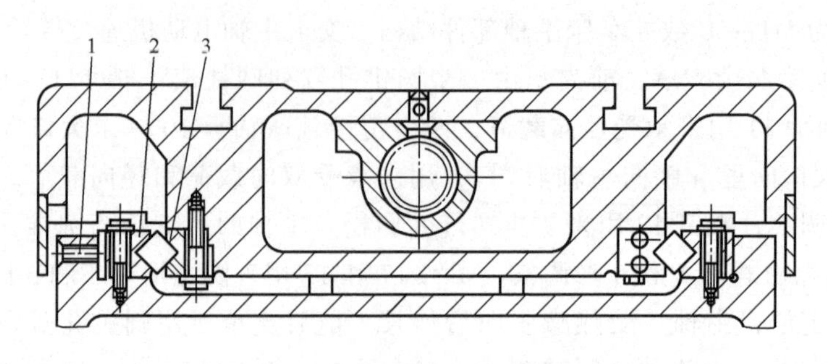

图 3-9 直线运动工作台结构

1—调整螺钉 2—定导轨 3—滚柱

3.1.4 动力卡盘

动力卡盘是数控机床为满足各种加工需求的执行装置之一。动力卡盘能保证在机床主轴转动的情况下，工件能自动回转，做到一次装夹完成全部加工工序。它广泛应用于十字形零件和T形零件的车削加工过程。

图 3-10 所示为 BP4-22 型转塔车床自动回转卡盘。卡盘体主要由不动部分 2 和可换部分 4 组成。不动盘体中装有动力传动元件（液压缸 3 用于夹紧工件 8，液压缸 12、15 用于回转工件），装在盘体中心孔的配油管沿不动盘体中的管路将液压油送至液压缸。在可换盘体中装有分度元件，枢轴 10 是一多棱体，摇杆 14 装在心轴 11 上。枢轴 10 的具体结构根据工件回转角度而定。夹紧卡爪 7 和定位爪 9 根据工件形状确定。

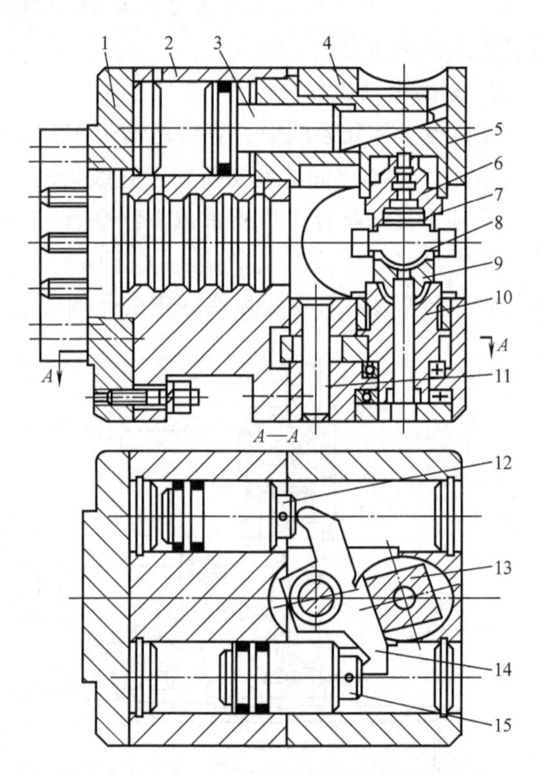

图 3-10 BP4-22 型转塔车床自动回转卡盘

1—法兰盘 2—不动部分 3、12、15—液压缸 4—可换部分 5—滑块 6—支承套 7—夹紧卡爪 8—工件 9—定位爪 10、13—枢轴 11—心轴 14—摇杆

卡盘由法兰盘 1 固定在机床主轴上，其工作过程为：工件 8 在定位爪 9 上定位；液压油进入夹紧液压缸 3 的左腔，使活塞杆推动滑块 5（滑块 5 的支承套 6 上装有夹紧卡爪 7）向下运动，压紧工件 8；主轴旋转，刀架趋进，进行工件 8 的一面加工；工件 8 的一面加工完毕，主轴停转，刀架退出，液压油进入液压缸 12，液压缸 15 的工作腔与泄漏管接通，从而使摇杆 14 带动工件 8 沿顺时针方向转动 90°，使工件与枢轴 10 多棱体的另一面接触；进行工件 8 的下一个面的切削加工。

3.1.5 工业机器人末端执行器

工业机器人是一种自动控制、可重复编程、多功能、多自由度的操作机，是搬运工件或操作工具以及完成各种作业的机电一体化设备，工业机器人末端执行器（或称手部）是其执行装置。工业机器人末端执行器因其用途不同而结构各异，一般可分为机械夹持器、特种末端执行器和灵巧手 3 类。

1. 机械夹持器

机械夹持器应具备的基本功能是夹持和松开。夹持器夹持工件时，应有一定的力约束和形状约束，以保证被夹工件在移动、停留和装入过程中不改变姿态。当需要松开工件时，机械夹持器应完全松开。此外，还应保证工件夹持误差在给定的公差范围内。

机械夹持器通常以压缩空气作动力源，经传动机构实现手指的运动。根据手指夹持工件时的运动轨迹的不同，机械夹持器分为圆弧开合型、圆弧平行开合型和直线平行开合型 3 种。

1）圆弧开合型。该类夹持器在传动机构带动下，手指指端的运动轨迹为圆弧。如图 3-11 所示，图 a 所示的夹持器采用凸轮机构作为传动件，图 b 所示的夹持器采用连杆机构作为传动件。夹持器工作时，两手指 5、12 绕指支点 4、11 做圆弧运动，同时对工件进行夹紧和定心。这类夹持器对工件被夹持部位的尺寸有严格要求，否则可能会造成工件状态失常。

2）圆弧平行开合型。该类夹持器两手指工作时做平行开合运动，而指端运动轨迹为圆弧。图 3-12 所示的夹持器是采用平行四边形传动机构带动手指的圆弧平行开合的两种情况，图 3-12a 所示机构在夹持时指端前进，图 3-12b 所示机构在夹持时指端后退。

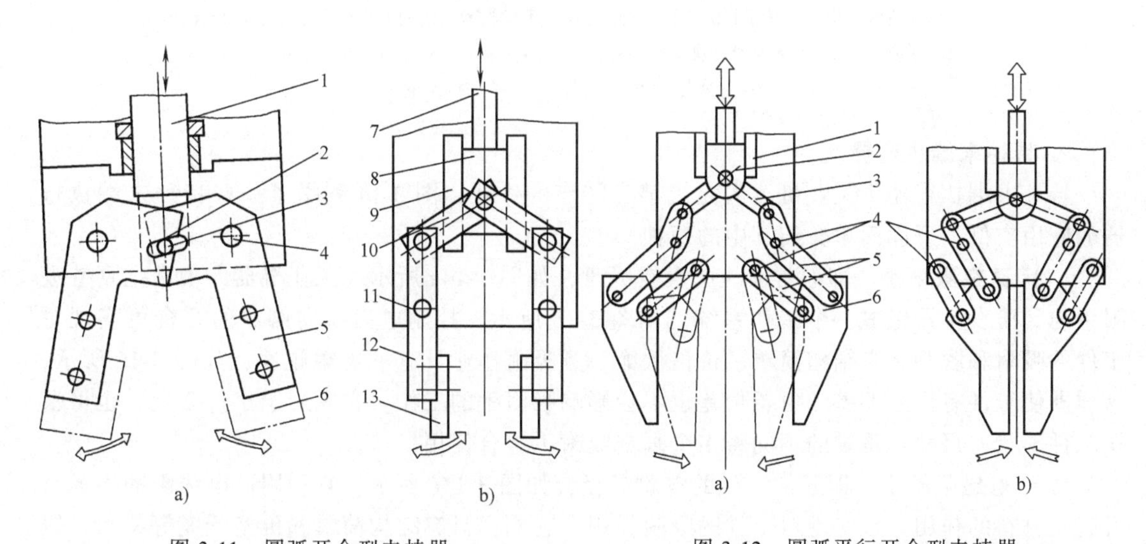

图 3-11 圆弧开合型夹持器

a）采用凸轮机构作为传动件 b）采用连杆机构作为传动件

1—活塞杆 2—凸轮槽 3—销 4、11—指支点 5、12—手指 6、13—卡爪 7—杆 8—十字头 9—导轮 10—中间连杆

图 3-12 圆弧平行开合型夹持器

a）夹持时指端前进 b）夹持时指端后退

1—导轨 2—十字头 3—中间连杆 4—指支点 5—平行连杆 6—手指

3）直线平行开合型。该类夹持器手指的运动轨迹为直线，且两手指夹持面始终保持平行，如图 3-13 所示，图 3-13a 所示的夹持器采用凸轮机构实现两手指的平行开合，在各手指的滑动块 2 上开有斜形凸轮槽 5，当活塞杆 1 上下运动时，通过装在其末端的滚子 4 在凸轮

槽5中运动，实现手指6的平行夹持运动。图3-13b所示的夹持器采用齿轮齿条机构，当活塞杆齿条7带动齿轮8旋转时，手指10上的齿条做直线运动，从而使两手指10平行开合，以夹持工件。

机械夹持器根据作业的需要形式繁多，有时为了抓取特别复杂形体的工件，还设计有特种手指机构的夹持器，如具有钢丝绳滑轮机构的多关节柔性手指夹持器和膨胀式橡皮手袋手指夹持器等。

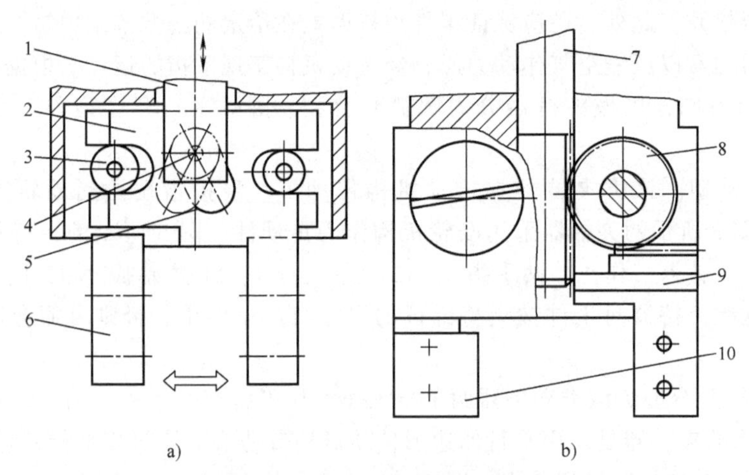

图3-13 直线平行开合型夹持器

a）采用凸轮机构实现两手指的平行开合 b）采用齿轮齿条机构实现两手指的平行开合

1—活塞杆 2—手指的滑动块 3—导向滚子 4—滚子 5—凸轮槽 6、10—手指

7—活塞杆齿条 8—齿轮 9—手指齿条

2. 特种末端执行器

特种末端执行器供工业机器人完成某类特定的作业，图3-14列举了一些特种末端执行器的应用实例，下面简单介绍其中的两种。

（1）真空吸附手 即通常所说的真空吸盘，如图3-14a所示。工业机器人中常把真空吸附手与负压发生器组成一个工作系统，如图3-15所示，控制电磁换向阀3的开合可实现对工件的吸附和脱开。它结构简单、价格低廉，且吸附作业具有一定柔顺性，如图3-16所示，这样即使工件有尺寸偏差和位置偏差也不会影响吸附手的工作。它常用于小件搬运，也可根据工件形状、尺寸、重量的不同将多个真空吸附手组合使用。

（2）电磁吸附手 即通常所说的电磁吸盘，如图3-14e所示。它利用通电线圈的磁场对可磁化材料的作用力来实现对工件的吸附作用。它同样具有结构简单和价格低廉等特点，但其最特殊的是：电磁吸附手吸附工件的过程是从不接触工件开始的，工件与吸附手接触之前处于漂浮状态，即吸附过程由高柔顺状态突变到低柔顺状态。电磁吸附手的吸附力是由通电线圈的磁场提供的，所以可用于搬运较大的可磁化材料的工件。

吸附手的形式根据被吸附工件表面形状来设计。图3-14e所示的电磁吸附手用于吸附平坦表面的工件。图3-17所示的电磁吸附手可用于吸附不同的曲面工件，这种吸附手在吸附部位装有磁粉袋2，励磁线圈1通电前将可变形的磁粉袋2贴在工件3表面上，当励磁线圈1通电励磁后，在磁场作用下，磁粉袋2端部外形固定成被吸附工件3的表面形状，从而达到吸附不同表面形状工件的目的。

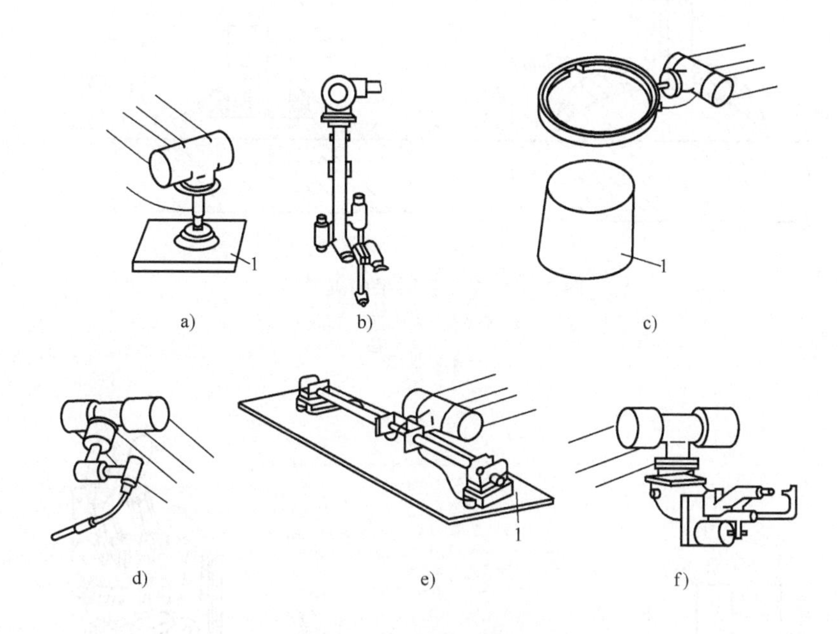

图 3-14 特种末端执行器

a）真空吸附手 b）喷枪 c）空气袋膨胀手 d）弧焊焊枪 e）电磁吸附手 f）点焊枪

1—工件

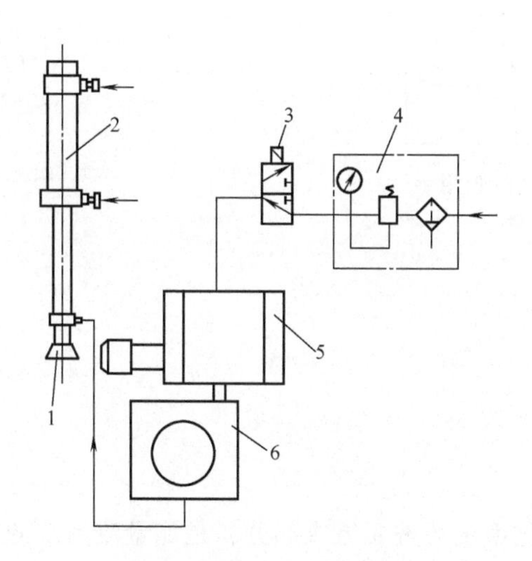

图 3-15 负压真空吸附系统

1—吸附手 2—送进缸 3—电磁换向阀 4—调压单元 5—负压发生器 6—空气净化过滤器

3. 灵巧手

它是一种模仿人手制作的多指、多关节的机器人末端执行器。它可以适应物体外形的变化，对物体施加任意方向、任意大小的夹持力，可满足对任意形状、不同材质的物体的操作和抓持要求，但其控制、操作系统技术难度较大，大部分仍处在研制阶段。图 3-18 所示为灵巧手的一个实例。

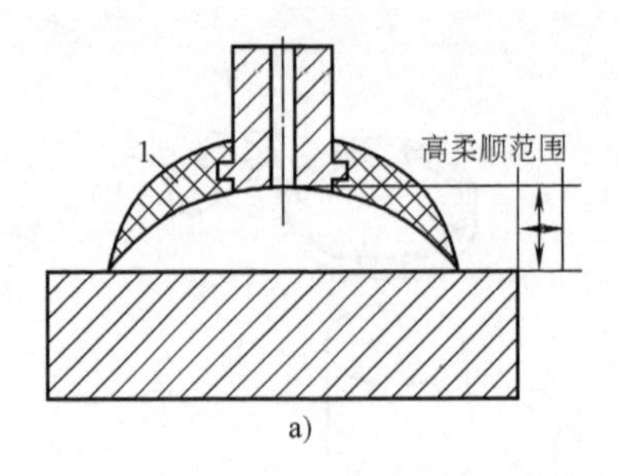

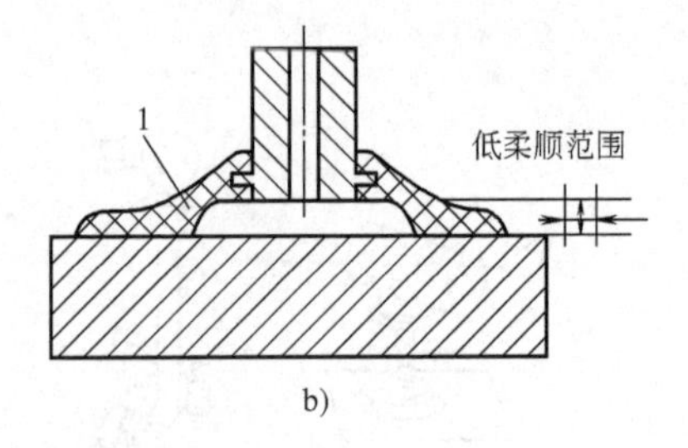

图 3-16 真空吸附手的柔顺性

a）高柔顺状态 b）低柔顺状态

1—真空吸附手

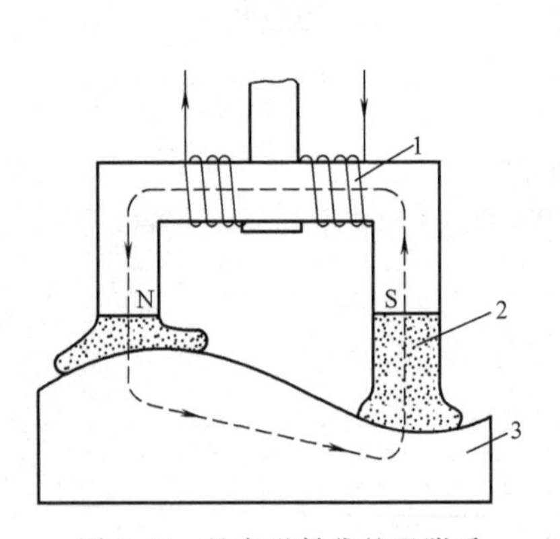

图 3-17 具有磁粉袋的吸附手

1—励磁线圈 2—磁粉袋 3—工件

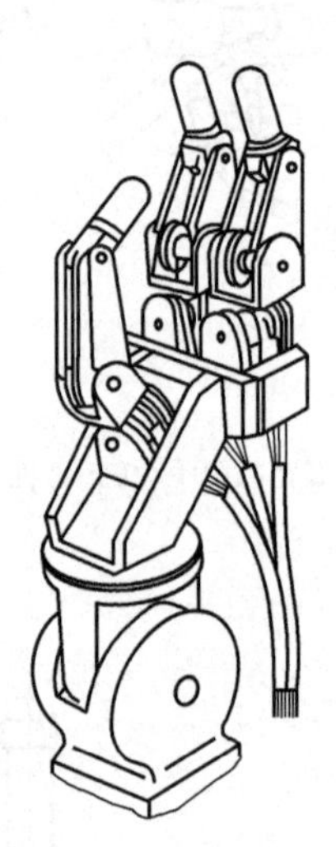

图 3-18 灵巧手

3.2 执行装置设计

3.2.1 概述

执行装置是机电一体化系统的重要组成部分，是能量流系统的末端，它直接接收系统控制器的指令，并通过传动机构来驱动最终执行装置实现特定的功能。由于执行装置与工作对象相接触，因而它要根据工作对象的类型而采取相应的结构形式。例如，机器人系统中的执行装置是机器人的末端执行器（手部），数控车床中的执行装置为车床的主轴和刀架，而在改造传统机械基础上得到的机电一体化产品大都保留原执行装置。

执行装置设计的主要要求如下：

1）具有实现所需的全部运动形式的能力，包括实现给定的运动轨迹、给定的行程、速度方向及运动的起止点位置的范围等，并具有相应的精度和灵敏度。

2）具有传递所需动力的能力。这要求执行装置具有相应的强度和刚度。

3）具有良好的动态品质，即要求尽量减少装置的转动惯量、提高传动刚度和系统固有频率，同时减少摩擦和间隙等。

4）可靠性高、寿命长。

由此，执行装置设计主要包括功能分析、运动设计及结构设计等几方面。本节仅对执行装置的运动和结构设计中的主要方面进行分析。

在设计新产品或对原有结构进行改进设计时，应充分分析和吸收原有结构和相近产品的结构的优点，尽量利用原有结构或借用相近产品中经过生产和使用的比较成熟的结构，或尽量采用推荐的典型结构，只对少部分结构进行另行设计，或只进行局部改动，这不仅大大简化设计和生产过程、缩短生产周期，而且也易于保证设计质量。

3.2.2 执行装置运动设计

执行装置的运动形式主要有回转运动、直线运动和组合运动等。执行装置运动设计旨在保证运动件具有一定的运动精度、定位精度和运动的稳定性。这里仅对回转精度和低速运动稳定性进行讨论。

1. 运动精度

在机电一体化系统中，可以通过几套运动伺服单元的配合实现各种平面或空间的运动轨迹，然而每套运动伺服单元本身的基本运动，如定轴旋转和直线运动等仍需要用科学、合理的结构来获得正确轨迹。随着现代专业化生产的日趋成熟，在运动结构设计时可以方便地选用品质优良的各类定型、标准的器件。此处重点介绍轴的回转精度与回转运动支承。

（1）轴的回转精度 所谓轴的回转精度，是指在运转过程中轴的瞬间回转中心线（轴上线速度为零的点的连线）的变动情况（图3-19）。从实际测量的角度出发，回转精度包括径向变动量和轴向窜动量两方面数值。其中，径向变动量使安装在轴上的各传动元件不能按标准圆轨迹运行，引起在半径方向的各种误差，如带轮外圆工作面和齿轮分度圆的径向圆跳动；而轴向窜动量也有对应的性能影响，如车床主轴在车螺纹时产生螺距变动和光盘驱动器主轴使光盘盘面发生跳动等。

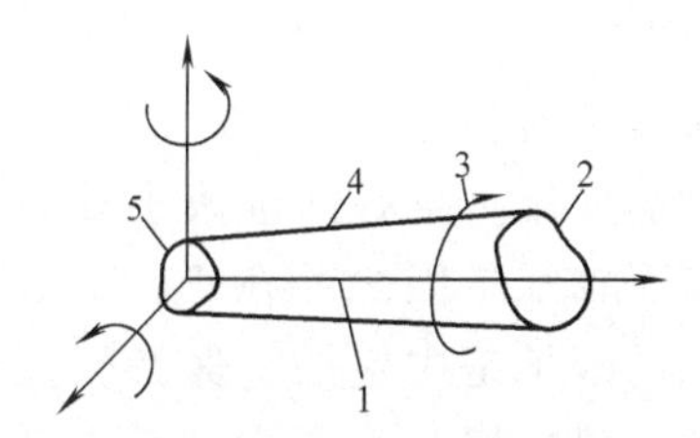

图3-19 轴的回转精度概念图
1—理想轴心线的位置 2—右轴承处轴心点运动轨迹 3—运动方向 4—左右轴心连线的包络面 5—左轴承处轴心点运动轨迹

（2）回转运动支承 回转运动支承主要指滚动轴承、动压轴承、静压轴承和磁轴承等各种轴承。它的作用是支承做回转运动的轴或丝杠。随着刀具材料和加工自动化的发展，主轴的转速越来越高，变速范围也越来越大。如中型数控机床和加工中心的主轴最高转速可达5000~6000r/min，甚至更高；内圆磨床为了达到足够的磨削速度，磨削小孔的砂轮主轴转速已高达24000r/min。因此，对轴承的精度、承载能力、刚度、抗振性、寿命和转速等提出了更高的要求，并逐渐出现了许多新型结构的轴承。机电一体化系统常用轴承及特点见表3-1。

1）标准滚动轴承。标准滚动轴承的尺寸规格已标准化、系列化，并由专门生产厂大量生产。使用时，主要根据刚度和转速来选择。如有要求，则还应考虑其他因素，如承载能力、抗振性和噪声等。近年来，为适应各种不同要求，还开发了不少用于机电一体化系统的新型轴承。

表 3-1 机电一体化系统常用轴承及特点

性能	滚动轴承		静压轴承	动压轴承	磁轴承
	标准滚动轴承	陶瓷轴承			
精度	一般，在预紧无间隙时较高，精度为 1~1.5μm	同标准滚动轴承	高，液体静压轴承可达 0.1μm，气体静压轴承可达 0.02~0.12μm	较高，单油楔为 0.5μm，双油楔为 0.08μm	一般，精度为 1.5~3μm
刚度	一般，预紧后较高	不及标准滚动轴承	液体静压轴承高，气体静压轴承较差	液体动压轴承较高	不及滚动轴承
抗振性	较差	同标准滚动轴承	好	较好	较好
速度性能	用于中、低速	用于中、高速	液体静压轴承可用于各种速度，气体静压轴承用于超高速	用于高速	用于高速
摩擦耗损	较小	较小	小	起动时摩擦较大	很小
寿命	较短	较长	长	长	长
使用维护	简单	较难	较难	比较简单	较难
成本	低	较高	较高	较高	高

图 3-20 所示为空心圆锥滚子轴承（Gamet 轴承），双列空心圆锥滚子轴承（图 3-20a）一般用于前支承，单列空心圆锥滚子轴承（图 3-20b）用于后支承，两者配套使用。空心圆锥滚子轴承与一般圆锥滚子轴承不同之处在于：空心圆锥滚子轴承的滚子是中空的，保持架则是整体加工的，保持架与滚子之间没有间隙，工作时润滑油的大部分将被迫通过滚子中间小孔，以便冷却最不易散热的滚子，润滑油的另一部分则在滚子与滚道之间通过，起润滑作用。此外，中空的滚子还具有一定的弹性变形能力，可吸收一部分振动。双列轴承的两列滚子数目相差 1 个，使两列轴承的刚度变化频率不同，以抑制振动。空心圆锥滚子轴承的主轴系统如图 3-21 所示，单列轴承外圈 4 上的弹簧 1 用来预紧，螺母 2 用于调整轴承间隙。这两种轴承的外圈较宽，因此与箱体的配合可以松一些。箱体孔的圆度和圆柱度误差对外圈滚道的影响较小。这种轴承使用油润滑，故常用于卧式主轴。

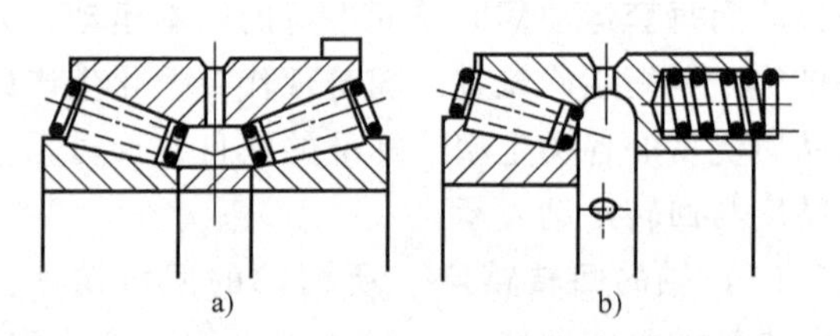

图 3-20 空心圆锥滚子轴承

a）双列空心圆锥滚子轴承 b）单列空心圆锥滚子轴承

陶瓷滚动轴承的结构与标准滚动轴承相同，目前常用的陶瓷材料为 Si_3N_4。由于陶瓷热传导率低、不易发热、硬度高、耐磨，在采用油脂润滑的情况下，轴承内径为 25~100mm 时，主轴转速可达 8000~15000r/min；在采用油雾润滑的情况下，轴承内径在 65~100mm 时，主轴转速可达 15000~20500r/min，在轴承内径为 40~60mm 时，主轴转速可达 20000~30000r/min。陶瓷滚动轴承主要用于中、高速运动主轴的支承。

2）非标准滚动轴承。对轴承有特殊要求而又不能采用标准滚动轴承时，可根据使用要求自行设计非标准滚动轴承。图 3-22 所示为密珠轴承，它由内圈、外圈和密集于二者间并具有过盈配合的钢球组成。它有径向轴承和推力轴承两种形式。密珠轴承的内、外滚道和止推面分别是形状简单的外圆柱面、内圆柱面和平面，在滚道间密集地安装有滚珠。滚珠在其尼龙保持架的空隙中以近似于多头螺旋线的形式排列，如图 3-22c、d 所示。每个滚珠公转时均沿着各自的滚道滚动而互不干扰，以减少滚道的磨损。滚珠的密集放置有助于减小滚珠几何误差对主轴轴线位置的影响，具有误差平均效应，也提高了主轴精度。滚珠与内、外圈之间保持有 0.005~0.012mm 的预加过盈量，以消除间隙、增加刚度、提高主轴的回转精度。

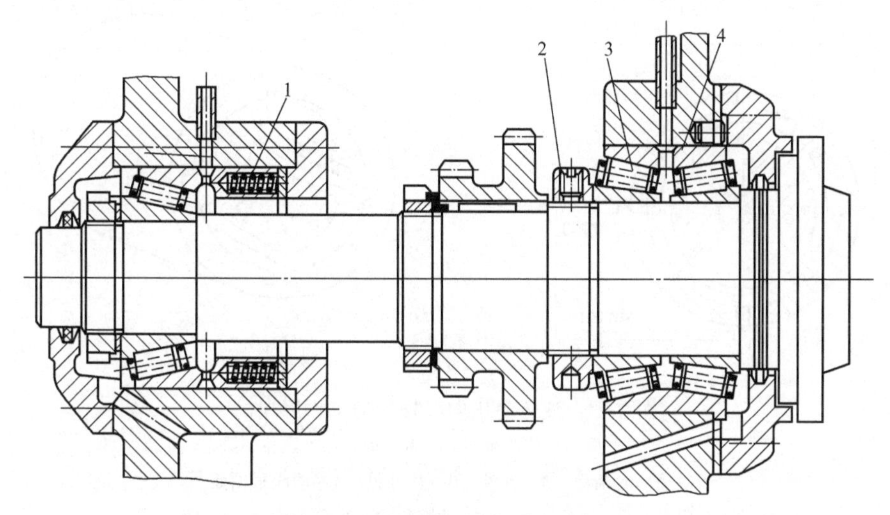

图 3-21 空心圆锥滚子轴承的主轴系统

1—弹簧 2—螺母 3—滚子 4—外圈

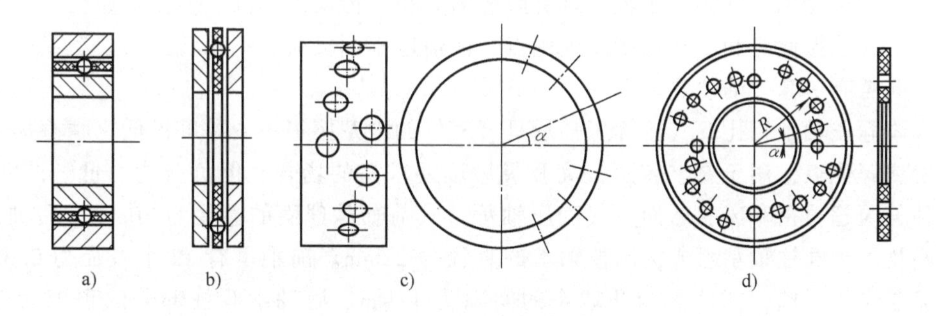

图 3-22 密珠轴承

a）径向轴承 b）推力轴承 c）径向轴承保持架 d）推力轴承保持架

α—滚珠中心夹角 R—滚珠公转半径

图 3-23 所示为密珠轴承在数字光栅分度头主轴部件中的应用。

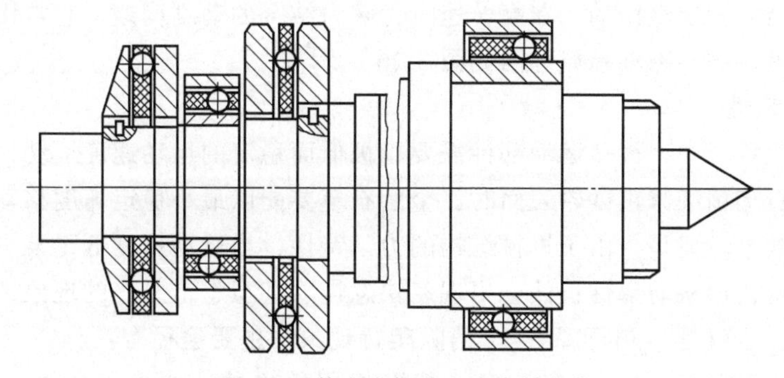

图 3-23 数字光栅分度头主轴部件

3）静压轴承。静压轴承是流体摩擦支承的基本类型之一，它是在轴颈与轴承之间充有一定压力的液体或气体，将转轴浮起并承受负荷的一种轴承。按承受负荷的方向不同，静压轴承分为向心轴承、推力轴承和向心推力轴承3种形式。液体静压向心轴承的工作原理如图3-24所示。

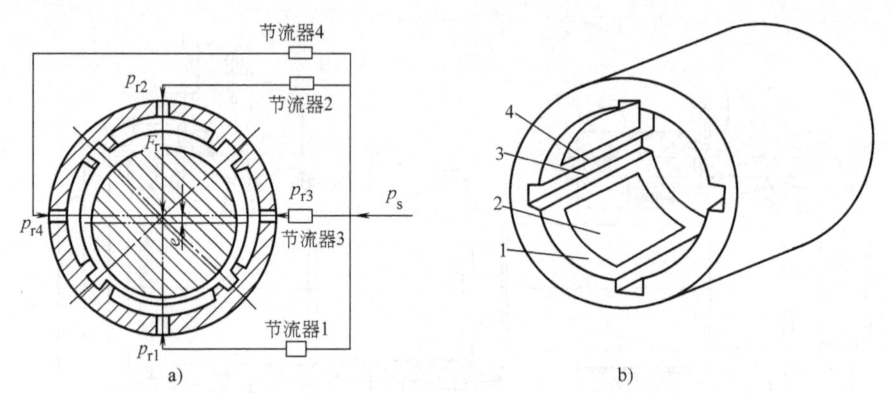

图3-24 液体静压向心轴承的工作原理

a）工作原理图 b）轴承

1—轴向封油面 2—油腔 3—回油槽 4—周向封油面

p_s—系统压力 p_{r1}、p_{r2}、p_{r3}、p_{r4}—油腔压力 F_r—外负荷 e—偏心量

与普通轴承相比，液体静压轴承具有摩擦阻力小、传动效率高、使用寿命长、转速范围广、刚度大、抗振性好和回转精度高等优点，能适应不同负荷、不同转速的大型或中小型设备要求，但需有一套供油装置。

与液体静压轴承相比，气压静压轴承具有气体的内摩擦很小、黏度极低、摩擦损失极小和不易发热等优点，用于要求转速极高和灵敏度要求高的场合，但负荷能力低。图3-25所示为一种美国超精密车床的球面空气静压轴承，其前轴承球面的直径为70mm，后轴承由1个球面座及1个圆柱轴承组成，圆柱轴承的直径为22mm。前轴承有12个直径为0.3mm的小孔节流器作为反馈，凹球面与凸球座的间隙为12μm。后轴承圆柱部分的顶隙为18μm，轴承在200r/min转速下工作时，径向和轴向跳动分别为0.03μm和0.01μm，径向和轴向的承载刚度分别是25N/μm和80N/μm。

4）磁轴承。磁轴承利用磁场使轴悬浮在磁场中，轴与轴承座无任何接触，是一种高速轴承，其最高速度可达60000r/min，且可靠性高。磁轴承的缺点是：在低转速时，轴和轴承存在电磁关系，会使轴承座振动；在高转速时，磁力结合的动刚度差。它常用于机器人、精密仪器和陀螺仪等。向心磁轴承原理图如图3-26所示。

2. 运动的稳定性

在机电一体化系统中，很多运动部件需要以极低而稳定的运动速度运动，如高精度镜面磨床，当用金刚石笔精细修正砂轮表面时，金刚石笔要能以最小稳定速度移动，一般要求每分钟几百或几十微米。但是，由于机械结构的力学特性，当运动速度低于某一数值后，尽管原动件的速度恒定，但从动部件仍然会出现忽快忽慢、甚至忽走忽停的现象，影响或破坏了系统的工作性能，这就是“爬行现象”。消除爬行现象的主要途径有：

1）改善导轨的摩擦特性，以减少动、静摩擦因数之差，如采用导轨油、改进导轨材

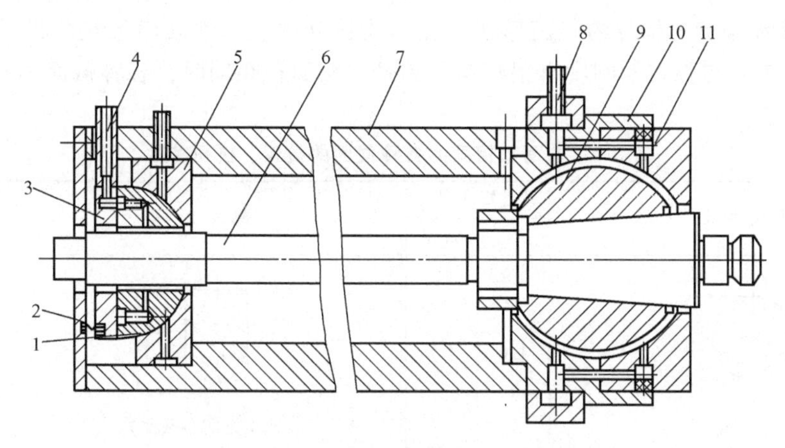

图 3-25　超精密车床的球面空气静压轴承

1—圆柱径向轴套　2—弹簧　3—支承板　4、8—进气口　5、10、11—凹球　6—主轴　7—体壳　9—凸球

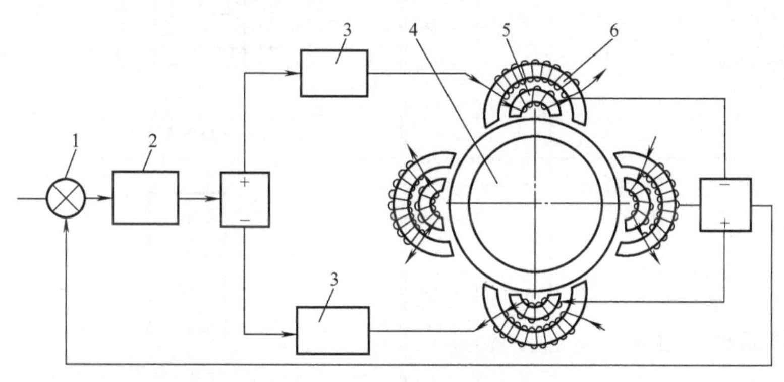

图 3-26　向心磁轴承原理图

1—比较元件　2—调节器　3—功率放大器　4—转子　5—位移传感器　6—电磁铁

料、以滚动摩擦代替滑动摩擦。

2）提高传动系统的刚度。

3）尽量减小从动件的重量。

3.2.3　执行装置结构设计

3.2.2 节对常用的执行装置的结构及性能特点进行了分析。本节从执行装置结构设计品质出发，介绍对执行装置结构强度、刚度和工艺性的设计要求。

1. 结构刚度和强度

机械结构强度是指在预定的设计年限内，正常运转的机械结构至少不发生破坏；机械结构刚度是指在机械结构中，负载超过限定值时执行装置发生变形，并严重地影响其工作性能。在计量检测仪器和精密机床等设备中，刚度问题更加突出。传统的强度设计是按结构强度理论进行校核计算。这种设计可以保证结构具有足够的承载能力，但不能使材料的潜力得到充分的发挥。同样，对于简化结构，在静力作用下的变形完全可以用材料力学的方法解决，但结构复杂时，简单计算将无法解决。因此，理论定性、经验定量的原则是目前进行结构刚度和强度设计的主要手段之一。

(1) 刚度和强度与构件的截面形状 在结构设计中，构件截面形状的设计是最基本的设计工作，因为它与强度及刚度有很密切的关系。截面积相同时，各种截面的抗弯、抗扭特性见表 3-2。

表 3-2 截面积相同的各种截面的抗弯、抗扭特性

截面形状	惯性矩相对值		截面形状	惯性矩相对值	
	抗弯	抗扭		抗弯	抗扭
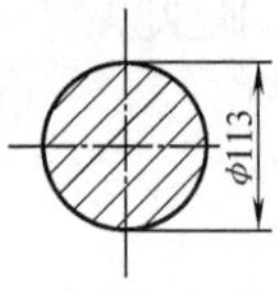 $\phi113$ (实心圆)	1.0	1.0	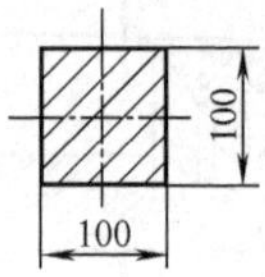 100, 100 (正方实心截面)	1.04	0.88
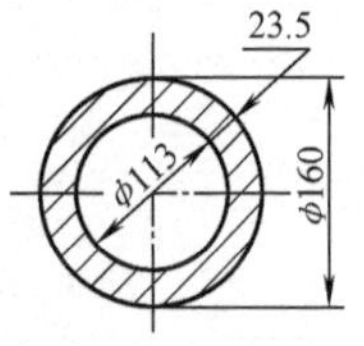 23.5, $\phi113$, $\phi160$ (空心细管)	3.02	3.02	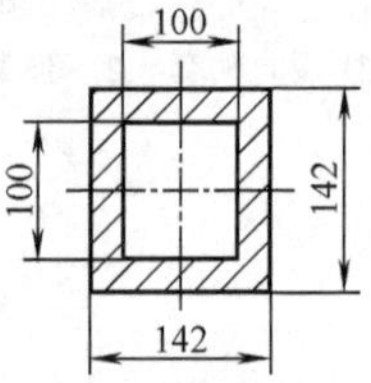 100, 100, 142, 142 (空心方管)	3.21	1.27
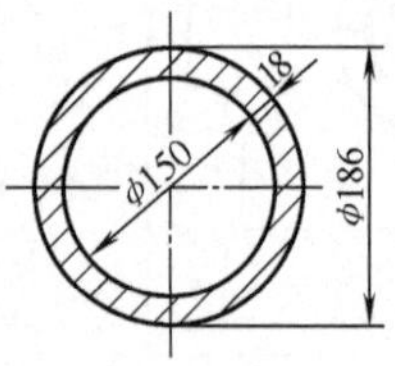 18, $\phi150$, $\phi186$ (空心粗管)	5.04	5.04	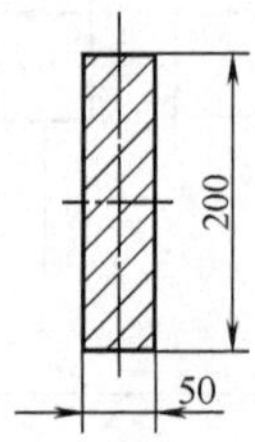 200, 50 (竖板)	4.17	0.43
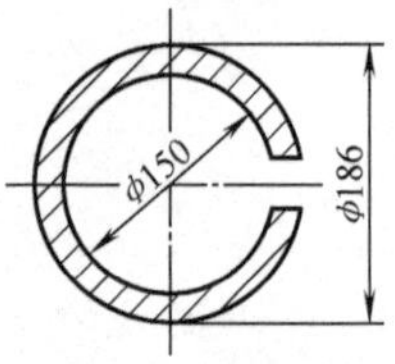 $\phi150$, $\phi186$ (空心开缝管)	—	0.07	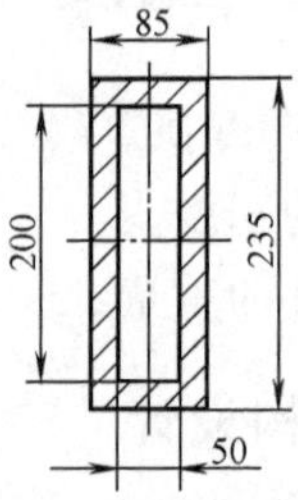 85, 200, 235, 50 (空心竖方管)	7.35	0.82
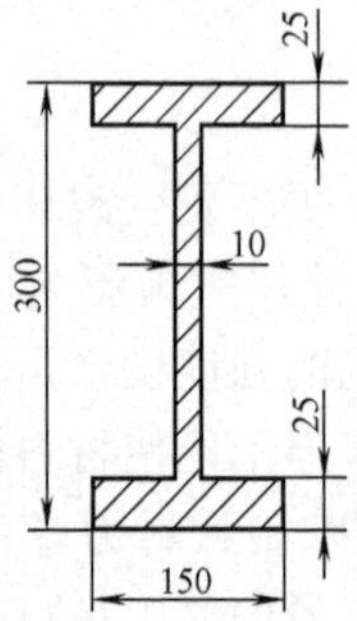 25, 300, 10, 25, 150 (竖工字梁)	19.4	143	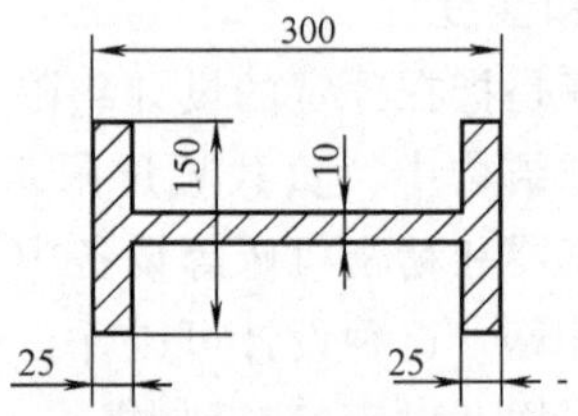 300, 150, 10, 25, 25 (横工字梁)	3.4	—

由表 3-2 可知：

1）在截面积相等的情况下，加大截面外形尺寸，特别是加大受力方向上的外形尺寸，可提高强度。

2）空心截面的惯性矩比实心的大，加大截面轮廓尺寸、减小壁厚，可提高刚度。因此，在可能的工艺条件下，应尽量减薄截面壁厚，而不用增加壁厚的办法。

3）方形截面的抗弯刚度比圆形的大，但其抗扭刚度较低。若截面主要承受的是弯矩，则截面应取方形或矩形为好；环形的抗扭刚度比方形、方框形和长框形的大，而抗弯刚度小；不封闭的截面比封闭的截面刚度低得多，特别是抗扭刚度下降更多。因此，在可能条件下，应尽量设计成封闭的截面形状。

在一定的强度和刚度要求条件下，合理地选择截面形状将有利于节省材料、减轻重量；反之，合理的截面形状，可使零件在相同材料消耗的条件下，获得更高的强度和刚度。

（2）刚度和强度与材料特性相适应 当材料的抗拉强度和抗压强度有较大差别时，此问题比较突出。例如，使用钢和铝等塑性材料时，应尽量用拉、压代替受弯；而用铸铁等脆性材料时，则应利用其抗压强度远高于抗拉强度的特点，当截面承受弯曲载荷时，应使其较多的面积分布在中性轴的受拉应力一侧。

（3）构件结合面的刚度 在结构设计中，在满足零件自身刚度要求后，还应当特别注意构件结合面的刚度问题，其中包括结合面接触刚度和结合件刚度两大环节。由于任何加工表面都不是绝对平整的，因此，任何两构件在结合面处的自然接触只能是几个个别点，真实的接触面积是极其微小的。这种接触面积可用测量接触电阻的方法比较准确地测得。当对结合面施加压力时，接触弹性变形使接触面积增加，相应抵御施加的压力，这一现象就是接触刚度。显然，表面粗糙度值及形位误差值越小的表面，其接触刚度就越高。表 3-3 为用接触电阻法测量的钢平板表面施加的结合压力与真实接触面积的试验数据。

表 3-3 钢平板表面的真实接触面积

施加压力/N	真实接触面积/mm^2	真实接触面积与名义接触面积之比	实际接触点数	接触点平均半径/mm
5000	5	1/400	35	0.21
1000	1	1/2000	22	0.12
200	0.2	1/10000	9	0.09
50	0.05	1/40000	5	0.06
20	0.02	1/100000	3	0.05

由表 3-3 可知：提高结合面接触刚度的主要手段是提高结合面表面精度，尽量减小表面的粗糙度值，而不是增加结合压力。

设计经验表明，很多机械结构刚度的最薄弱环节往往不是构件本身的刚度，而是将结构件连接起来的结合件刚度。在图 3-27 所示的升降台铣床工作台丝杠支架的结构中，人们往往在工作台 1 截面的抗弯刚度、紧固支架 2 的抗弯刚度、工作台 1 与紧固支架 2 结合面的接触刚度等环节上花费了不少精力，而忽视了紧固支架 2 与工作台 1 的几个内六角螺钉 3 的直径和它们在高度方向的跨距；在紧固支架 2 受丝杠推送时，这些内六角螺钉 3 中只有一半数量在承受拉伸，而另一半几乎没有受力，这种铣床工作台 1 进给时的刚度薄弱环节恰恰在此。

2. 结构的热稳定性

温度发生变化将引起构件尺寸的变化，这对于精度要求较高的设备，应特别注意。提高结构的热稳定性可以从以下几方面入手：

1）用热变形小的材料。某些添加合金元素的材料可获得很小的线膨胀系数，如含30%镍元素的铸铁的线膨胀系数只有普通铸铁的1/5~1/4。

2）控制热源。方法有：减少发热源发热量、加强散热和减弱热源的作用，如采用高精度轴承。

3）合理的结构设计。

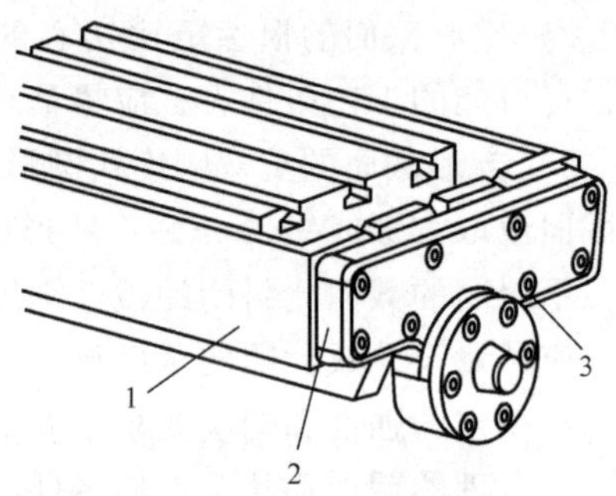

图3-27 升降台铣床工作台丝杠支架

1—工作台 2—紧固支架

3—内六角螺钉

3. 结构的工艺性

结构的工艺性是指所设计的产品的结构和零件，在一定生产规模与具体的生产条件下，能够用最有效、最经济的工艺方法进行加工、测试和装配，并使生产过程最简单、周期短。良好的结构工艺性对简化设计、缩短生产周期、提高生产效率、降低成本有重要意义，它也是实现设计目标、减少差错、减少废品、提高产品质量的基本保证。

（1）结构的工艺性与材料 执行装置中零部件的某些技术性能要求，如强度、刚度、耐磨性、弹性、导热性、导电性、热敏性以及在特定环境条件下工作的稳定性和重力大小等能够满足要求，在很大程度上与正确选用零件的材料是分不开的。选择材料一般考虑以下几方面：

1）依据装置的功能、工作技术性能和工作环境等不同的具体要求，结合材料本身的特性来选择材料。

2）依据零件加工的工艺方法和加工条件，结合材料不同的加工性能，来选择适当的零件材料，使零件材料与加工方法、加工技术要求和热处理相适应。

3）选择材料时，必须考虑生产的经济性，不要片面地选择优质材料。在满足性能要求的前提下，尽可能采用低成本材料。

（2）结构的工艺性与热加工

1）对铸件结构设计的主要要求。

① 壁厚的合理选择。在保证结构的强度和刚度的前提下，尽可能减轻铸件的重量，铸件的壁厚应尽可能小，但为确保浇铸的质量，防止浇注不足，就要注意铸件最小壁厚的问题。

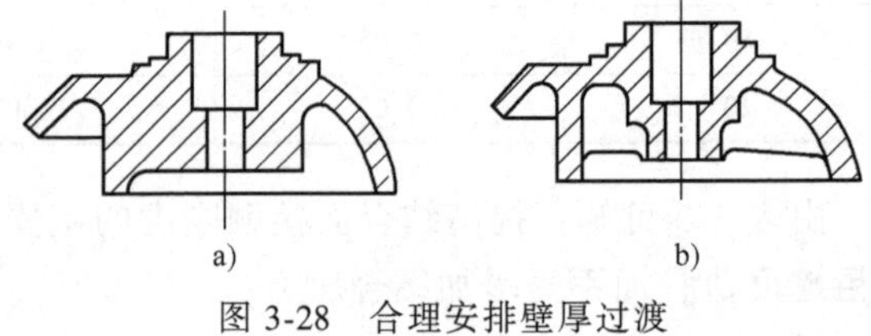

图3-28 合理安排壁厚过渡

a）不合理 b）合理

② 考虑造型、制芯和排气等铸造工艺。要求铸件外形要方便分型面的确定，设置必须的起模斜角，尽量简化铸件内腔的形状与结构，便于制芯。

③ 防止出现气孔、缩松、夹渣、应力变形及裂纹等铸造缺陷。要求铸件壁厚均匀，避免断面过厚、过大，壁厚变化时应力要求圆滑、缓慢地过渡。图3-28所示为合理安排壁厚过渡的示例。

2）对焊接件结构设计的主要要求。

① 合理利用冲压件和锻件等作为结构元件，适当增加壁厚、减少肋板用量，使焊缝的总长度缩短。

② 焊缝要处于可以使用自动焊接工艺的位置上，尽可能避免仰焊、立焊及手动焊接的情况。

③ 特别注意焊缝布置，防止焊接变形、焊接应力的出现，用设置的内摩擦面实现振动阻尼消振。

④ 对于一些形状和位置精度要求高的构件，应设计恰当的焊前安装、配合结构，使被焊元件事先得到可靠的定位，保证焊件的质量。图 3-29 所示为滚筒法兰与滚动体的两种定位方式。

3）对热处理的主要要求。

① 为减小热处理应力的影响，零件的几何形状应力求简单、对称。

② 尽量使零件的截面均匀分布。

③ 注意零件的刚度，尽可能避免对薄板、细长轴等易变形零件进行热处理。

④ 避免零件上有锐边、尖角、截面突变等容易在热处理过程中过热、熔化以及开裂的形状。

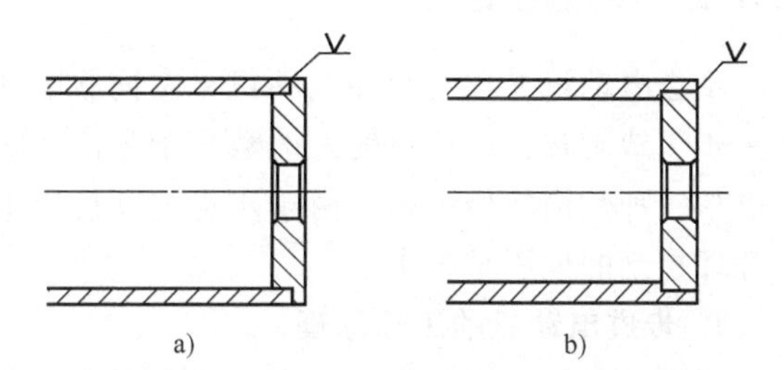

图 3-29 滚筒法兰与滚动体的两种定位方式
a）法兰凸肩定位 b）滚筒体止口定位

(3) 结构的工艺性与切削加工 在达到设计尺寸精度要求、形状位置精度要求、表面质量要求的前提下，高效率、低成本是切削加工的主要指标。因此，在结构设计过程中，设计者必须考虑现实的加工条件，按现实可行性对设计进行不断的改进和优化，达到设计与现实的统一。随着各种新技术、新工艺的不断出现和推广，加工工艺有时对结构设计概念的变化有决定性的影响，如加工中心的广泛应用，使传统的六点定位与粗精基准等工艺概念越来越淡化。

3.3 伺服电动机

3.3.1 概述

在机电一体化系统中，伺服电动机是电气伺服系统的执行装置，其作用是把电信号转换为机械运动。各种伺服电动机各有其特点，适用于不同性能的伺服系统。电气伺服系统的调速性能、动态特性和运动精度等均与该系统的伺服电动机的性能有直接的关系。目前，常用的伺服电动机有步进电动机、直流伺服电动机和交流伺服电动机。

在机电一体化系统中，伺服电动机的性能应具备以下基本要求：

1）性能密度大，即功率密度和比功率大。功率密度的定义为单位重量的电动机输出功率；比功率大小为电动机的额定转矩的平方与电动机转子的转动惯量的比。

不同的应用场合对伺服电动机的性能密度的要求不同。对于起停频率低（如每秒几十次），但要求低速平衡和转矩脉动小、高速运行时振动和噪声小、在整个调整范围内均可稳定运动的机械设备，如 *NC* 工作机械的进给运动、机器人的驱动系统，其功率密度是主要的性能指标；对于起停频率高（如每秒数百次），但不特别要求低速平衡性能的机械设备，如高速打印机、绘图机、打孔机和集成电路焊接装置等，高的比功率是主要的性能指标。

2）快速响应特性好，即加减速转矩大，频率响应特性好。

3）位置控制精度高，调速范围宽，低速运行平稳、分辨率高。

4）适应起停频繁的工作要求。

5）振动和噪声小。

6）空载始动电压小。

7）可靠性高，寿命长。

3.3.2 步进电动机

步进电动机又称电脉冲电动机，是伺服电动机的一种。步进电动机可按照输入的脉冲指令一步步地旋转，即可将输入的数字指令信号转换成相应的角位移。因此，步进电动机实质上也是一种数模转换装置。由于步进电动机成本较低，易于采用计算机控制，因此被广泛用于开环控制的伺服系统中。

1. 步进电动机的工作原理

步进电动机分为反应式、永磁式和混合式 3 种。

（1）反应式步进电动机 图 3-30 所示为反应式步进电动机的工作原理。步进电动机由定子和转子组成。定子包括 A、B、C 3 对磁极的铁心，其上分别缠有 A、B、C 相线圈，转子由硅钢片叠合而成，在其上做出 4 个齿。当 A 相通电，则磁极 A 产生电磁场，吸引转子，使 1、3 齿对准磁极 A。然后变换为 B 相通电，则 2、4 齿对准磁极 B，转子逆时针再转过 30°。如此按 A→B→C→A 的顺序循环通电，使转子持续回转。每次变换通电的相，转子做出减小磁阻的反应，并在磁阻最小的平衡位置上停留，故名反应式步进电动机。若改变通电顺序，按 A→C→B→A 的顺序顺次循环通电，则转子顺时针回转。电动机运行一步为一拍。上述电动机变换相序，一个循环共运行 3 拍，称为三相三拍通电方式。循环通电顺序为 AB→BC→CA→AB 时，称三相双三拍方式。循环通电顺序为 A→AB→B→BC→C→CA→A 时，称三相六拍方式。电动机每运行一拍，转子转过的角度称为步距角 α，可由下式计算，即

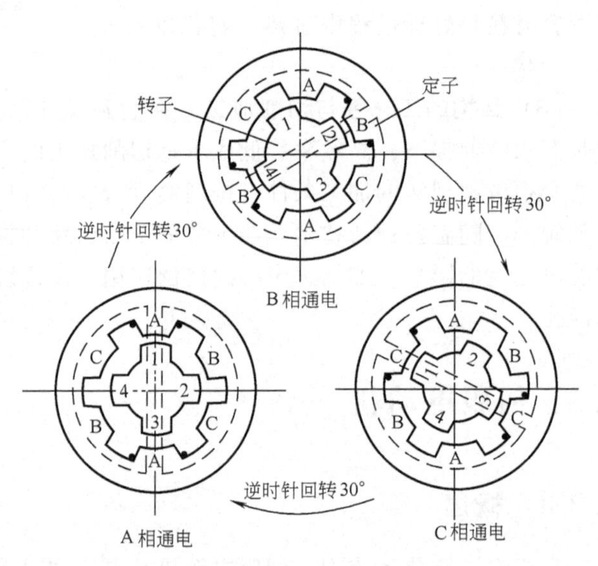

图 3-30 反应式步进电动机的工作原理

A、B、C—磁极 1~4—齿

$$\alpha=\frac{360°}{PZK} \tag{3-8}$$

式中 P——步进电动机的相数；

Z——转子齿数；

K——状态系数。单、双三拍时，$K=1$；单、双六拍时，$K=2$。

由于反应式步进电动机转子上的齿不必充磁，在机械加工所允许的最小齿距情况下，转子的齿数可以做得很多，因此步距角小，转角分辨率高，一般步距角 $\alpha=0.75°\sim9°$。步进电动机的转速 n(单位为 r/min)为

$$n=\frac{60f\alpha}{360}=\frac{f\alpha}{6} \tag{3-9}$$

式中 f——输入脉冲频率（Hz）；

α——步距角。

（2）永磁式步进电动机 图 3-31 所示为永磁式步进电动机的工作原理。转子为永磁体，在其上做出 2 个齿，组成一对磁极。定子包括 A、B 两对磁极，其铁心上分别缠 A、B 相线圈。当按 A→B→(A_-)→(B_-)→A 的顺序顺次通电时，磁极产生的磁力线吸引转子，使转子顺时针回转，步距角为 90°；若按 A→ AB→ B→ B(A_-)→ (A_-)→(A_-)(B_-)→(B_-)A→A 的顺序顺次通电，则步距角为 45°。

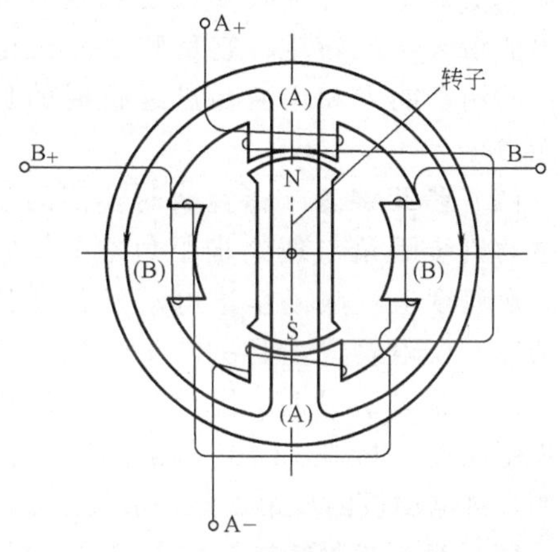

图 3-31 永磁式步进电动机的工作原理

A、B—磁极 A_+、B_+—正脉冲

A_-、B_-—负脉冲 N—N 极 S—S 极

永磁式步进电动机的转子为永磁体，定子磁极对转子的吸引力较反应式步进电动机大。在获得相同转矩的情况下，永磁式步进电动机的体积较小，耗电量亦小。永磁式步进电动机转子的电磁阻尼较大，单步运行振荡时间短，可缩短每步的停转时间。当电源切断后，转子受永磁体磁场作用，有定位转矩，被锁定在断电时的位置上，即转子不会漂移。但由于转子需充磁，限制了齿数，所以步距角 α 较大，一般为 15°、22.5°、30°、45°、90°等。

（3）混合式步进电动机 图 3-32 所示为混合式步进电动机的工作原理。转子由永久磁钢 2、左齿盘 1 及右齿盘 4 组成，左、右齿盘上均有 18 个齿，两齿盘上的齿在圆周方向错开半个齿距角。定子有 A、B、C、D 共 4 对磁极，每对磁极的铁心上缠有相应的线圈。永久磁钢的磁路 5 由 N 极经左齿盘 1、左气隙、定子铁心 3、右气隙、右齿盘 4 和 S 极回到 N 极。当 A 相线圈通电时，A 相线圈的电磁路 6 由左齿盘 1 上正对 A 磁极的最上方 2 个齿和最下方 2 个齿（M—M 截面图示位置）经 A 磁极、定子铁心 3、C 磁极、右齿盘 4 上正对 C 磁极的最左方 2 个齿和最右方 2 个齿（N—N 截面图示位置）及永久磁钢 2 回到左齿盘 1。上述正对 A、C 磁极的 8 个齿与磁极间的气隙最小，因此磁阻最小，磁动势最大，两截面图示转子位置是永久磁动势与电磁动势合成的磁动势达到最大值的位置，也是 A 相线圈通电时转子的平衡位置。当变换为 B 相线圈通电时，转子顺时针转过 1/4 齿距角，转到相应的平衡位置。如此顺次变换通电的相，每次转过的步距角 α 为

$$\alpha=\frac{360°}{4\times18}=5°$$

混合式步进电动机的转子由永久磁钢和齿盘组成，永久磁钢只有一对磁极，所以可将其看作永磁式步进电动机。但从定子的导磁体来看，它又和反应式步进电动机相类似，因而混合式步进电动机既具有步距角小、位置分辨率高的优点，又具有体积小、励磁功率小、省电和定位转矩等优点。

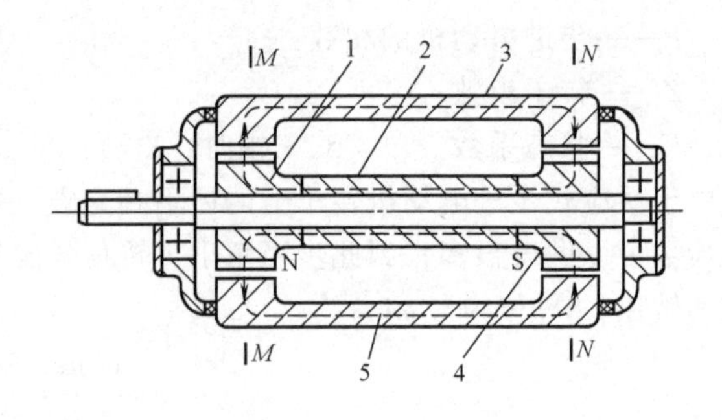

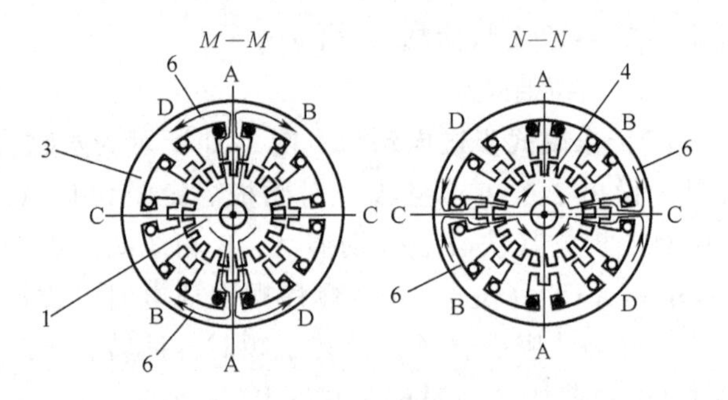

图 3-32 混合式步进电动机的工作原理

1—左齿盘 2—永久磁钢 3—定子铁心 4—右齿盘

5—永久磁钢的磁路 6—A 相线圈通电时的电磁路

A、B、C、D—磁极 N—N 极 S—S 极

2. 步进电动机的主要性能指标

（1）最大静转矩 指步进电动机在某相始终通电而处于静止不动状态时，所能承受的最大外加转矩，也就是所能输出的最大电磁转矩，它反映了步进电动机的制动能力和低速步进运行时的负载能力。

（2）步距误差 指空载时实测的步进电动机步距角与理论步距角之差，它在一定程度上反映了步进电动机的角位移精度。步距误差主要决定于步进电动机的制造误差。目前，国产步进电动机的步距误差一般在±(10′~15′)范围内，功率步进电动机的步距误差一般为±(20′~25′)，精度较高的步进电动机可达±(2′~5′)。

（3）运行矩频特性 指步进电动机运行时，输出转矩与输入脉冲频率的关系。图 3-33 所示为 110BF 型步进电动机的运行矩频特性曲线。可见，步进电动机的输出转矩随运行频率的增加而减小，即高速时其负载能力变差，这一特性是步进电动机应用范围受到限制的主要原因之一。选择步进电动机时，为保证电动机有足够的输出转矩而不失步，应使步进电动机的转矩-频率工作点落在特性曲线的下方。

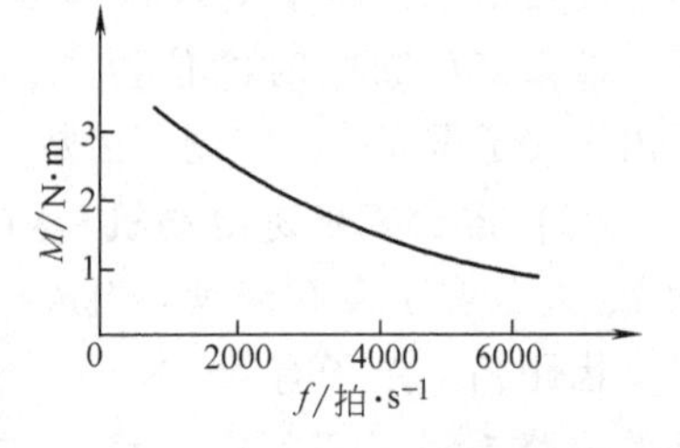

图 3-33 110BF 型步进电动机的运行矩频特性

（4）最大相电压和最大相电流 分别是指步进电动机每相线圈所允许施加的最大电源电压和流过电流。实际应用的相电压和相电流如果超出允许值，可能会导致步进电动机线圈被击穿或因过热而烧坏；如果比允许值小得太多，步进电动机的性能又不能充分发挥出来。

3. 步进电动机的特点及选用

前面已介绍 3 类步进电动机的特点及工作原理，步进电动机与交、直流伺服电动机相比，具有下列优点：

1）控制简单容易。步进电动机的转角或转速取决于脉冲数或脉冲频率，而不受电压波动和负载变化的影响，脉冲信号也很容易控制。

2）体积小。步进电动机及其驱动电路的结构简单、体积小，能装入仪器、仪表及小型设备的内部。

3）价格低。步进电动机既是动力元件，又是角位移控制元件，不需要测量装置和反馈系统，故控制系统简单、价格低廉。

然而，步进电动机的转矩和功率较小，步距角小时，难以获得高转速。

综上所述，步进电动机适用于中小型机电一体化设备和仪器、仪表中，可与传动装置组合，成为开环控制的伺服系统。在要求步距角小、功率小以及价格低的场合宜选用反应式步进电动机；在要求步距角大、运动速度低、对定位性能要求高的场合，宜选用永磁式步进电动机；对于既要求步距角小，又要求定位性能好的场合，可选用混合式步进电动机。

3.3.3 直流伺服电动机

1. 直流伺服电动机的工作原理

有刷直流伺服电动机的工作原理如图 3-34 所示。与普通直流电动机一样，直流伺服电动机由定子、转子、电刷和换相片等零件组成。定子上有磁极，它可以是永磁体，也可以是由硅钢片叠合而成的铁心。铁心上缠有线圈，线圈内通直流电后，便产生固定的磁场。转子上缠有线圈，称电枢线圈，线圈内通直流电后，便产生电磁转矩，使转子旋转。利用电刷和换相片使电磁转矩的方向保持不变，转子不断地旋转。通过控制直流电源的电压，便可变换转子的转速。

直流伺服电动机的转速-转矩特性表达式为

$$n=\frac{u_a}{C_e\Phi}-\frac{R_a}{C_eC_T\Phi^2}T \tag{3-10}$$

式中 n——电动机转速；

u_a——电枢电压；

C_e——电动势系数；

Φ——定子磁场的磁通；

R_a——电枢电阻；

C_T——转矩系数；

T——电动机负载转矩。

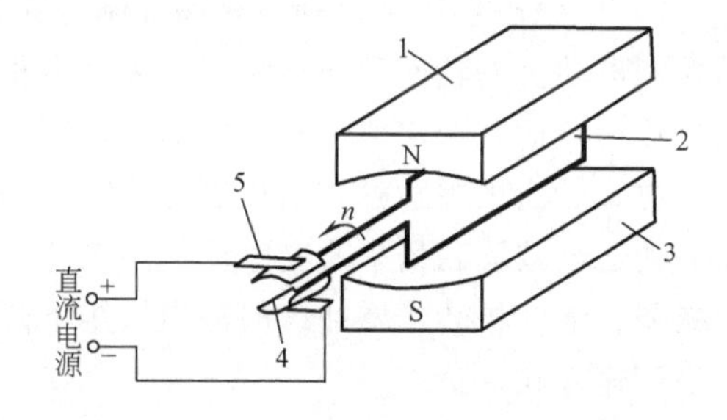

图 3-34 直流伺服电动机的工作原理

1—N 磁极 2—电枢线圈 3—S 磁极

4—换相片 5—电刷

由式（3-10）可得直流伺服电动机的转速-转矩特性曲线，又称机械特性曲线，如图 3-35 所示。该曲线表明，电动机负载转矩 T 的变化对转速 n 的影响很小。这种特性符合许多机械系统的工作要求。

无刷直流电动机由电动机主体和驱动器组成，也是一种典型的机电一体化产品。电动机的定子绕组多做成三相对称星形接法，同三相异步电动机十分相似。电动机的转子上粘有已充磁的永磁体，为了检测电动机转子的极性，在电动机内装有位置传感器。驱动器由功率电子器件和集成电路等构成，其功能是：接收电动机的启动、停止、制动信号，以控制电动机的启动、停止和制动；接收位置传感器信号和正反转信号，用来控制逆变桥各功率管的通断，产生连续转矩；接收速度指令和速度反馈信号，用来控制和调整转速；提供保护和显示等。

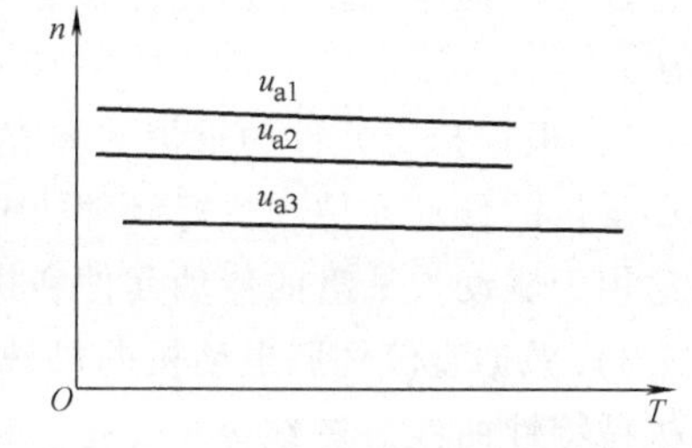

图 3-35 直流伺服电动机的机械特性

u_{a1}、u_{a2}、u_{a3}—电枢电压

2. 直流伺服电动机的类型及控制方式

（1）类型 直流伺服电动机按电枢的结构与形状可分成平滑电枢型、空心电枢型和有槽电枢型等。平滑电枢型的电枢无槽，电枢铁心为光滑圆柱体，电枢线圈用环氧树脂黏固在圆柱铁心表面上，具有气隙大、转动惯量小和换向良好等特点；空心电枢型的电枢无铁心，电枢线圈用环氧树脂浇注成杯形，空心杯电枢内外两侧均有铁心构成回路，具有转动惯量小、换向好、低速运动平滑、响应速度快、寿命长和效率高等特点；有槽电枢型的电枢与普通直流电动机的电枢相似，具有转矩大、伺服性能好、反应迅速和稳定性好等特点。

直流伺服电动机还可按转动惯量的大小分成大惯量、中惯量和小惯量直流伺服电动机。大惯量电动机的转子直径大、输出转矩大，可不经减速齿轮副直接传动丝杠。由于转子长度小、散热条件好，可输入电枢线圈较大的电流，获得较大的输出功率。而小惯量电动机的转子为细长型，转动惯量小，因此加（减）速时间短，对指令响应快，具有高的响应性能，但散热条件差，温升高。为了避免温升过高，对输入电枢线圈的电流加以限制，又导致电动机功率和转矩小。

（2）控制方式 直流伺服电动机的控制方式主要有电枢电压控制和励磁磁场控制两种。

1）电枢电压控制。电枢电压控制是在定子磁场不变的情况下，通过控制施加在电枢线圈两端的电压信号来控制电动机的转速和输出转矩。

2）励磁磁场控制。励磁磁场控制是通过改变励磁电流的大小来改变定子磁场强度，从而控制电动机的转速和输出转矩。采用电枢电压控制方式时，由于定子磁场保持不变，其电枢电流可以达到额定值，相应的输出转矩也可以达到额定值，因而这种方式又被称为恒转矩调速方式。而采用励磁磁场控制方式时，由于电动机在额定运行条件下磁场已接近饱和，因而只能通过减弱磁场来改变电动机的转速。由于电枢电流不允许超过额定值，因而随着磁场的减弱，电动机转速增加，但输出转矩下降，输出功率保持不变，所以这种方式又被称为恒功率调速方式。

机电一体化伺服系统中通常采用永磁式直流伺服电动机，因而只能采用具有恒转矩调速特点的电枢电压控制方式，这与伺服系统所要求的负载特性也是吻合的。

3. 直流伺服电动机的选用

直流伺服电动机具有精度高、响应快和调速范围宽等优点，广泛应用于半闭环或闭环伺服系统中。设计时，在对工艺、负载、执行元件和伺服电动机特性等特点进行分析的基础上，选择直流伺服电动机。

1）根据负载的转矩和功率选择直流伺服电动机的型号。当工艺或负载要求恒转矩调速时，选择电枢电压控制调速方法；当工艺或负载要求恒功率调速时，选择励磁磁场控制调速法。

2）根据执行元件的重量选择直流伺服电动机的型号。小惯量直流伺服电动机适用于驱动小重量的传动元件和执行元件，或用于负载转矩和功率较小的场合；大惯量直流伺服电动机适用于驱动大重量的传动元件和执行元件，或用于负载转矩和功率较大的场合。

3）根据直流伺服电动机的机械特性选择其型号。图 3-36 所示是大惯量直流伺服电动机的机械特性曲线。图线 a、b、c、d、e 是 5 条曲线，这些曲线围成 3 个工作区：连续工作区、断续工作区和加（减）速工作区。选择直流伺服电动机时，应使不同工况下电动机的转速-转矩工作点落在相应的工作区内。

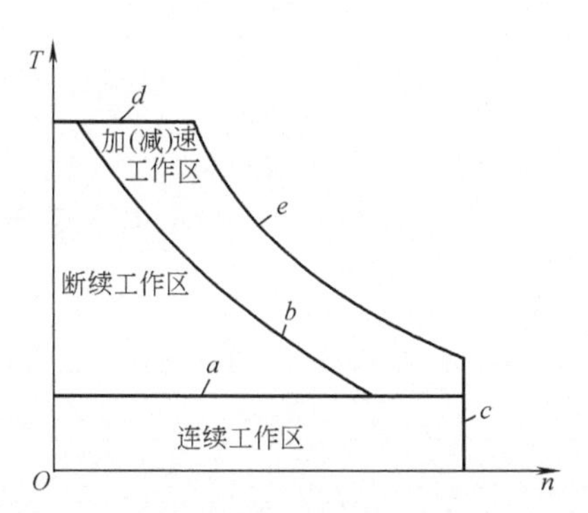

图 3-36 大惯量直流伺服电动机的机械特性曲线

a—绝缘限温曲线 *b*—换相片出现火花曲线 *c*—换相片间电压限制转速曲线
d—永磁材料去磁特性限制转矩曲线 *e*—电动机机械特性曲线

4）根据直流伺服电动机的结构特点选择其型号。平滑电枢型广泛用于办公自动化、工厂自动化、国防工业、家用电器和仪表等领域；空心电枢型用于快速动作伺服系统，如机器人的腕、臂关节及其他高精度伺服系统；有槽电枢型一般用于需快速动作、功率较大的伺服系统。

3.3.4 交流伺服电动机

1. 交流伺服电动机的工作原理

交流伺服电动机分为同步型和异步型两类。

（1）同步交流伺服电动机的工作原理 如图 3-37 所示，同步交流伺服电动机主要由转子和定子两大部分组成。在转子内装有特殊形状、高性能的永磁体，用以产生恒定磁场，无需励磁组和励磁电流。在电动机的定子铁心上绕有三相电枢线圈，接在可控的变频电源上。在线圈内通以交流电，便产生旋转磁场 N_0 和 S_0，吸引转子同步旋转，其转速 n_0 的计算式为

$$n_0=\frac{60f_0}{p} \tag{3-11}$$

式中 f_0——交流电源的频率（Hz）；

p——定子旋转磁场的极对数。

为了使电动机产生稳定的转矩，电枢电流磁动势必须与磁极同步旋转，因此在结构上还必须装有转子永磁铁的磁极位置检测器，随时检测出磁极的位置，并以此为依据使电枢电流实现正交控制。这就是说，同步伺服电动机实际上包括定子线圈、转子磁体及磁极位置传感器 3 个部分。为了检测电动机的实际运行速度，或者进行位置控制，通常在电动机轴的非负载端安装速度传感器和位置传感器，如测速发电机和光电数码盘等。

（2）异步交流伺服电动机的工作原理 如图 3-38 所示，异步交流伺服电动机的结构分为两大部分，即定子部分和转子部分。在定子铁心中装有空间成 90°的两相定子线圈，其中一相为励磁绕组 2，始终通以交流电压 u_{f}；另一相为控制绕组 1，输入同频率的控制电压 u_{k}，改变控制电压的幅值或相位可实现调速。转子的结构通常为笼形。

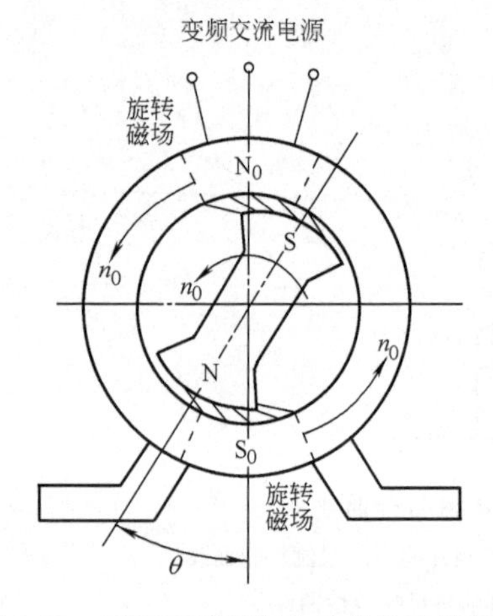

图 3-37 同步交流伺服电动机的工作原理

n_0—转子的转速 N_0、S_0—旋转磁场

N、S—磁极 θ—定子磁极轴线与转子纵轴夹角

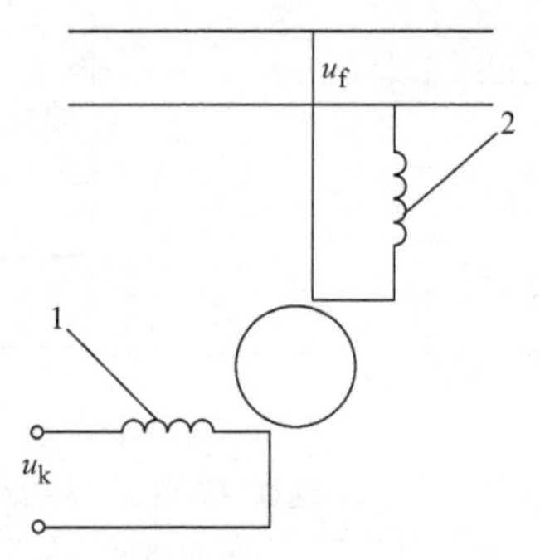

图 3-38 异步交流伺服电动机的工作原理

1—控制绕组 2—励磁绕组

u_f—交流电压 u_k—控制电压

2. 交流伺服电动机的选用

交流伺服电动机是无电刷电动机，它克服了直流伺服电动机存在的电刷和机械换向器而带来的限制，无此项维护、保养要求。同时，电刷和换相片还限制了直流伺服电动机转速和功率的提高，而交流伺服电动机的转速和功率不受这种限制，有较宽的调速范围（可达 1 : 100000）和功率范围。由于交流伺服电动机的转子无线圈，转动惯量小，故具有高的响应性能。交流伺服系统多为闭环控制，精度很高。交流伺服电动机本身的结构简单、价格低，但变频装置复杂、价格昂贵。

随着电子技术、计算机技术和控制理论的发展，交流伺服电动机控制困难的问题得到了解决，从而在机电一体化系统中获得了广泛的应用。在选用交流伺服电动机时，要综合考虑工艺对转速和转矩的要求、电动机的特性和价格等因素。同步交流伺服电动机目前在数控机床和工业机器人等大功率场合得到较广泛的应用，异步交流伺服电动机主要用于小功率控制系统中。

复习思考题

1. 常用的执行机构装置有几种？都有什么特点？
2. 采用不同加工方法的执行装置结构工艺性各有哪些？
3. 伺服电动机应具备的基本要求是什么？
4. 直流伺服电动机的类型及控制方式有几种？

第4章 机电一体化常用电路及应用

机电一体化技术作为机械技术、电子（尤其是微电子）技术和计算机技术等技术的复合技术，其核心技术中的检测传感技术、信息处理技术和自动控制技术等技术无一不涉及电子技术。因此，本章将对模拟电子技术、数字电子技术和集成电路等几个方面的基本知识及其在机电一体化系统中的有关应用进行简要介绍。

随着现代电子技术的发展，几乎所有的实用电路都由模拟电子器件和数字器件混合组成，而数字器件又多为集成电路器件。所以，在本教材中，对各种电路的分析，只能是尽量对模拟电路和数字电路进行区别。

4.1 模拟电路及应用

4.1.1 构成模拟电路的主要元器件

构成模拟电路的主要元器件包括电阻、电容、电感、变压器、二极管、晶体管、石英谐振器和继电器等。

1. 电阻

电阻是电子线路中应用最多的元件之一，其在电路中主要用于分压、分流、滤波、耦合、阻抗匹配以及作为负载等。电阻的符号为“R”，基本单位名称为“欧［姆］”，单位符号为“Ω”。

电位器是一种具有3个接头的可变电阻，可通过调节电位器的转轴，平滑地改变其电阻值。

电阻按材料和结构可分为碳膜电阻、金属氧化膜电阻、线绕电阻、热敏电阻和压敏电阻等。

电阻的阻值表示方法有数值表示法和色环表示法，如图4-1所示。

图4-1 电阻阻值表示法

a）数值表示法 b）色环表示法

有关电阻值的色环含义见表4-1。

表4-1 电阻值的色环含义

色环颜色	第一色环(A)①	第二色环(B)②	第三色环(C)③	第四色环(D)④
黑	—	0	$\times10^0$	±1%
棕	1	1	$\times10^1$	±2%
红	2	2	$\times10^2$	±3%
橙	3	3	$\times10^3$	±4%
黄	4	4	$\times10^4$	—

（续）

色环颜色	第一色环(A)①	第二色环(B)②	第三色环(C)③	第四色环(D)④
绿	5	5	$\times10^5$	±0.5%
蓝	6	6	$\times10^6$	±0.2%
紫	7	7	$\times10^7$	±0.1%
灰	8	8	$\times10^8$	—
白	9	9	$\times10^9$	—
金	—	—	$\times10^{-1}$	±5%
银	—	—	$\times10^{-2}$	±10%
本身颜色	—	—	—	±20%

① 第一色环表示电阻值的第一位数。
② 第二色环表示电阻值的第二位数。
③ 第三色环表示电阻值的乘数。
④ 第四色环表示电阻值的允许误差。

如某一个电阻的色环分别为棕、黑、红和银色，根据表4-1的规定，则该电阻的阻值为$10\times10^2\Omega$，允许误差为±10%。

电阻的测量可以直接用万用表或晶体管图示仪进行测量。

对于一般的电子线路，可以选用普通的碳膜或碳质电阻；对于高品质的设备，应选用金属氧化膜或线绕电阻；对于测量电路或仪器/仪表电路，应选用精密电阻；在高频电路中，则应选用表面化电阻或无感电阻，不能使用合成电阻或普通的线绕电阻。

2. 电容

电容具有隔直流和通交流的特性，在电气工程和无线电工程中有非常重要的作用。利用电容的充放电特性，可以组成定时电路、锯齿波发生电路、PID电路及滤波电路等。

电容用符号“C”表示，基本单位名称是“法［拉］”，单位符号为“F”。由于法的单位太大，所以常用的单位是毫法（mF）、微法（μF）、纳法（nF）和皮法（pF）。

电容器的种类很多，从结构上分，有固定电容和可变电容两大类。根据材料的不同可分为气体介质（空气介质、真空介质）电容器、无机固体介质（纸介质、涤纶介质）电容器、液体介质（油浸）电容器、电解介质（液式、干式）电容器和复合介质（纸膜混合）电容器。

电容器的容量和允许误差有数值表示法（用文字、数字或符号直接打印在电容器上）和色环表示法（用3~4个色环表示电容器的容量和允许误差）两种，各色环的含义见表4-2。

表4-2 电容值的色环含义

颜色	第一色环和第二色环①	第三色环②	第四色环③	颜色	第一色环和第二色环①	第三色环②	第四色环③
银	—	10^{-2}	±10	绿	5	10^5	±0.5
金	—	10^{-1}	±5	蓝	6	10^6	±0.2
黑	0	10^0	—	紫	7	10^7	±0.1
棕	1	10^1	±1	灰	8	10^8	—
红	2	10^2	±2	白	9	10^9	±5
橙	3	10^3	—	无色	—	—	±20
黄	4	10^4	—				

① 第一色环和第二色环表示电容器容量的第一位数和第二位数。
② 第三色环表示电容器容量的乘数。
③ 第四色环表示电容器容量的允许误差。

图 4-2a 所示电容的容量为 15×10^4pF，允许误差为±10%，图 4-2b 所示电容的容量为 47×10^3pF=0.047μF。

电容器一般可以用万用表粗略地测量、估算其电容值，精确测量其电容值需要用高频 Q 表，或利用 10V 交流电源与万用表配合进行测量。

根据不同类型电容的特点，一般来说，用于低频耦合、旁路的电容宜选用纸质介质电容；用于高频和高压电路时，应选用云母介质和瓷质电容；用于电源滤波电路时，宜采用电解电容。

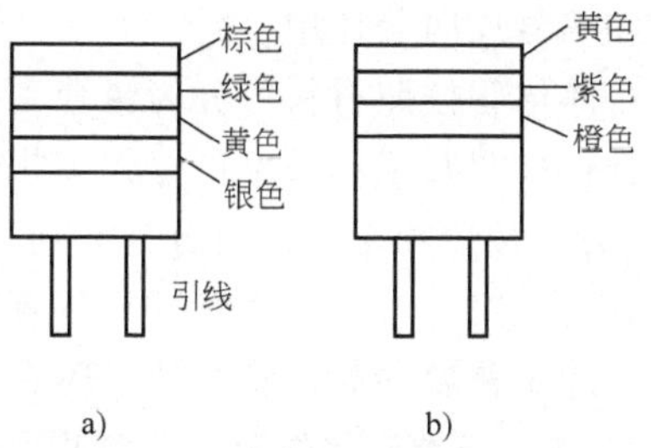

棕色
绿色
黄色
银色
引线
黄色
紫色
橙色
a)
b)

图 4-2　电容器色环表示法

3. 电感和变压器

(1) 电感　电感是根据电磁感应原理制成的器件，在 LC 滤波、调谐放大器或振荡器的谐振和均衡电路等方面有较多的运用。

电感用符号“L”表示，基本单位名称是“亨 [利]”，单位符号为“H”。电感线圈的种类很多，按结构可分为单层线圈、多层线圈、蜂房线圈、带磁心线圈和可变线圈等。

电感线圈可以用万用表直接测量其通断情况，要精确测量电感量还必须依靠高频 Q 表或利用 10V 交流电源与万用表配合进行测量。

电感线圈选用时应注意如下事宜：

1）按工作频率的要求选择对应结构的线圈。用于音频段时，一般选用带铁心或低氧铁氧体心的线圈；几百赫兹或几千赫兹甚至更高的高频的场合，一般使用铁氧体心，并有多股绝缘线绕制的线圈，以减少集肤效应和提高品质因数；在一百赫兹以上的高频线路中，应该尽量使用空心线圈。

2）在高频电路中，应使用高频损耗小的高频瓷材料作线圈骨架。一般场合可以选用塑料、纸或胶木骨架。

(2) 变压器　变压器是利用两个绕组的互感原理来传递交流电信号和能量的器件。变压器还能起到变换前后级阻抗而使阻抗匹配的作用。

变压器按照工作频率的不同，可分为高频变压器、中频变压器、低频变压器和脉冲变压器等几种。高频变压器一般在线路中作阻抗变换器；中频变压器经常用于中频放大；低频变压器的种类很多，一般用于电源变压器、I/O 变压器、级间变压器和耦合变压器等；脉冲变压器则主要用于脉冲电路。

变压器的主要参数有电压比、效率和频率响应等。

4. 二极管

二极管由半导体材料（主要是硅和锗）制造的 PN 结组成，PN 结结构的单向导电性和半导体材料的特殊性能，使二极管在电子线路中得到了广泛的运用。

二极管按照其用途可分为检波、整流、稳压、桥式整流组件、硅堆、开关、发光、光电、变容和隧道二极管等。

二极管可以用万用表测量其正负极性和是否被击穿；利用晶体管图示仪测量其正/反向特性和各种参数。

二极管应根据其不同用途正确选用。变容二极管主要应用于通信设备中倍频、限幅和频率微调电路；隧道二极管主要用于高频脉冲电路和高频电路。

5. 晶体管

晶体管是电子线路中用途十分广泛的器件。主要起到电压（或电流、功率）放大、开关和信号反向等作用。

晶体管按照材料可分为锗管和硅管；按照其 PN 结的组合可分为 PNP 晶体管和 NPN 晶体管；按照其工作频率可分为高频管（特征频率在 3MHz 以上）和低频管（特征频率 3MHz 以下）；按照功率大小可分为大功率管（允许耗散功率大于 1W）、中功率管（允许耗散功率为 0.5~1W）和小功率管（允许耗散功率小于 0.5W）。

除了普通的晶体管之外，还有几种特殊的晶体管，它们是：

(1) 场效应晶体管 一种电压控制的半导体器件，可分为结型场效应晶体管（J-FET）和绝缘栅型场效应晶体管（MOS 管）。场效应晶体管具有极大的输入阻抗，因此常用于电压放大和阻抗变换。

(2) 单结晶体管 因其具有两个基极，故又称为双基极晶体管。单结晶体管是一个负阻器件，对应每一个电流值，都有一个确定的电阻；而对应每一个电压则可能有多个电流值。根据单结晶体管的负阻特性，该器件常被用于弛张振荡器和自谐振荡器等多种脉冲电路中。

(3) 晶闸管 晶闸管是一种能进行强电控制的大功率半导体器件。因此，晶闸管常被用于整流、无触头开关以及逆变和变频的场合。其导通条件是：正负级间加正向电压，且控制级（门极）加触发电压；晶闸管必须有专门的触发电路才能正常工作。

图 4-3 所示为利用单结晶体管构成的基本晶闸管触发电路。当开关 S 合上后，电容 C_1 开始充电，单晶管此时处于截止状态；当 C_1 充电至单结晶体管 V_1 峰点电压后，单结晶体管 V_1 导通，电容 C_1 放电，由于电容 C_1 的放电时间常数很小，单结晶体管 V_1 很快再次截止。在其导通的期间，在 R_3 上输出脉冲，作为晶闸管（图中未画出）的触发电压。R_1C_1 的充电时间决定了晶闸管导通角的大小。

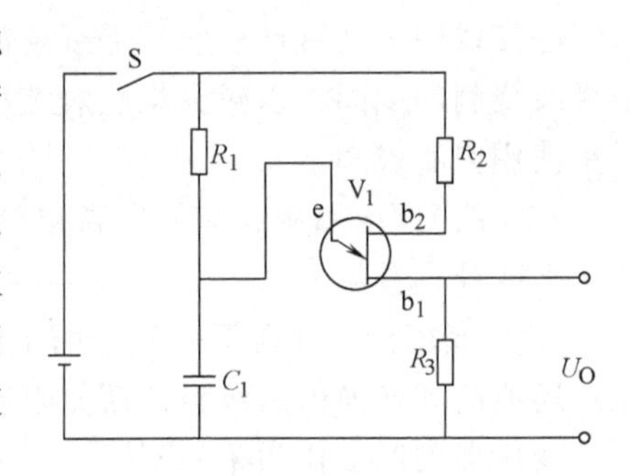

图 4-3 利用单结晶体管构成的基本晶闸管触发电路

各种晶体管均可以用万用表和晶体管图示仪测量其参数，判断其引脚极性。

晶体管的型号由电极数目、材料和极性、类型、序号和规格 5 个部分构成。

1）电极数目。2 表示二极管，3 表示晶体管。

2）材料和极性。用汉语拼音字母表示，见表 4-3。

3）类型。用汉语拼音字母表示，见表 4-3。

4）序号。用阿拉伯数字表示。

5）规格。用汉语拼音字母表示。

由第三部分到第五部分组成的器件型号的符号及其意义见表 4-4。

如果在电路设计或维修中，无法得到与性能要求相符的晶体管，可以用其他型号或类型的晶体管代替。可以互相替代的情况有：

1）用高频管代替低频管，需要注意功率的问题，但低频管不能代替高频管。

2）用开关管代替普通管。

表 4-3　晶体管型号中汉语拼音字母的含义

第一部分		第二部分		第三部分	
用阿拉伯数字表示器件的电极数目		用汉语拼音字母表示器件的材料和电性		用汉语拼音字母表示器件的类别	
符号	意义	符号	意义	符号	意义
2	二极管	A	N 型,锗材料	P	小信号管
		B	P 型,锗材料	H	混频管
		C	N 型,硅材料	V	检波管
		D	P 型,硅材料	W	电压调整管和电压基准管
		E	化合物或合金材料	C	变容管
				Z	整流管
				L	整流堆
3	晶体管(三极管)	A	PNP 型,锗材料	S	隧道管
		B	NPN 型,锗材料	K	开关管
		C	PNP 型,硅材料	N	噪声管
		D	NPN 型,硅材料	F	限幅管
		E	化合物或合金	X	低频小功率晶体管(f_a<3MHz,P_c<1W)
				G	高频小功率晶体管(f_a>3MHz,P_c<1W)
				D	低频大功率晶体管(f_a<3MHz,P_c>1W)
				A	高频大功率晶体管(f_a>3MHz,P_c>1W)
				T	闸流管
				Y	体效应管
				B	雪崩管
				J	阶跃恢复管

表 4-4　由第三部分到第五部分组成的器件型号的符号及意义

第三部分		第四部分	第五部分
用汉语拼音字母表示器件的类别		用阿拉伯数字表示登记顺序号	用汉语拼音字母表示规格号
符号	意义		
CS	场效应晶体管		
BT	特殊晶体管		
FH	复合管		
JL	晶体管阵列		
PIN	PIN 二极管		
ZL	二极管阵列		
QL	硅桥式整流器		
SX	双向三极管		
XT	肖特基二极管		
CF	触发二极管		
DH	电流调整二极管		
SY	瞬态抑制二极管		
GS	光电子显示器		
GF	发光二极管		
GR	红外发射二极管		
GJ	激光二极管		
GD	光电二极管		
GT	光电晶体管		
GH	光电耦合器		
GK	光电开关		
GL	成像线阵器件		
GM	成像面阵器件		

3）只要参数相同，PNP 和 NPN 管一般可以互相代替，但要注意引脚极性的变化。

4）用不同晶体管代替场效应晶体管。

5）用复合管代替单个晶体管，增加放大倍数。

6. 石英谐振器

石英谐振器的主要原料是石英单晶（水晶）。它具有高稳定的物理、化学性能，弹性振动损耗极小，且品质因数极高，是一种用于稳定频率和选择频率的电子元件，广泛应用于无线电话、载波通信和时钟等场合。

7. 继电器

继电器是一种对电路进行控制和换接的器件，是自动化设备中的主要电器元件，起自动操作、自动调节和安全保护等重要作用。

继电器按照感受的物理现象不同，可以分为电子继电器、机械继电器、光学继电器和声继电器等。按照用途又可分为启动继电器、中间继电器、步进继电器、过载继电器和限时继电器等。在生产实际中，人们又习惯性地将继电器分为直流继电器、交流继电器、干簧继电器、时间继电器和固态继电器等。

与普通电磁继电器主要靠线圈吸合/释放来控制触点的通断，进而达到电路控制的原理不同，固态继电器（SSR）是基于电子技术发展起来的无机械触点的电子继电器。其内部组成如图 4-4 所示。就外部特性而言，固态继电器可以与电磁继电器同样使用。

继电器使用的原则主要有如下几条：

1）根据所控制的电路确定触点的种类及数量，以触点电路的电流种类、大小及电压高低确定触点容量。

2）根据控制电路的特点，确定继电器的种类、功率及容量。

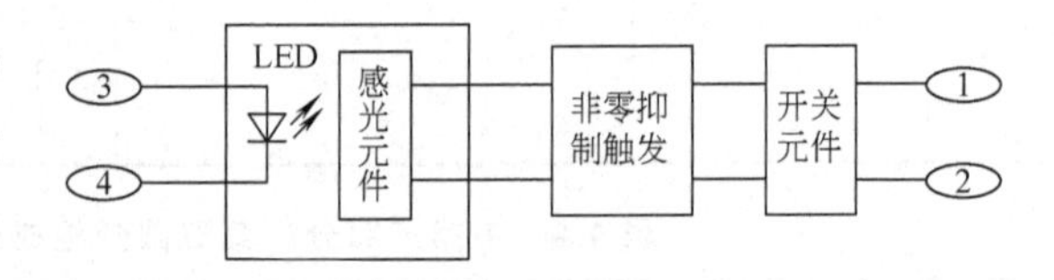

图 4-4 固态继电器内部组成图

3）根据控制电路的要求，确定继电器的动作时间。

4）选用继电器应考虑的环境和工作条件包括：温度和湿度，设备或电路的工作寿命，设备的振动和移动对继电器的影响，继电器的外形尺寸、体积和重量。

4.1.2 电路简介

有关模拟电路的电路分析、计算和功能介绍，请查阅有关专业书籍或手册。在这里，仅简要介绍机电一体化系统中常用的部分模拟电路。

1. 电源电路

电源电路主要是指为工作设备的需要，将外部电源转换为设备所需要的电源的电路部分，是设备电路的常用组成部分，最常用的有整流电路、隔离电路和变频电路等。

（1）晶闸管可控电源电路 对于机电一体化系统而言，晶闸管可控电源是比较常见的。下面，简单了解一下单相桥式全控整流电路的工作原理。

单相桥式全控整流电路如图 4-5 所示，外部交流电压 u_1 经变压器 T_1 变压（或隔离）后，在二次侧产生二次侧电压 u_2。晶闸管 V_1 和 V_4 组成一对桥臂，V_2 和 V_3 组成另一对桥臂。当 u_2 处于正半周（a 端正，b 端负）时，在触发延迟角 α 到达的瞬间，为一组桥臂加上触发电压，使之导通；此时，另一组桥臂则处于反向截止。当 u_2 处于负半周（a 端负，b

端正）时，在触发延迟角 α 到达的瞬间，为另一组桥臂加上触发电压，使之导通；此时，原来一组桥臂则处于反向截止。两组桥臂交替导通，在负载上产生脉动较小的直流电。

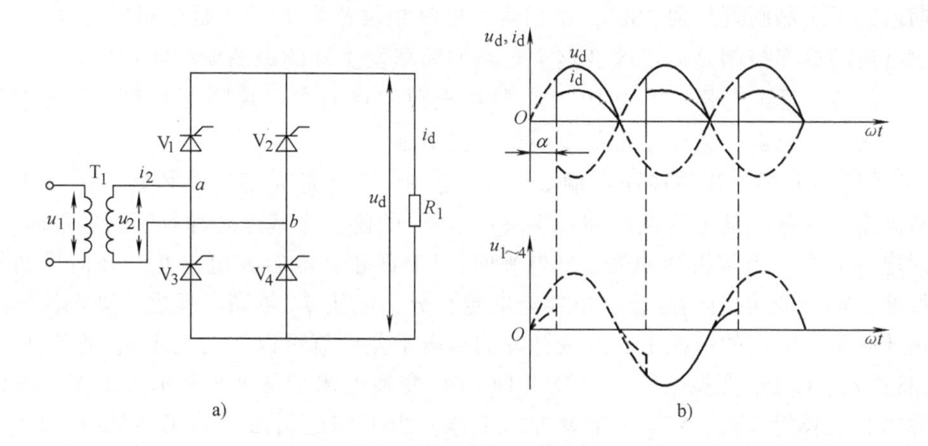

图 4-5 单相桥式全控整流电路及波形

a）电路 b）波形

通过晶闸管触发电路改变触发延迟角 α 的大小，就能够控制负载电压的高低，从而达到控制的目的。

三相交流电也可以通过晶闸管可控整流电流获得可以控制的直流电，其基本原理与单相整流电路类似。

（2）晶闸管变频电路 晶闸管变频电路在电动机变频调速系统中有着十分重要的应用。晶闸管变频电路的基本电路构成如图 4-6 所示。

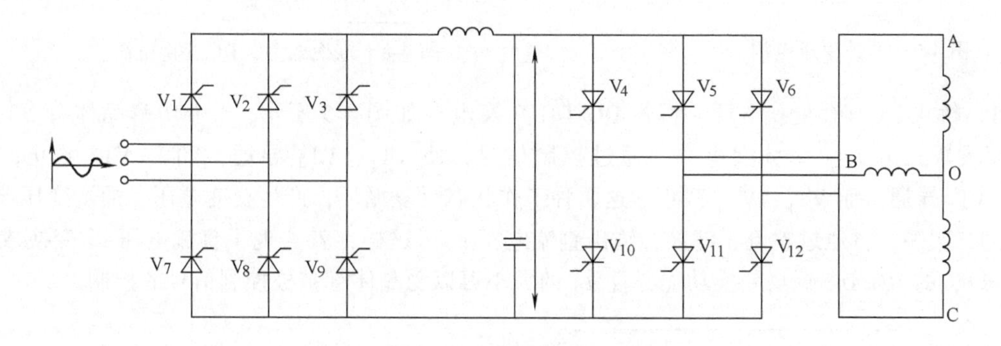

图 4-6 晶闸管变频电路

该变频电路为交-直-交变频电路，主要由整流器、滤波环节和逆变器 3 部分组成。整流电路为晶闸管三相桥式可控整流电路，其作用是与滤波环节一起，将三相交流电转变为直流电；逆变器的作用则是将直流电逆变为频率可调的交流电，是变频器的主要部分。

在逆变器中，晶闸管是作为开关电器使用的，要求有可靠的导通和关断能力。因此，在该电路中，除了要有专门的触发电路之外，还需要一个专门的换相电路保证晶闸管的关断，换相是在同一相桥臂电路中进行的。

根据晶闸管在一个周期内导电的时间不同，该电路有 180°通电型和 120°通电型两种。

以180°通电型为例，当电机正转时，晶闸管的导通顺序是$V_4 \sim V_{12}$。各触发信号间相隔60°相位角，由于任意瞬间都有三只晶闸管同时导通（每一个桥臂一个晶闸管导通），所以，在整个周期内，每个晶闸管导通180°，每相输出电流相位差为120°，是三相交流电。

输出电流的频率控制是通过改变整个电路的频率发生器的振荡频率实现的。

（3）DC/DC隔离电源 采用DC/DC隔离电源的目的主要是隔开两侧电路的地线，以切断电源干扰，是机电一体化系统的重要抗干扰措施。

1）开关稳压电源。开关稳压电源如图4-7所示。VT是大功率晶体管，相当于电源开关，其基极输入的脉冲信号的宽度和频率决定了u_O的值。当基极脉冲处于高电平时，VT导通，u_I对电容充电；当基极脉冲处于低电平时，VT截止，电容充电停止，并向后面的负载供电。可见，VT导通的时间越长，电容充电越充分，电压u_O越高，反之，则电压u_O越低。因此，在脉冲频率固定的情况下，改变脉冲的高电平宽度就可以改变电压u_O的高低。

2）推挽式DC/DC变换电源。推挽式DC/DC变换电源如图4-8所示。工作控制信号从b_1、b_2输入，晶体管VT_1、VT_2以推挽方式工作。当工作控制信号为正半周时，VT_1导通，放大正半周信号；当工作控制信号为负半周时，VT_2导通，放大负半周信号。放大后的电压经变压器T耦合到二次侧，再经过整流、滤波输出电压u_O。这样，就实现了直流电压U_I变换成直流电压u_O的DC/DC隔离变换功能。且u_O的大小可以受b_1、b_2控制信号的控制。

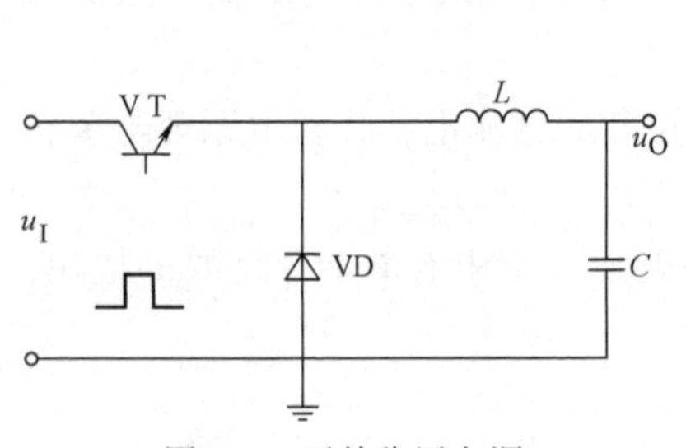

图4-7 开关稳压电源

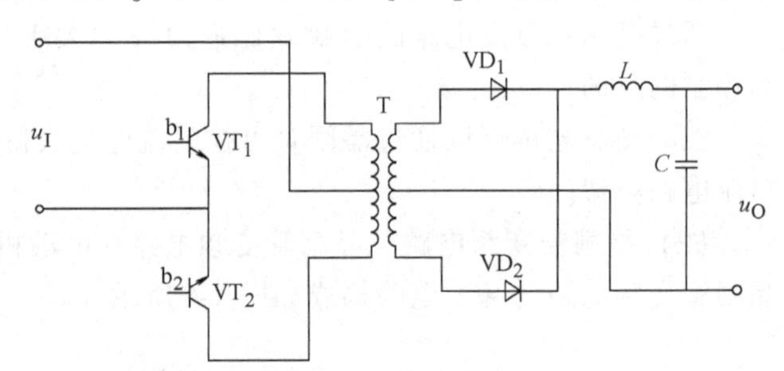

图4-8 推挽式DC/DC变换电源

3）桥式DC/DC变换电源。桥式DC/DC变换电源如图4-9所示，4个功率晶体管$VT_1 \sim VT_4$组成桥式开关功率放大电路。通过控制信号，使VT_1、VT_4导通，VT_2、VT_3截止；或VT_2、VT_3导通，而VT_1、VT_4截止。这两种工作状态反复循环，产生交变电压，通过变压器T耦合到二次侧，再通过整流、滤波，输出直流电压u_O。这样，就实现了直流电压u_I变换成直流电压u_O的DC/DC隔离变换功能，且u_O的大小可以受晶体管基极控制信号的控制。

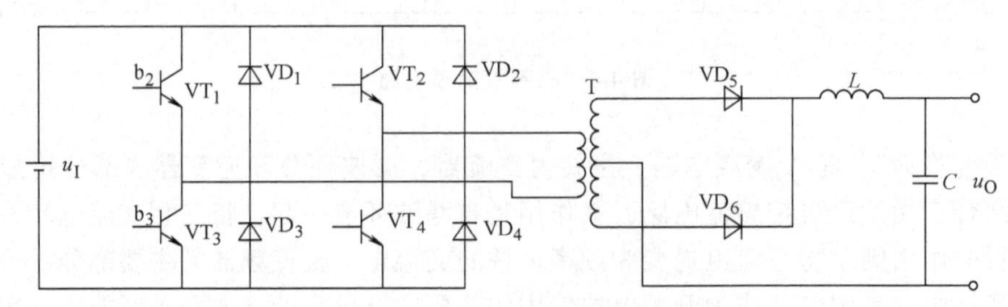

图4-9 桥式DC/DC变换电源

2. 光隔离电路和开关量输出控制

在机电一体化系统中，各种功率、控制信号交织在一起，各个控制系统之间的相互干扰是无法避免的。因此，在各级系统之间，经常要利用光隔离电路来保证信号的正常传递和干扰的隔离。此外，控制系统输出的小功率信号也必须放大成大功率信号才能真正推动执行部件工作。下面，简单介绍集光隔离和开关量输出控制为一体的电路。

电路的组成如图 4-10 所示，细实线框部分就是光隔离电路，以发光二极管为输入端，光电晶体管为输出端。上一级的控制信号通过发光二极管传递到光电晶体管，光电晶体管将信号同步输出至后续电路，完成信号的转换，使控制系统通过光隔离连接起来，有效信号可以正常传递，而干扰信号被隔离。

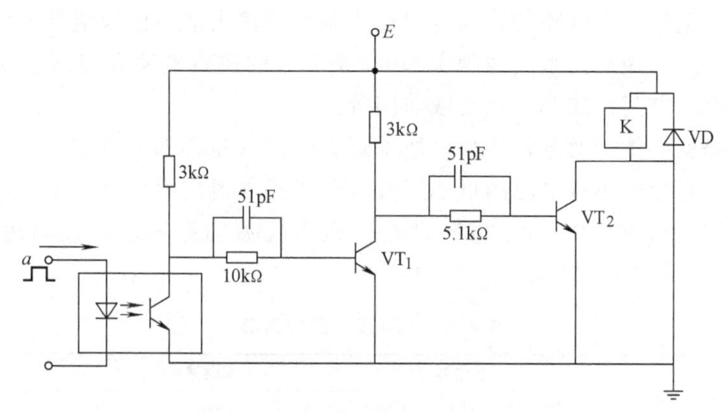

图 4-10　光隔离和开关量输出控制电路

该电路的开关量输出控制由继电器线圈 K 和二极管 VD 构成。由光隔离电路传来的信号经功率晶体管 VT_1 和 VT_2 的两级放大传至继电器 K 的线圈。当 a 端输入高电平时，光隔离电路输出为低电平，VT_1 截止，VT_2 导通，继电器 K 的线圈得电，由该线圈控制的触点（本图中未画出）动作；当 a 端输入低电平时，光隔离输出为高电平，VT_1 导通，VT_2 截止，继电器 K 的线圈失电，由该线圈控制的触点还原，从而实现了上述控制电路的小信号控制由继电器触点控制的大电流电路。

在继电器 K 的线圈由导通到关断的瞬间，线圈中的感应电动势产生的电流经二极管 VD 释放。

4.2　数字电路及应用

4.2.1　数字电路的特点

数字电路是用以传递、加工和处理数字信号的电路。所谓数字信号，其特征主要是：无论在时间上、还是在幅度上，信号都是断续的、离散的。数字信号的主要特点有：

1）采用二进制。只要是具有两个稳态的器件都可用二进制的两个数码来表示。所以，数字电路的基本单元比较简单，对器件的要求也不高，允许器件参数有比较大的离散性，易于实现集成化。

2）抗干扰能力强。由于数字信号是用“0”和“1”两个状态来表示的，所以不易受外界干扰。

3）精度高。数字信号的精度与该信号的数字位数有关，只要增加二进制数的位数，就能十分有效地提高信号的精度。

4）保密性好。数字电路能十分方便地对信号进行加密处理。

5）通用性强。数字技术发展到今天，各种标准的数字集成部件已经十分普遍，我们可以够十分方便地用各种标准的数字集成部件组成各种数字电路。

4.2.2 数字电路的基本单元

1. 逻辑门电路及逻辑代数

逻辑门电路一般是利用电路的输入信号作为条件，输出信号作为结果，从而使电路的输入和输出之间有一定的因果关系（逻辑关系）。最基本的逻辑电路有与门、或门和非门。常用的逻辑电路还有与非门、或非门、与或非门等。

谈到逻辑电路就必然涉及逻辑代数。所谓逻辑代数（也称布尔代数），是反映逻辑变量运算规律的数学，是分析逻辑电路的重要工具。逻辑代数也用字母 A、B、C、…、X、Y 等表示变量，但其取值只有“0”和“1”两个。逻辑代数的运算也可以用运算表达式表达（表 4-5 和表 4-6）。

表 4-5 3 种基本逻辑运算

逻辑运算		与运算	或运算	非运算
逻辑符号		A, B —[&]— Y	A, B —[≥1]— Y	A —[1]o— Y
真值表 / 逻辑变量	表达式	$Y=A \cdot B$	$Y=A+B$	$Y=\overline{A}$
A	B			
0	0	0	0	1
0	1	0	1	1
1	0	0	1	0
1	1	1	1	0

2. 组合逻辑电路

利用基本逻辑电路，可以组合成能完成一定功能的逻辑电路。组合逻辑电路的分析主要根据其输入和输出信号的关系来判断其功能。

表 4-6 几种常见的组合逻辑运算

逻辑运算		与　非	或　非	异　或	同　或
逻辑符号		A, B —[&]o— Y	A, B —[≥1]o— Y	A, B —[=1]— Y	A, B —[=1]o— Y
真值表 / 逻辑变量	表达式	$Y=\overline{AB}$	$Y=\overline{A+B}$	$Y=A\overline{B}+\overline{A}B$	$Y=AB+\overline{A}\,\overline{B}$
A	B				
0	0	1	1	0	1
0	1	1	0	1	0
1	0	1	0	1	0
1	1	0	0	0	1

常用的组合逻辑电路有编码器（将二进制数编成按一定规律排列的代码，且每个代码有固定的含义）、译码器（将二进制代码变换成一定的控制信号或含义）、比较器和存储器等。

4.2.3　双稳态集成触发器及应用

双稳态集成触发器在输入信号的作用下，两个稳态可以相互转换，当输入信号消失后，原有的两个稳态可以保留下来，因此它具有记忆和存储信息的功能。触发器主要由集成门电路组成，应用十分广泛。

1）基本RS触发器。用与非门构成的基本RS触发器如图4-11所示，Q和$\overline{Q}$是触发器的两个互补输出端，规定Q端的状态作为触发器的输出状态。输入端$\overline{S}=0$时，Q端恒为1，所以将$\overline{S}$端称为置位端。$\overline{R}=0$时，Q端恒为0，所以将$\overline{R}$端成为复位端。

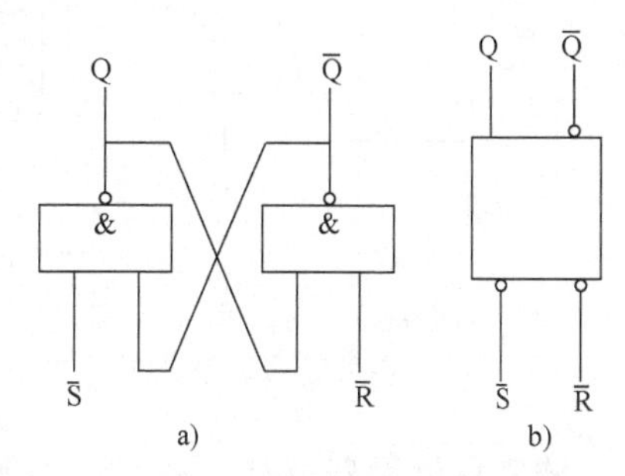

图4-11　基本RS触发器
a）逻辑图　b）逻辑符号

2）同步RS触发器和主从RS触发器。在数字系统中，输出信号不仅需要跟随输入信号变化，而且在更多的情况下，还需要其随系统时钟信号的变化而变化。因此，将RS触发器加入时钟脉冲信号构成同步RS触发器（图4-12）。由两个同步RS触发器和一个非门构成主从RS触发器（图4-13）。

由图4-12和图4-13可见，同步RS触发器的输出除了受输入信号 $\overline{S}$和 $\overline{R}$控制之外，还受到时钟同步信号CP的控制，使触发器的输出状态的改变与时钟脉冲同步；而主从RS触发器则比较复杂，由2个同步RS触发器和非门构成。FF1为主触发器，FF2为从触发器。主从RS触发器能严格地保证输出状态与时钟的同步，有效地防止触发器的“空翻”问题。

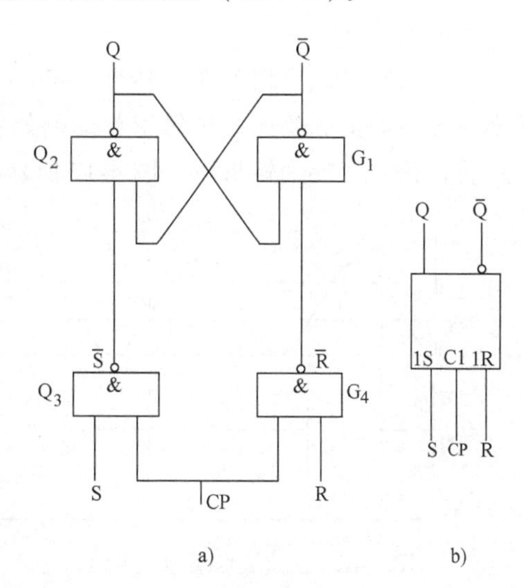

图4-12　同步RS触发器
a）逻辑图　b）逻辑符号

3）主从JK触发器。由于RS触发器在输入信号R=S=1时，会出现输出状态不定的情况，因此，把输出端Q和$\overline{Q}$分别反馈至主触发器的R端和S端，并分别另加J、K两个输入端，构成如图4-14所示的主从JK触发器。

当J=0、K=1时，Q=0；当J=1、K=0时，Q=1；当J=K=1时，输出状态翻转；当J=K=0时，输出维持不变。所以，当J=K=1时，触发器的输出随着时钟脉冲的输入而变化，处于计数状态；当J=K=0时，输出维持不变，执行保持功能。

4）施密特触发器。施密特触发器是常用的整形电路，可以将缓慢变化的信号（如正弦信号、三角波和锯齿波等）或波形不整齐的脉冲信号变换成边沿陡峭的矩形脉冲信号。

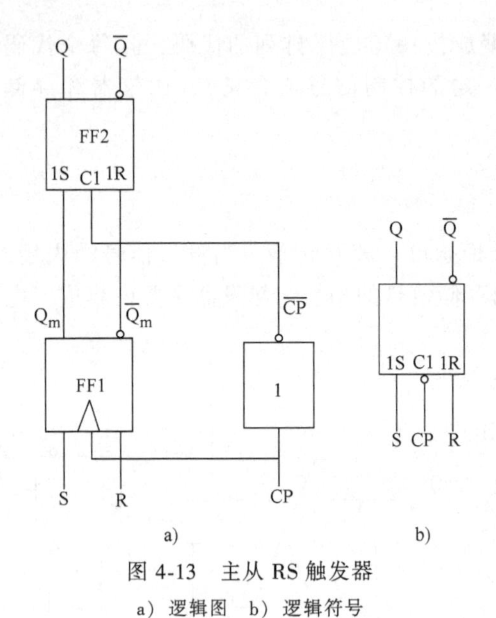

图 4-13 主从 RS 触发器

a）逻辑图 b）逻辑符号

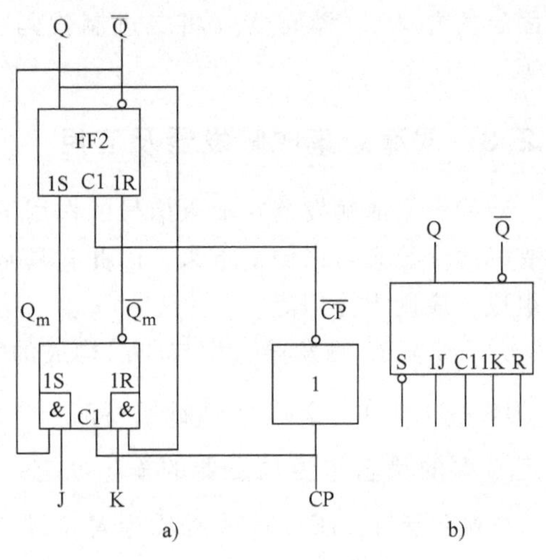

图 4-14 主从 JK 触发器

a）逻辑图 b）逻辑符号

施密特触发器也是一种双稳态触发器，但其电路状态的翻转存在滞后（图 4-15）。当输入信号 U_I 下降至 U_{T-} 时，电路状态翻转。但当 U_I 上升到 U_{T-} 时，电路状态并不翻转，直到 U_I 上升至 U_{T+} 时，才恢复原来的状态。

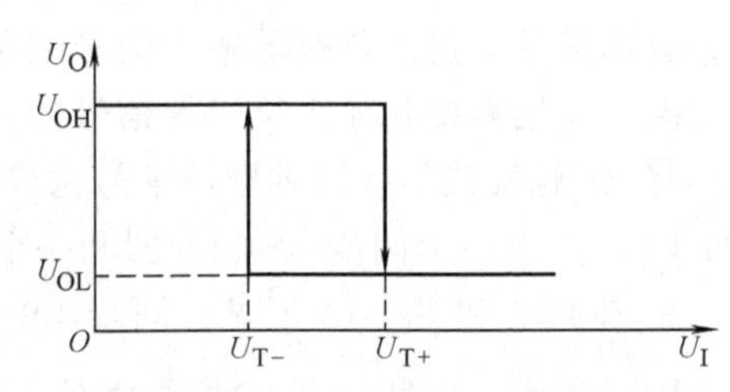

图 4-15 施密特触发器的滞后特性

利用施密特触发器的滞后特性，可以完成波形转换、脉冲整形和幅度鉴别等工作。例如，图 4-16 所示将正弦波变换为矩形波，图 4-17 所示将受干扰的波形变换成矩形波。

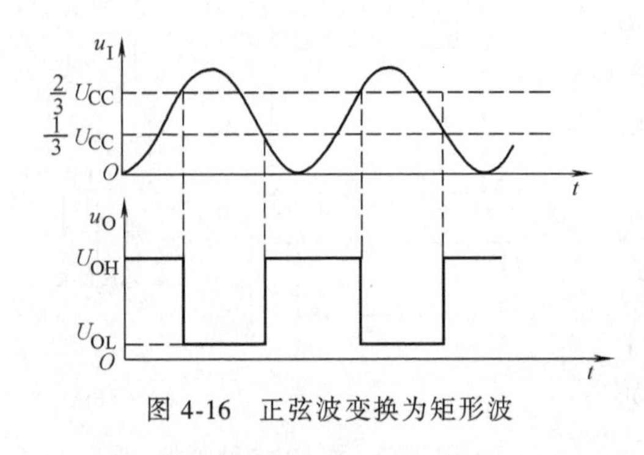

图 4-16 正弦波变换为矩形波

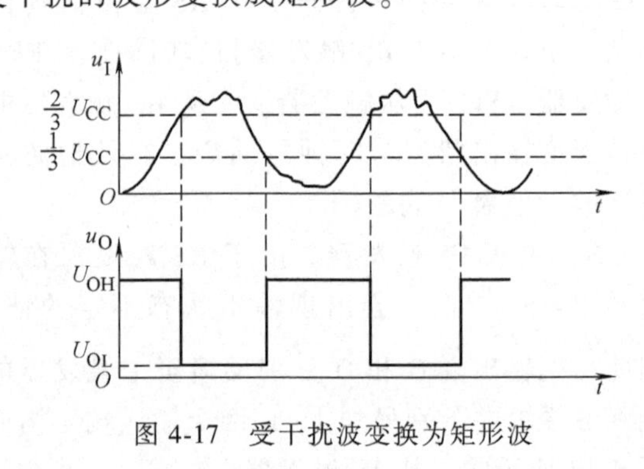

图 4-17 受干扰波变换为矩形波

双稳态触发器的种类还有很多，如 D 触发器等，此处不再一一叙述。利用双稳态触发器的特点，可以组成移位寄存器和计数器等逻辑电路。由于集成电路的发展，在实际应用中通常将这些逻辑电路制成专用的集成电路。

4.2.4 其他触发器及其应用

1. 单稳态触发器

单稳态触发器电路有稳态和暂稳态两个不同的工作状态。在外加触发脉冲的作用下，单稳态触发器电路能从稳态翻转至暂稳态，在暂稳态维持一段时间后，电路能自动地翻转回稳态。暂稳态维持时间的长短由 *RC* 延时电路的参数决定，与外加触发脉冲无关。

图 4-18 所示为利用基本 RS 触发器构成的微分型单稳态电路。稳态时，U_I 为高电平、U_{O1} 为低电平、U_{O2} 为高电平。当触发信号使 U_i 翻转成低电平时，U_{O1} 为高电平、U_{O2} 为低电平，电路进入暂稳态，同时，*RC* 电路开始充电。*RC* 电路充电完毕后，U_{O2} 恢复高电平、带动 U_{O1} 翻转成低电平，电路恢复稳态，同时，电容 *C* 放电，为下次触发翻转做准备。

利用单稳态电路可以组成微分电路、积分电路、波形转换电路和脉冲发生电路等。

2. 无稳态触发器（振荡器）

图 4-19 所示为两个 CMOS 反向器组成的多谐振荡器，该电路没有稳态，只有两个暂稳态，$u_{O1}=1$、$u_{O2}=0$ 为一个暂稳态。暂稳态之间的转换时间由 *RC* 电路的参数决定。无稳态触发器无需外加触发脉冲，只要接通电源，就能自动产生一定频率的矩形脉冲输出，常被用于振荡信号发生电路。

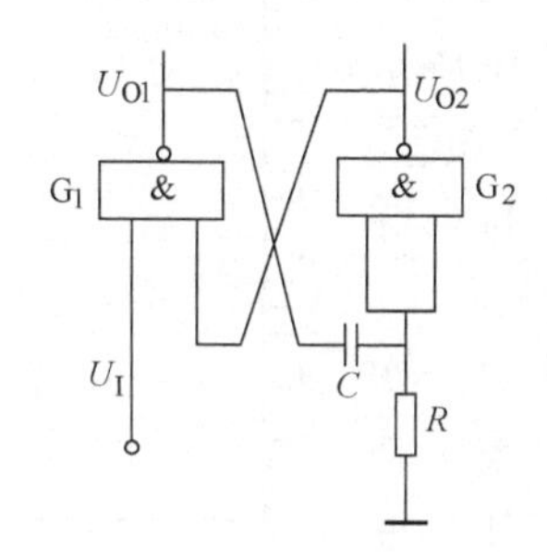

图 4-18　微分型单稳态电路

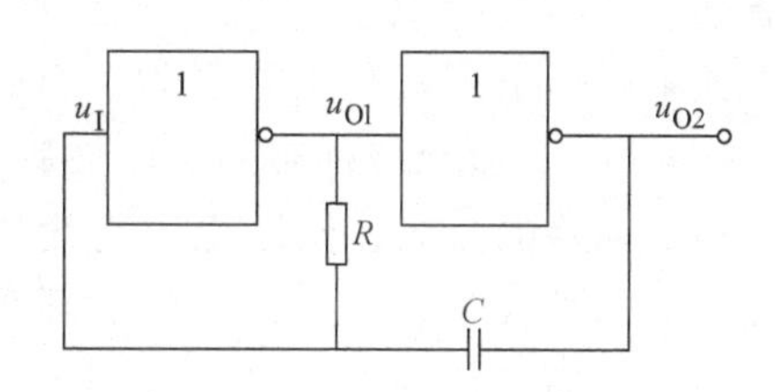

图 4-19　多谐振荡器

4.3　集成电路及应用

所谓集成电路，就是采用半导体工艺，或薄、厚膜工艺，将组成电路的有源和无源元器件以及它们之间的有关连线等，一起制在一块半导体或绝缘基片上，构成结构紧密联系的整体电路。

集成电路按结构和工艺的不同，可分为半导体集成电路，薄、厚膜集成电路和混合集成电路 3 种；按应用特点可分为数字集成电路（处理数字信号）和模拟集成电路（处理模拟信号）。

利用集成电路组装的系统或产品与利用分立元器件组装的系统或产品相比，优越性主要有：

1）电路合理，系统质量高。

2）降低系统成本，提高生产效率。

3）减少元器件数量，提高系统可靠性。

4.3.1　集成电路的分类和封装形式

集成电路的封装材料主要有金属、陶瓷和塑料等。封装形式主要有双列和单列直插、扁平和金属壳等。图 4-20 所示为几种典型的封装形式。双、单列直插式引线强度大，不易折断，集成电路可以直接焊在印制电路板上；也可以将引脚插座焊装在印制电路板上后，再将集成电路插入插座中，以便随时插拔，方便维修。扁平式封装适用于双面覆铜的印制电路板，利于贴片焊接安装。

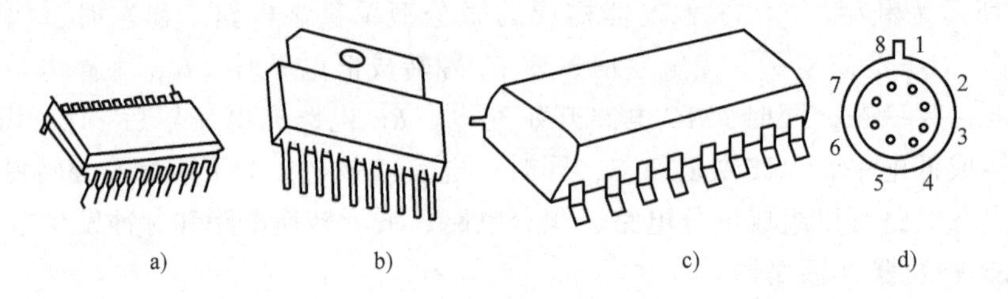

图 4-20　常见的集成电路封装形式

a）双列直插式　b）单列直插式　c）扁平双列式　d）圆形结构

集成电路的引脚虽然数目较多，但其排列还是有一定的规律可循的。一般是从外壳顶部看，引脚按逆时针顺序排列，其中第一脚都有参考标志，如半圆凹槽、色标和管键等。如图 4-21 所示的双列直插式集成电路封装引脚，其上方有一个半圆形的标志，在它的左面第一个引脚就是 1 号引脚，引脚序列按逆时针排列分别是 2、3、4、…，直至该标志的右面最后一个引脚。

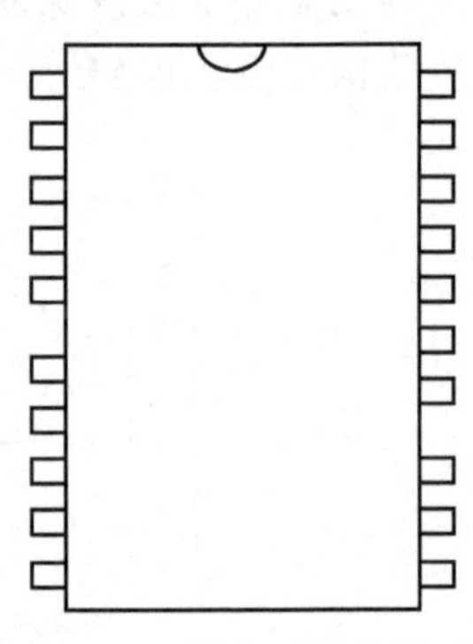

图 4-21　封装引脚的识别

对于集成电路的命名，国际上没有统一的标准，只有工厂产品代号和产品品种代号。因此，我们实际采用的集成电路很多是无法从名称上判断其作用的，必须查阅有关公司或产品手册。根据我国国标 GB/T 3430—1989《半导体集成电路型号命名方法》，我国的半导体集成电路型号由 5 个部分构成，见表 4-7。

表 4-7　半导体集成电路的型号命名

第 0 部分		第 1 部分		第 2 部分	第 3 部分		第 4 部分	
用字母表示器件符合国家标准		用字母表示器件类型		用阿拉伯数字和字符表示器件的系列和品种代号	用字母表示器件工作温度范围		用字母表示器件的封装	
符号	意义	符号	意义	意义	符号	意义	符号	意义
C	符合国家标准	T	TTL 电路		C	0～70℃	F	多层陶瓷扁平
		H	HTL 电路		G	-25～70℃	B	塑料扁平
		E	ECL 电路		L	-25～85℃	H	黑瓷扁平
		C	CMOS 电路		E	-40～85℃	D	多层陶瓷双列直插
		M	存储器		R	-55～85℃	J	黑陶瓷双列直插
		μ	微型机电路		M	-55～125℃	P	塑料双列直插
		F	线形放大器				S	塑料单列直插
		W	稳压器				K	金属菱形
		B	非线性电路				T	金属圆形
		J	接口电路				C	陶瓷片状载体
		AD	模数转换电路				E	塑料片状载体
		DA	数模转换电路				G	网格阵列
		D	音响、电视电路					
		SC	通讯专用电路					
		SS	敏感电路					
		SW	钟表电路					

4.3.2 集成电路的主要应用

集成电路的应用是极其广泛的，今天，我们几乎已经找不到没有集成电路的电气设备。在机电一体化系统中，无论是计算机控制系统还是检测、采样、A/D 转换系统和 D/A 转换系统，其主要元件都是集成电路（有关内容将在以后的章节中叙述）。下面，我们简单介绍一些常见的通用集成电路及其运用。

1. 集成运算放大器及其运用

运算放大器（简称运放）是高增益的直流放大器。作为一种独立的电子器件，其运用几乎遍及各个技术领域，有“万能电子器件”的美称。集成运放的电路符号如图 4-22 所示。

集成运放的主要特点是：电压放大倍数高；输入电阻大（可减少信号源的负载）；输出电阻小（提高运放的带负载能力）。集成运放是一种理想的直流放大器。利用运放可以构成信号的比例放大、多路输入信号的加减运算、信号的差动放大、PID 调节、电压比较、U/I 转换、U/F 转换、采样-保持和多谐振荡等各种各样的电路。由于篇幅所限，这里只能简要介绍集成运放的部分运用。

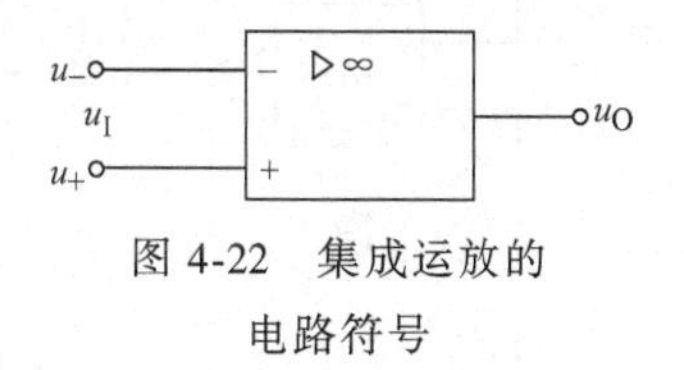

图 4-22 集成运放的电路符号

(1) 比例放大电路 图 4-23 所示为由集成运算放大器构成的基本比例放大电路。其输出电压 u_O 与输入电压 u_I 呈同相或反相的线性关系。比例放大是集成运算放大器的基本运用。

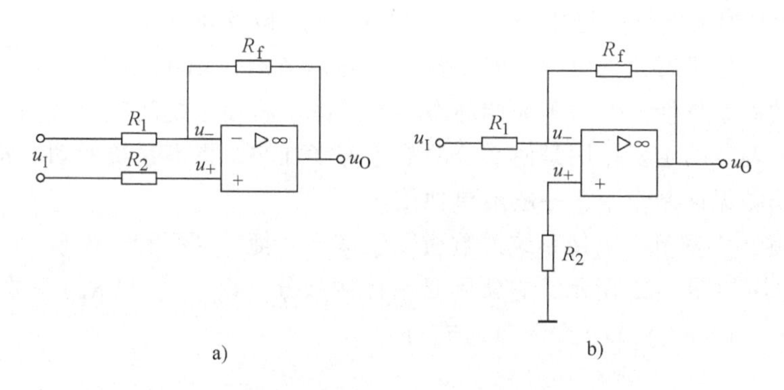

图 4-23 由集成运放构成的基本比例放大电路
a）同相比例放大 b）反相比例放大

(2) 采样-保持电路 在对高速变化的模拟信号进行采样时，必须在输入模拟信号和 A/D 转换之间加上采样-保持电路，才能保证 A/D 转换的可靠性和准确性。图 4-24 所示就是利用 LF398 和运放比较器 LM311 构成的采样“峰值”保持电路。

图 4-24 中，LF398 是采样-保持的专用集成电路。其输出电压 u_O 与输入电压 u_I 通过比较器 LM311 进行比较。当 u_I 高于 u_O 时，LF398 控制端“8”被置成高电平，使 LF398 处于采样状态；当 u_I 低于 u_O 时，LF398 控制端“8”被置成低电平，使 LF398 处于保持状态，将采集的“峰值”保持到 A/D 转换电路读取该“峰值”为止。

如果要保持信号的“谷底”值，则只要将二极管 VD_1 换成一个“非门”即可。

(3) PID 调节电路 在自动控制系统中，PID 调节器是广泛应用的通用校正装置，其作用是对经过传感器转换的信号与给定信号相比较得到的偏差量进行运算，产生相对的输出，去控制系统执行环节。

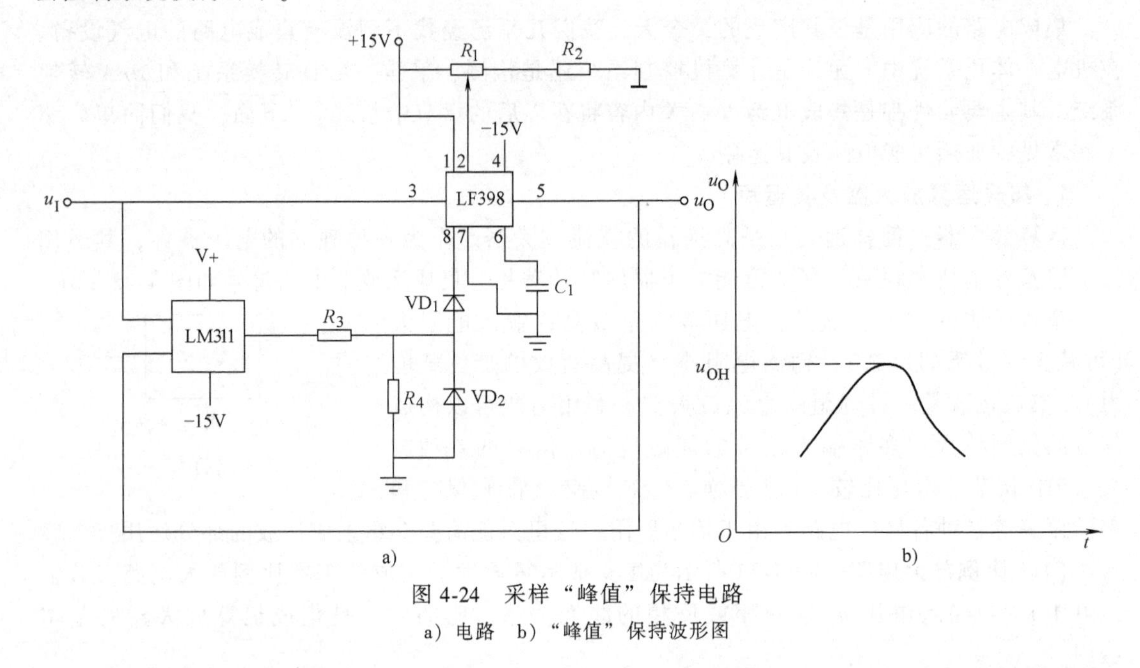

图 4-24 采样“峰值”保持电路

a）电路 b）“峰值”保持波形图

PID 调节就是对偏差量进行比例（P）、积分（I）和微分（D）调节。比例调节的作用主要是对产生的信号进行比例放大，即增益；积分调节的作用主要是消除输出的静态误差，使系统有良好的静态特性，但过于强调静态误差的减小将使系统的响应时间延长，其动态特性将恶化；微分调节的主要作用是使系统的响应速度加快，提高系统的动态特性，但由于微分调节对静态误差无抑制作用，一般不单独使用。

合理地应用 PID 调节可以使系统的响应既快速、敏捷，又平稳、准确。

PID 调节电路如图 4-25 所示，它实际是由比例微分（C_d、R_d 和 R_b）、放大（A_1）和比例积分（C_I、R_1、C_p 和 A_2）3 个环节构成的。

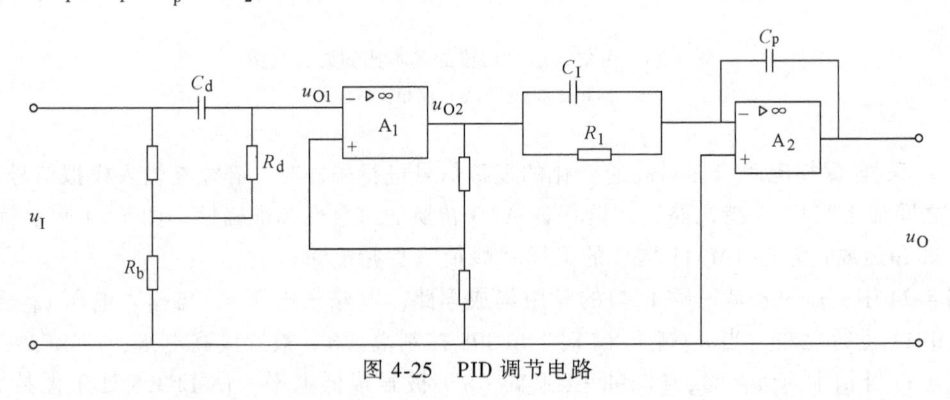

图 4-25 PID 调节电路

该电路的 I/O 时间响应关系为

$$u_O(t) = K_c\left[u_I(t) + \frac{1}{T_i}\int u_I(t)\,dt + T_d\frac{du_I(t)}{dt}\right]$$

式中 K_c、T_i、T_d——系数，与各环节的电阻、电容的数值有关。我们可以根据系统调节的需要，改变有关参数，以达到完善系统特性的目的。

2. 555电路的基本运用

集成555定时器是另一种运用十分广泛的多用途集成电路。它只要外接几个电阻、电容元件，就可构成施密特触发器、单稳态触发器和多谐振荡器等电路。555集成电路共有8个引脚，如图4-26所示。

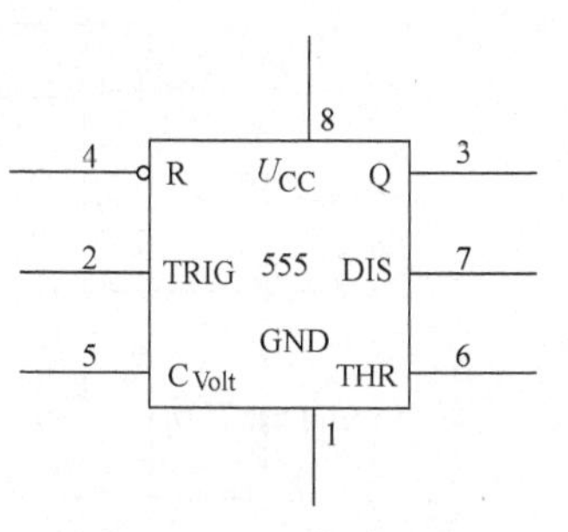

图4-26 555集成电路

(1) 利用555定时器构成施密特触发器电路 如图4-27所示，将2、6引脚连接在一起作为输入端，4、8引脚连接在一起作为工作电压 U_{CC} 的接入端。为提高稳定性，接入1个0.01μF的滤波电容。

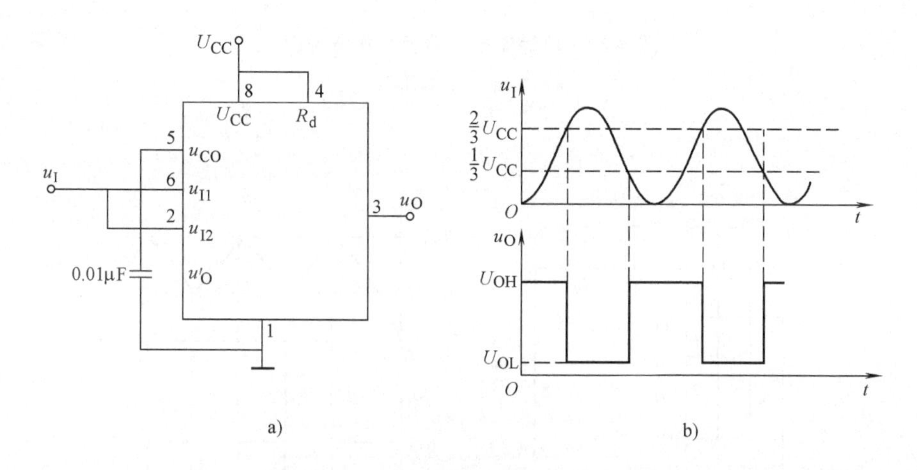

图4-27 施密特触发器及工作波形图

a) 电路 b) 波形图

(2) 利用555定时器构成单稳态电路 如图4-28所示，引脚2作为输入端，用负阶跃信号触发。由图4-28b可见，该电路输出低电平为稳态，高电平为暂稳态。输出脉冲宽度 t_w 就是暂稳态的维持时间，由 RC 电路的充电时间常数决定。该电路的输出脉冲宽度可以根据 RC 参数的不同，从几微秒到几分钟。

(3) 利用555定时器构成多谐振荡器电路 如图4-29所示，由于是无稳态电路，因此无需输入信号，接通电源就可产生振荡。

电路进入第一稳态后，U_{CC} 通过 R_1 和 R_2 对电容 C 充电至 $\frac{2}{3}U_{CC}$ 时，触发器翻转，进入第二稳态，同时，电容 C 经555内部电路放电。电容 C 放电至 $\frac{1}{3}U_{CC}$ 时，触发器再次翻转，回到第一稳态，同时，C 再次开始充电。

第一稳态的维持时间 t_{w1} 由 R_1、R_2 和 C 充电时间常数决定；第二稳态的维持时间 t_{w2} 由

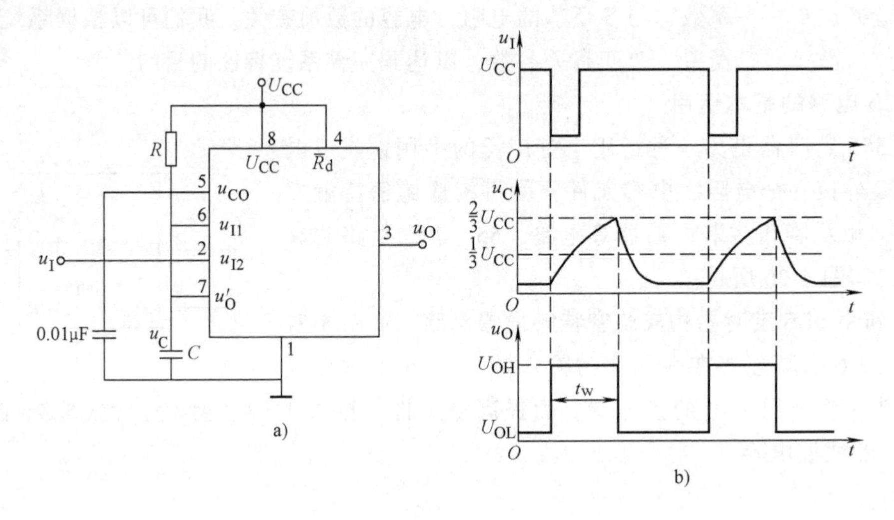

图 4-28 单稳态触发器及工作波形图

a）电路 b）波形图

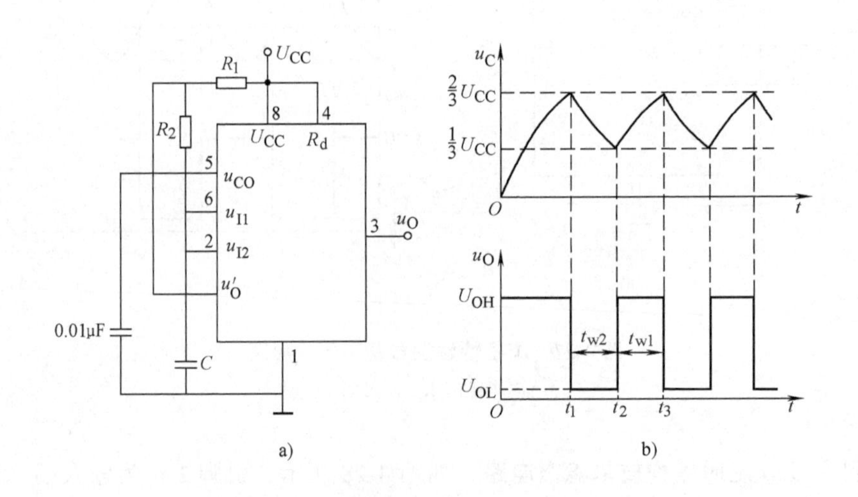

图 4-29 多谐振荡器电路及工作波形图

a）电路 b）波形图

R_2 和 C 充电时间常数决定。整个振荡周期 T 为

$$T=t_{w1}+t_{w2}$$

3. 直流稳压集成电路

直流稳压集成电路有很多种，主要有 78/79 系列固定型输出稳压电路和 317/337 系列输出电压可调型稳压电路。下面以 7800 集成电路构成的稳压电路为例来简要说明稳压集成电路的应用。

由 7800 集成电路构成的稳压电路如图 4-30 所示。其中，晶体管 VT_1 和 VT_2 组成达林顿管的方式，用于增加电源输出电流。VD 用于增加电源的输出电压。通过改变电阻 R_3 和 R_4 的分压比，可以调节电源的输出电压。7800 集成电路的作用主要是将未经过稳压的直流电压变换成稳定的直流电压。

4.3.3 集成电路使用的注意事项

1. 含有集成电路的电路板布线要求

集成电路都是安装在印制电路板上的，印制电路板合理的布线是防止干扰、提高电路性能的重要方面。集成电路在印制电路板上的位置，一要参考其逻辑功能分布，二要考虑信号的流向。在实际的印制电路板设计中要做到：降低地线阻抗、尽量避免平行布线、布线应尽量短、在双面或多层印制电路板上要尽量减少通孔的数量。

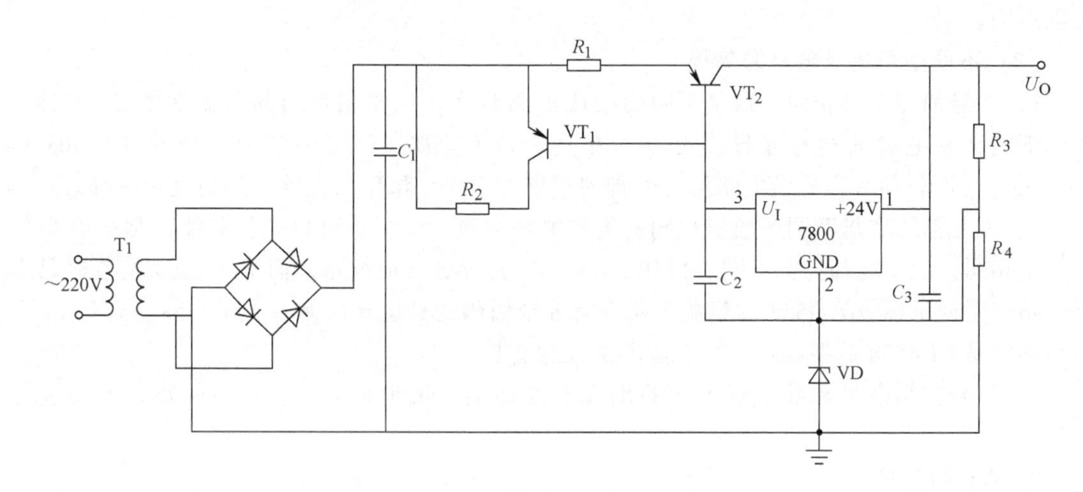

图 4-30 由 7800 集成电路构成的稳压电路

2. 集成电路的正确使用

集成电路在使用时要特别注意以下几个方面的问题：

1）不允许在超极限的条件下工作。

2）正确控制输入信号的强度。

3）注意引脚的排列顺序，特别是在用其他集成电路替代原设计集成电路时，更要注意这一点。

4）要注意消除集成电路的自激现象，可通过在相应引脚接入电容的方法防止自激。

5）注意不同集成电路之间的电平配置。

4.3.4 集成电路替换技巧

在实际电路设计、制作或维修时，经常会碰到集成电路替换的问题，下面就介绍一些集成电路替换的技巧。

1. 直接替换

直接替换是指用其他集成电路不经任何改动而直接取代原来的集成电路，替换后不影响机器的主要性能与指标。

直接替换要掌握的原则是：替换集成电路的功能指标、性能指标、封装形式、引脚用途、引脚序号和间隔等几方面均相同。其中，集成电路的功能相同不仅指可实现的具体功能相同，还应注意逻辑极性相同，即输出、输入电平的极性、电压和电流幅度必须相同。除此之外，输出不同极性AFT（自动频率调谐）电压和输出不同极性的同步脉冲等集成电路都不能直接替换，即使是同一公司或厂家的产品，都应注意区分。性能指标是指集成电路的主要电参数（或主要特性曲线）、最大耗散功率、最高工作电压、频率范围及各信号输入阻抗和输出阻抗等参数要与原集成电路相近。功率小的代用件要加大散热片。

（1）同一型号集成电路的替换　同一型号集成电路的替换一般是可靠的，但在安装集成电路时，要注意方向不要搞错，否则，通电时集成电路很可能被烧毁。有的单列直插式功放集成电路，虽型号、功能、特性相同，但引脚排列顺序的方向是有所不同的。例如，双声道功放集成电路LA4507，其引脚有“正”“反”之分，其起始脚标注（色点或凹坑）的方向也不同。

（2）不同型号集成电路的替换

1）型号前缀字母相同、数字不同的集成电路替换。只要相互间的引脚功能完全相同，其内部电路和电参数稍有差异，也可相互直接替换。如：伴音中放集成电路LA1363和LA1365，后者较前者在集成电路第5引脚内部增加了1个稳压二极管，其他完全一样。

2）型号前缀字母不同、数字相同的集成电路替换。大多数可以直接替换，但也有少数虽数字相同，但功能却完全不同。例如，HA1364是伴音集成电路，而UPC1364是色解码集成电路；同样是标号为4558的集成电路，有8个引脚的是运算放大器NJM4558，而有14个引脚的则是CD4558数字电路，故二者不能互相替换。

3）型号前缀字母和数字都不同的集成电路替换。除非非常熟悉，一般建议不要进行替换。

2. 非直接替换

非直接替换是指不能进行直接替换的集成电路，稍加修改其外围电路，改变原引脚的排列或增减个别元件等，使之成为可替换的集成电路的方法。

非直接替换的替换原则：替换所用的集成电路可与原来的集成电路引脚排列不同、外形不同，但功能要相同、特性要相近；替换后不应影响原机性能。

1）不同封装集成电路的替换。相同类型的集成电路芯片，但封装外形不同，替换时只要将新器件的引脚按原器件引脚的形状和排列进行整形即可。例如，AFT电路的CA3064和CA3064E，前者为圆形封装、辐射状引脚，后者为双列直插塑料封装，两者内部特性完全一样，按引脚功能进行连接即可。

2）电路功能相同但个别引脚功能不同的集成电路的替换。替换时可根据各个型号集成电路的具体参数及说明进行。如电视机中的AGC和视频信号，输出有正、负极性的区别，只要在输出端加接倒相器后即可替换。

3）类型相同但引脚功能不同的集成电路的替换。这种替换需要改变外围电路及引脚排列，因而需要一定的理论知识、完整的资料和丰富的实践经验与技巧。

需要注意的是：内部等效电路和应用电路中有的引脚没有标明，遇到空的引脚时，不应擅自接地，这些引脚为更替或备用引脚，有时也作为内部连接。

非直接替换关键是要查清楚互相替换的两种集成电路的基本电参数、内部等效电路、各引脚的功能、集成电路与外部元器件之间连接关系的资料。实际操作时需注意如下几点：

1）要注意集成电路引脚的编号顺序，切勿接错。

2）为适应替换后的集成电路的特点，与其相连的外围电路的元器件要做相应的改变。

3）电源电压要与替换后的集成电路相符。如果原电路中电源电压高，应设法降压；如果原电路中电源电压低，则要看替换的集成电路能否工作。

4）替换以后要测量集成电路的静态工作电流，如电流远大于正常值，则说明电路可能产生自激，这时须进行调整。若增益与原来有所差别，可调整反馈电阻阻值。

5）替换后集成电路的输入、输出阻抗要与原电路相匹配；检查其驱动能力。

6）在改动时要充分利用原电路板上的脚孔和引线，外接引线要求整齐，避免前后交叉，以便检查和防止电路自激，特别是防止高频自激。

7）在通电前，电源回路里最好再串接一个直流电流表，将降压电阻阻值由大到小进行改变，观察集成电路总电流的变化是否正常。

3. 用分立元器件替换集成电路

有时可用分立元器件替换集成电路中被损坏的部分，使其恢复功能。替换前应了解该集成电路的内部功能原理、每个引脚的正常电压和波形图及其与外围元器件组成电路的工作原理。同时还应考虑：信号能否从集成电路中取出，接至外围电路的输入端；经外围电路处理后的信号，能否连接到集成电路内部的下一级去进行再处理（连接时的信号匹配应不影响其主要参数和性能）。

4. 组合替换

组合替换就是把同一型号的多块集成电路内部未受损的电路部分重新组合成一块完整的集成电路，用以代替功能不良的集成电路的方法。在买不到原配集成电路的情况下，组合替换是十分适用的。但要求所利用集成电路内部完好的电路一定要有接口引脚。

【拓展知识】　印制电路

机电一体化设备的电子线路全部是采用印制电路制作而成，因此，在此介绍一些有关印制电路的常识。

1. 有关名词解释

1）印制线路。在绝缘材料表面上，提供元器件之间电器连接的导电图形。

2）印制电路。在绝缘材料表面上，按预定的设计，用印制的方法制作成印制线路和印制元件，或由两者组合而成的电路，称为印制电路。

3）印制电路板。已经完成印制线路或印制电路加工的绝缘板的统称。

4）低密度印制板。大批量生产印制板，在 2.54mm 标准坐标网格交点上的 2 个盘之间布设 1 根导线，导线宽度大于 0.3mm。

5）中密度印制板。大批量生产印制板，在 2.54mm 标准坐标网格交点上的 2 个盘之间布设 2 根导线，导线宽度约为 0.2mm。

6）高密度印制板。大批量生产印制板，在 2.54mm 标准坐标网格交点上的 2 个盘之间布设 3 根导线，导线宽度为 0.1~0.15mm。

2. 印制电路按所用基材的分类

按所用基材不同，印制电路可分为刚性、挠性和刚-挠性。

3. 一般覆铜箔板的制作

一般覆铜箔板是用增强材料（玻璃纤维布、玻璃毡和浸渍纤维纸等）浸以树脂黏合剂，通过烘干、裁剪、叠合成坯料，然后覆上铜箔，用钢板作为模具，在热压机中经高温、高压成形而制成的。

覆铜箔板的品种按板的刚、柔程度，增强材料的不同，可分为刚性覆铜箔板和挠性覆铜箔板。按增强材料的不同，可分为纸基、玻璃布基、复合基（CEM 系列等）和特殊材料基（陶瓷和金属基等）4 类。

4. 根据国标 GB/T 4721—1992 规定介绍印制电路板的型号

产品型号第一个字母 C 即表示覆铜箔。第二、三两个字母表示基材所用的树脂；第四、五两个字母表示基材所用的增强材料；在字母末尾，用一短横线连着两位数字，表示同类型而不同性能的产品编号。

5. 有关标准的英文缩写

有关标准及其缩写见表 4-8。

表 4-8 有关标准及其缩写

英文缩写	标　准	英文缩写	标　准
JIS	日本工业标准	IEC	国际电工委员会标准
ASTM	美国材料试验学会标准	BS	英国标准协会标准
NEMA	美国制造协会标准	DIN	德国标准协会标准
MIL	美国军用标准	VDE	德国电器标准
IPC	美国电路互连与封装协会标准	CSA	加拿大标准协会标准
ANSI	美国国家标准协会标准	AS	澳大利亚标准协会标准
UL	美国保险协会实验室标准		

6. 压延铜箔和电解铜箔的性能特点和制法

压延铜箔是将铜板经过多次重复辊轧而制成的。它如同电解铜箔一样，在毛箔生产完成后，还要进行粗化处理。压延铜箔的耐折性和弹性系数大于电解铜箔，铜纯度高于电解铜箔，在毛面上比电解铜箔光滑。

7. 一般纸基覆铜箔板与环氧玻璃布基覆铜箔板的比较

一般纸基覆铜箔板与环氧玻璃布基覆铜箔板相比，具有价格低和 PCB 可冲孔加工等优点。但一些介电性能、机械性能不如环氧玻璃布基板。吸水性较高也是此类板的突出特点。

8. 印制电路的作用

首先，为晶体管、集成电路、电阻、电容和电感等元器件提供了固定和装配的机械支撑；其次，它实现了晶体管、集成电路、电阻、电容和电感等元器件之间的布线和电气连接、电绝缘，并满足其电气特性；最后，为电子装配工艺中元器件的检查、维修提供了识别字符和图形，为波峰焊接提供了阻焊图形。

9. 印制电路制造工艺的分类

（1）加成法 避免使用大量蚀刻铜，降低了成本，简化了生产工序，提高了生产效率，能达到齐平导线和齐平表面，提高了金属化孔的可靠性。加成法又分为全加成法、半加成法和部分加成法，其工艺流程分别为：

1）全加成法工艺流程为钻孔、成像、增黏处理（负相）、化学镀铜、去除抗蚀剂。

2）半加成法工艺流程为钻孔、催化处理和增黏处理、化学镀铜、成像（电镀抗蚀剂）、图形电镀铜（负相）、去除抗蚀剂、差分蚀刻。

3）部分加成法工艺流程为成像（抗蚀刻）、蚀刻铜（正相）、去除抗蚀层、全板涂覆电镀抗蚀剂、钻孔、孔内化学镀铜、去除电镀抗蚀剂。

（2）减成法 工艺成熟、稳定、可靠。减成法又分为全板电镀和图形电镀两种，其工艺流程分别为：

1）全板电镀（掩蔽法）。工艺流程为双面覆铜板下料、钻孔、孔金属化、全板电镀加厚、表面处理、贴光致掩蔽型干膜、制正相导线图形、蚀刻、去膜、插头电镀、外形加工、检验、印制阻焊涂料、热风整平、网印制标记符号、成品。

2）图形电镀（裸铜覆阻焊膜）。工艺流程为双面覆铜板下料、冲定位孔、数控钻孔、检验、去毛刺、化学镀薄铜、电镀薄铜、检验、刷板、贴膜（或网印）、曝光显影（或固化）、检验修版、图形电镀铜、图形电镀锡铅合金、去膜（或去除印料）、检验修版、蚀刻、退铅锡、通断路测试、清洗、阻焊图形、插头镀镍/金、插头贴胶带、热风整平、清洗、网印制标记符号、外形加工、清洗干燥、检验、包装、成品。

10. 单面板、双面板和多层板

1）单面板。单面板是一种一面有覆铜，另一面没有覆铜的电路板。这种印制电路板只可以在有覆铜的一面布线，并放置元件。单面板制作成本低，不用打过线孔，应用广泛。

2）双面板。双面板包括元件面（顶面）和焊锡面（底面），双面板两面都有覆铜，都可以布线，因此，在印制电路设计时比较方便。

3）多层板。多层板就是包括多个工作层面的印制电路板，除了双面板具有的顶面和底面之外，还包括中间层、内部电源层和接地层等。随着电子技术的发展，电路板也越来越复杂，多层电路板的应用也越来越广泛。

4.4 抗干扰技术

1. 干扰的来源

在机电一体化系统中，干扰会导致元器件失效、数据传输和处理错误，从而影响整个系统稳定、可靠地工作。因此，在进行机电一体化系统或设备的设计和制造时，最大限度地抑制各种干扰对系统或设备的影响是提高系统或设备可靠性的重要方面。

工业生产中的干扰一般以脉冲的形式“窜入”机电一体化设备的控制系统中。干扰“窜入”的渠道如图4-31所示，主要有传导型和辐射型两大类。

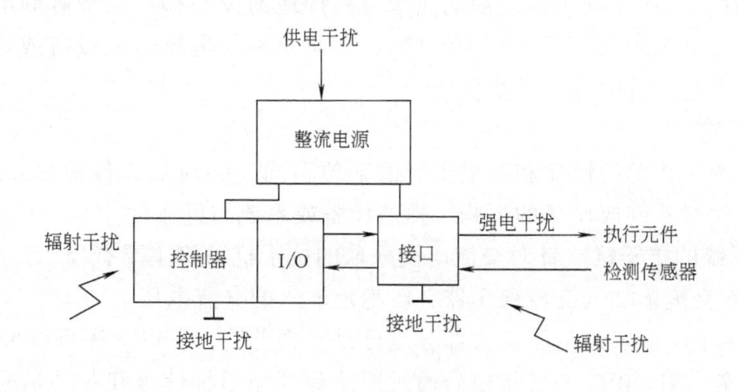

图4-31 干扰来源

(1) 传导型干扰 传导型干扰可分为供电干扰、强电干扰和接地干扰。

1）供电干扰。供电干扰是从交流电网传来的干扰信号，主要来源于附近大容量用电设备的负载变化和开启、关闭时产生的电压波动，以及雷电的冲击电流。此外，电网的突然断电也是一种干扰，它会造成数据的丢失和程序的错误。

2）强电干扰。强电干扰是由驱动电路中的强电元件（如继电器和电磁铁等）在通、断电时产生的过电压和冲击电流。强电干扰不仅会影响其自身电路的正常工作，而且还会通过电磁感应干扰其他设备的正常工作。

3）接地干扰。接地干扰是一种比较普遍的干扰，其形成原因也是比较复杂的。主要原因一般是由于接地不当而形成接地环路，使各个接地点之间产生接地环流。图 4-32 和图 4-33 所示电路就是两种主要的接地环流形成原因。如图 4-32 所示，如果设备的多个接地点相距比较远或接地工艺不当，就可能由于不同接地点的土壤阻抗或接地线的差异，在接地点之间产生电位差，形成接地环流。如果相距一定距离的设备采用图 4-33 所示的方式将公共地线集中接地，则可能由于各设备的负载差异、漏电以及负载的不平衡造成各设备接地点之间形成接地环流。

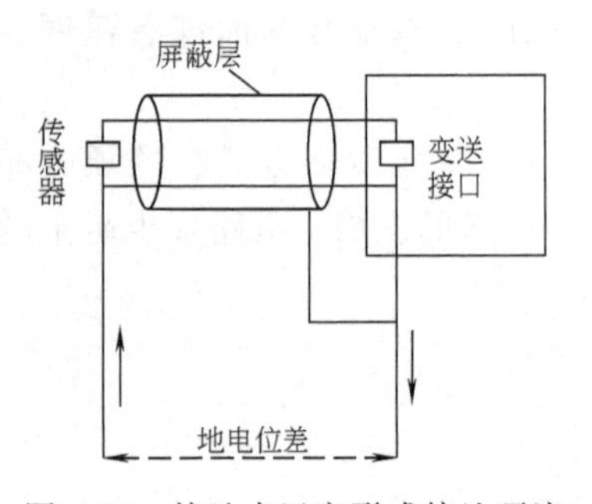

图 4-32 接地点远离形成接地环流

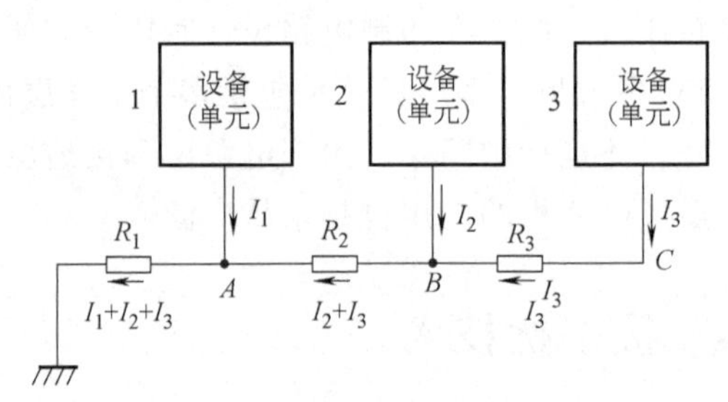

图 4-33 集中接地形成接地环流

(2) 辐射型干扰 辐射型干扰是指存在于设备附近的电磁场和静电场等辐射源，通过空间感应而直接干扰设备的控制系统或导线，使其控制电平发生变化，或产生强烈的脉冲干扰信号。辐射型干扰可分为电磁干扰和静电干扰。

1）电磁干扰。常见的干扰源一般是系统中的电感性器件（如电动机）的启/停而引起的电磁场的强烈变化，此外，设备运行中产生的电火花也会产生高频辐射。

2）静电干扰。人体和处于浮动接地或未可靠接地的设备都可以带有静电，有时，甚至会带上非常高的静电电压（几千伏到上万伏），一旦这种静电场造成设备或导线的感应，或静电放电产生电火花，就会造成干扰。

2. 抗干扰措施

针对上述各种干扰源的性质和形成干扰的部位不同，必须采取各种相应的抗干扰措施，以避免或减轻干扰对系统或设备的影响，提高设备或系统的可靠性。

(1) 供电系统的抗干扰 针对交流电网采取的抗干扰措施主要有稳压、滤波和隔离。

1）稳压。在交流侧加入交流稳压器，以稳定输入的交流电压。

2）滤波。由于电源系统的干扰大部分成分是高频谐波，所以，还可以采用如图 4-34 所示的低通滤波电路，让 50Hz 的低频信号通过而滤除高频干扰信号和脉冲信号。为抑制交流浪涌干扰，在交流进线端还可增加扼流滤波器。

3）隔离。对于整个系统而言，可以采用分散独立的功能模块对系统的各部分单独供电，避免电源故障而使整个系统崩溃；其次，在交、直流之间，加入隔离变压器，一次侧和二次侧之间采用屏蔽层隔离，提高抗干扰能力；在系统内部的直流侧，可以采用图 4-8 和图 4-9 所示的 DC/DC 变换电源，将地线隔开，减少电源的互相干扰；在计算机等可靠性要求高的场合，还可以采用不间断电源（UPS），以解决突然停电造成的危害。

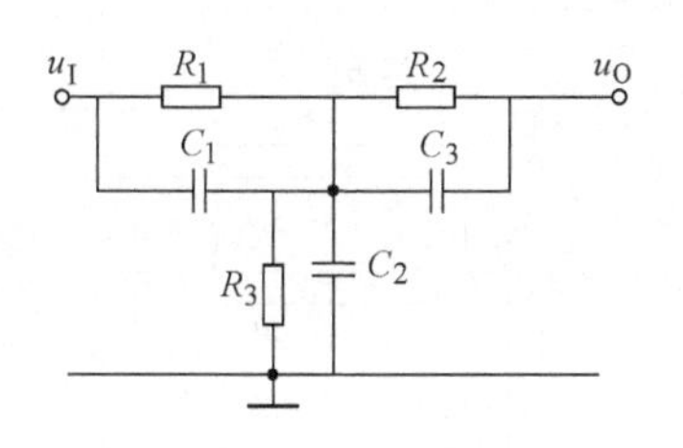

图 4-34　低通滤波电路

（2）地线抗干扰　电器设备接地的目的之一就是抑制干扰，但若接地不当，则可能反而成为干扰来源。接地可分为工作接地和保护接地两大类。对于机电一体化系统的计算机控制系统而言，接地的种类可大致分为如下几种：

1）数字地。数字地即逻辑开关网络的零电位。印制板的地线应成为网状，条状线也不要长距离平行。

2）模拟地。模拟地即 A/D 转换或前置放大的零电位。当 A/D 转换器在获取小信号时，必须慎重对待模拟地的问题，可以采用三线采样（即地线和信号同时采样，以消除共模干扰）、双层屏蔽浮地技术。

3）功率地。为大电流、大功率部件的零电平。应采用较粗的导线直接与地相接。

4）信号地。信号地通常是传感器的地。不要浮地，应采用单点接地。

5）屏蔽地。屏蔽地是为防止静电感应和磁场感应而设的地线。要采用高导流金属或高导磁材料构成屏蔽层，通常直接接地为好。

机电一体化控制系统的接地还有“浮地”与“接地”之分。所谓浮地，即机器的各个部分相对于大地浮置起来。采用浮地时，要求机器各部分与大地的绝缘电阻不能小于50MΩ。浮地有一定的抗干扰能力，但一旦机器的绝缘下降，便会带来干扰，而且浮地易产生静电。

为提高浮地的抗干扰性能，可以将机器的机壳接地，而内部浮地。但这种方法对机器的制造工艺要求很高。

接地的其他注意事项还有：

1）单点接地和多点接地。对于高频（1MHz 以上）的电路，应就近采用多点接地。在高频电路中，地线上的电感会很大，从而使地线阻抗增大。在很高的高频电路中，地线的阻抗极大，地线成了天线而对外部辐射干扰。所以，要求高频电路的地线长度要短，且最好能镀银；对于低频电路，则应尽量采用单点接地，以避免多点接地形成接地环流。对于由于接地点相距较远，采用多点接地易产生干扰的情况，可采用图 4-35 所示的单点接地方式来解决。对于多个设备采用公共地线串联形成干扰的情况，可以采用图 4-36 所示的并联接地方式来解决。

2）交流地与信号地不能共用。交流地线中的微小电压波动，对于信号电路都将是十分严重的干扰。

3）高电平线和低电平线不要走同一条电缆，不要走同一个接插件。

（3）抗辐射干扰　抗辐射干扰的主要方法有吸收和隔离两种方法。采用 RC 电路或二极管和稳压二极管，可吸收电感负载突变时产生的过电压，消除强电干扰。

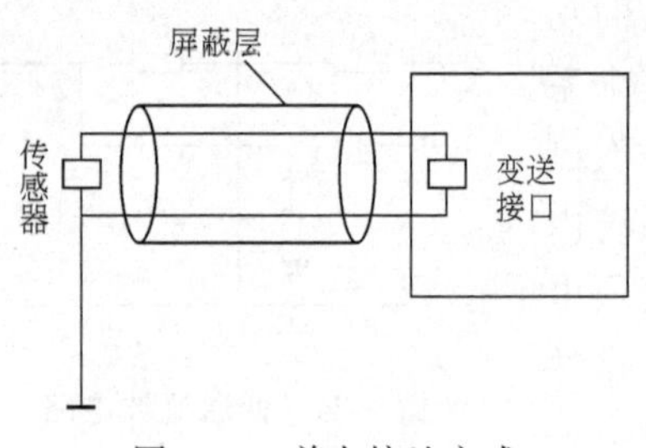

图 4-35 单点接地方式

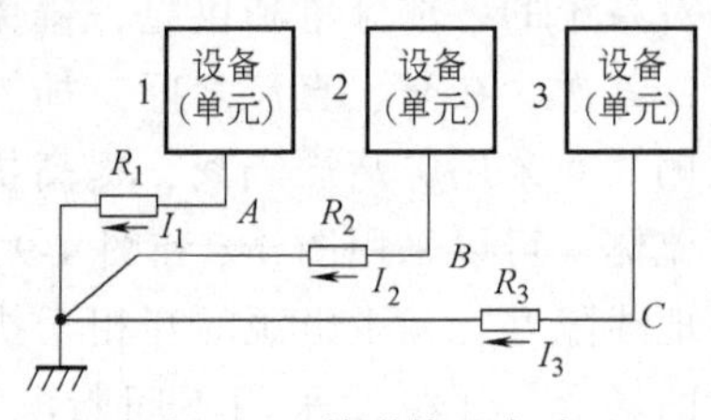

图 4-36 并联接地方式

采用如图 4-10 所示的光隔离电路，在前后两级之间断绝电信号的直接耦合，采用光作为信号传递媒介，可以防止接口电路的强电干扰和其他干扰进入控制器。

复习思考题

1. 电阻和电容色环含义是什么？色环绿、棕、红、金表示的电阻值是多少？
2. 继电器在机电一体化系统中有什么作用？什么是 SSR？
3. 电感及继电器选用时应注意哪些主要事项？
4. 晶体管的主要类型及作用有哪些？
5. 晶闸管的导通、关断的条件分别是什么？
6. 晶体管替代使用有哪些情况？
7. 简述图 4-6 所示晶闸管变频电路的原理。
8. DC/DC 变换电路和光隔离电路所起的主要作用分别是什么？
9. 采用数字信号的优点有哪些？
10. 常见的数字逻辑运算有哪几种？
11. 简述 RS 触发器、JK 触发器和施密特触发器的工作原理及主要作用。
12. 利用集成电路组装系统或产品有哪些优点？
13. 常见的集成电路封装形式有哪些？如何识别集成电路引脚？
14. 集成运算放大器和 555 集成电路有什么特点？
15. 采样-保持器在数字电路中有什么作用？
16. PID 调节指的是什么调节规律？PID 调节具有什么特点？
17. 集成电路使用应注意哪些主要问题？有哪些主要的替代方法？
18. 机电一体化设备或系统一般受到的干扰有哪几种？
19. 供电系统的抗干扰方法主要有哪些？
20. 对于机电一体化系统的计算机控制系统而言，接地的种类可大致分为哪几种？抗接地干扰主要有哪些方法？

第5章

计算机控制系统与接口技术

5.1 概述

计算机控制系统是机电一体化系统的中枢，其主要作用是按编制好的程序完成系统信息采集、加工处理、分析和判断，做出相应的调节和控制决策，发出数字形式或模拟形式的控制信号，控制执行机构的动作，实现机电一体化系统的目的功能。在设计机电一体化系统时，必须根据控制方案、体系结构、复杂程度和系统功能等正确地理解和选用工业控制计算机系统。

5.1.1 工业控制计算机系统的组成

工业控制计算机系统的硬件组成如图5-1所示，它由计算机基本系统、人-机对话系统、系统支持模块和过程I/O子系统等组成。在过程I/O子系统中，过程输入设备把系统测控对象的工作状况和被控对象的物理、工位接点状态转换为计算机能接收的数字信号，过程输出设备把计算机输出的数字信息转换为能驱动各种执行机构的功率信号；人-机对话系统用于操作者与计算机系统之间的信息交换，主要包括键盘、图形或数码显示器、声光指示器和语音提示器等。系统支持模块包括软盘、硬盘、光盘驱动器、串行通信接口和打印机并行接口（调制解调器）等。

工业控制计算机系统的软件包括适应工业控制的实时系统软件、通用软件和工业控制软件等。

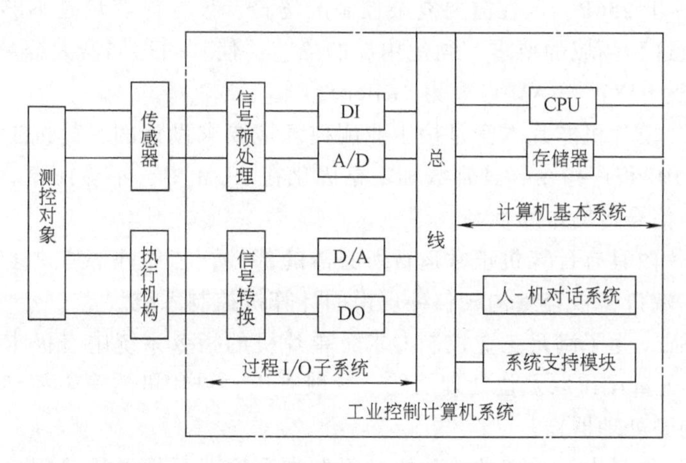

图5-1 工业控制计算机系统硬件组成示意图

5.1.2 工业控制计算机系统的基本要求

由于工业控制计算机面向机电一体化系统的工业现场，因此它的结构组成、工作性能与普通计算机有所不同，其基本要求如下：

(1) 具有完善的过程 I/O 功能 要使计算机能控制机电一体化系统的正常运行，它必须具有丰富的模拟量和数字量 I/O 通道，以便使计算机能实现各种形式的数据采集、过程连接和信息变换等，这是判断计算机能否投入机电一体化系统运行的重要条件。

(2) 具有实时控制功能 工业控制计算机应具有时间驱动和事件驱动的能力，要能对生产的工况变化实时地进行监视和控制，当过程参数出现偏差甚至故障时，能迅速响应并及时处理，为此需配有实时操作系统及过程中断系统。

(3) 具有可靠性 机电一体化设备通常是昼夜连续工作，所以控制计算机又兼有系统故障诊断的任务，这就要求工业控制计算机系统具有非常高的可靠性。

(4) 具有较强的环境适应性和抗干扰能力 在工业环境中，电磁干扰严重，供电条件不良，工业控制计算机必须具有极高的电磁兼容性，要有高抗干扰能力和共模抑制能力。此外，系统还应适应高温、高湿、振动冲击和灰尘等恶劣的工作环境。

(5) 具有丰富的软件 要配备丰富的测控应用软件，建立能正确反映生产过程规律的数学模型，建立标准控制算式及控制程序。

5.1.3 工业控制计算机的分类及其应用特点

根据计算机系统软、硬件及其应用特点，常将工业控制计算机分为单片机、可编程序控制器以及总线型工业控制计算机 3 类。

1. 单片机

单片机是把计算机系统硬件的主要部分，中央处理器（CPU）、存储器（ROM/RAM）、I/O 口、定时/计数器及中断控制器等，都集成在一个芯片上的单芯片微型计算机。单片机可视为一个不带外部设备的计算机，相当于一个没有显示器、键盘和监控程序的单板机。用单片机组成的计算机控制系统具有以下特点：

1）片内存储器容量较小。受集成度限制，片内存储器容量较小，一般片内 ROM 为 4～8KB，片内 RAM 小于 256B，但在需要复杂控制的场合，该存储容量是不够的，必须进行外接扩充。为了适应这种领域的要求，须运用新的工艺，使片内存储器大容量化。目前，单片机内 ROM 最大可达 64KB，RAM 最大为 2KB。

2）可靠性高。单片机芯片本身是按工业测控环境要求设计的，其抗工业噪声干扰的能力优于一般通用 CPU 程序指令，其常数和表格固化在 ROM 中，不易损坏。常用信号通常集成在一个芯片内，信号传输可靠性高。

3）易扩展。片内具有计算机正常运行所必需的部件，芯片外部有许多供扩展用的总线及并行、串行 I/O 端口，很容易构成各种规模的计算机控制系统。

4）控制功能强。为了满足工业控制要求，单片机的指令系统中有极丰富的条件分支转移指令、I/O 口的逻辑操作以及位处理功能。一般来说，单片机的逻辑控制功能及运行速度均高于同一档次的微处理器。

5）软件开发工作量大。一般的单片机内无监控程序或系统通用管理软件，所以软件开发工作量大。但近年来已出现片内固化有BASIC解释程序及C语言解释程序的单片机开发软件，使单片机系统的开发提高到了一个新水平。

2. 可编程序逻辑控制器

可编程序逻辑控制器简称PLC（Programmable Logic Controller）或PC（Programmable Controller），它是将继电器逻辑控制技术与计算机技术相结合而发展起来的一种工业控制计算机系统。它的低端为继电器逻辑的代用品，而其高端实际上是一种高性能的计算机实时控制系统。它以顺序控制为主，能完成各种逻辑运算、定时、计数、记忆和算术运算等功能，既能控制开关量，又能控制模拟量。

PLC的最大特点是采用了存储器技术，将控制过程用简单的用户编程语言编成程序，并存入存储器中。运行时，PLC从存储器中一条一条地取出程序指令，依次控制各I/O点。PLC把计算机的功能完善、通用、灵活和智能等特点与继电器控制的简单、直观和价格便宜等优点结合起来，可以取代传统的继电-接触器顺序控制，而且具备继电接触控制所不具备的优点。其主要特点如下：

1）控制程序可变，具有很好的柔性。在生产工艺流程改变或被控设备更新的情况下，不必改变PLC的硬件，只需改变程序就可以满足要求。

2）可靠性强，适用于工业环境。PLC是专门为工业环境应用而设计的计算机控制系统，在硬件和软件上采取了一系列有效措施，以提高系统的可靠性和抗干扰能力，并有较完善的自诊断和自保护能力，能够适应恶劣的工业环境。PLC的平均无故障工作时间可达数万小时，这是其他计算机系统无法比拟的。

3）编程简单，使用方便。大多数PLC采用“梯形图”的编程方式。梯形图类似于继电接触控制的电气原理图，使用者不需具备很深的计算机编程知识，只需将梯形图转换成逻辑表达式，将其输入PLC即可使用。

4）功能完善。PLC具备I/O、逻辑运算、算术运算、定时、计数、顺序控制、功率驱动、通信、人-机对话、自检、记录和显示等功能，使系统的应用范围大大扩展。

5）体积小、重量轻，易于装入机器内部。

3. 总线型工业控制计算机

总线结构型的工业控制计算机，根据功能要求把控制系统划分成具有一种或几种独立功能的硬件模块，从内总线入手，把各功能模块设计制造成标准的印制电路板插件（亦称模块），像搭积木一样将硬件插件及模板插入一块公共的称为底板的电路板对应的插槽上，组成一个模块网络系统，每块插件之间的信息都通过底板进行交换，从而实现控制系统的整体功能，这就是所谓的模块化设计。由于总线结构的控制计算机系统将一个较复杂的系统分解成具有独立功能的模块，再把所需的功能模板插到底板上，构成一个计算机控制系统，因而具有如下优点：

1）提高了设计效率，缩短设计和制造周期。在进行系统的整体设计时，将复杂的电路分布在若干功能模板上，可同时并行地进行设计，大量的功能模板可以直接购得，从而大大缩短了系统的设计、制造周期。

2）提高了系统的可靠性。由于各通用模块均由专业制造厂以原厂委托生产（Original Equipment Manufacture，OEM）产品形式专业化大批量生产制造，用户可以根据自己的具体需要购买这些OEM产品，如中央处理器（CPU）、随机存取存储器（RAM）、只读存储器（ROM）、A/D和D/A等模板及专用I/O接口板卡等，来构成自己的计算机系统。由于模板的质量稳定，性能可靠，因此也就保证了控制计算机系统的可靠性。

3）便于调试和维修。由于模板是按照系统的功能进行分解的，维修或调试时，只要根据功能故障性质进行诊断，更换损坏的模板，就可以方便地排除故障，并进行调试。

4）能适应技术发展的需要，迅速改进系统的性能。有时在新的系统运行后需要根据实际情况改进系统的性能；有时随着技术发展，产品性能需要进一步提高；或者产品随市场需要而改型，要求系统做相应改进；或者随着电子技术的发展，大存储量芯片的出现，新型专用大规模集成电路的推广应用等情况，都需要对原系统的某一部分或模块进行更新。在上述情况下，总线结构的控制计算机只需改进模块和软件，不需对整个系统进行重新设计就能满足对系统提出的新的要求。

本章主要介绍单片机和可编程序逻辑控制器的结构、性能及应用。

5.2 单片机硬件结构特点及应用

5.2.1 单片机简介

单片机将 CPU、RAM、ROM、I/O 接口和定时/计数器等集成在一个硅片上，它因具有体积小、重量轻、抗干扰能力强、可靠性高、环境适应性好和价格低廉等优点而受到工业界的普遍重视，且应用范围日益扩大。单片机种类很多，世界上一些著名的计算机厂家已投放市场的产品有 50 多个系列，400 多个品种。单片机有 8 位、16 位和 32 位，但 8 位单片机仍是工业检测与控制的主角。Intel 公司的 MCS-51 系列单片机最早在我国推广应用。

单片机具有体积小巧、功耗低、控制功能强的优点，其 I/O 线多，位指令丰富，逻辑操作能力强，特别适用于实时控制。它既可用于单机控制，又可作多机控制的前沿处理机，在机电一体化系统中应用非常广泛。把它做到产品的内部，可取代部分机械结构和电子元器件，使产品缩小体积、增强功能、实现不同程度的智能化，这是其他任何计算机无法比拟的。

在一块芯片上，集成 CPU、存储器及各种 I/O 接口等，即可视为单片微型计算机（简称单片机）。典型单片机结构如图 5-2 所示。由于它主要是针对工业控制以及与控制有关的数据处理而设计的，因而又称为微控制器。

目前，国内外应用最广的单片机产品是：英特尔（Intel）公司的 MCS-51、MCS-96、MCS-48 等系列，飞利浦（Philips）公司的 51 系列，摩托罗拉（Motorola）公司的 MC68HC05 系列，以及齐洛格（Zilog）公司的 Z80 系列等。其中，国内应用广泛的是 MCS-51 系列单片机。单片机实物如图 5-3 所示。

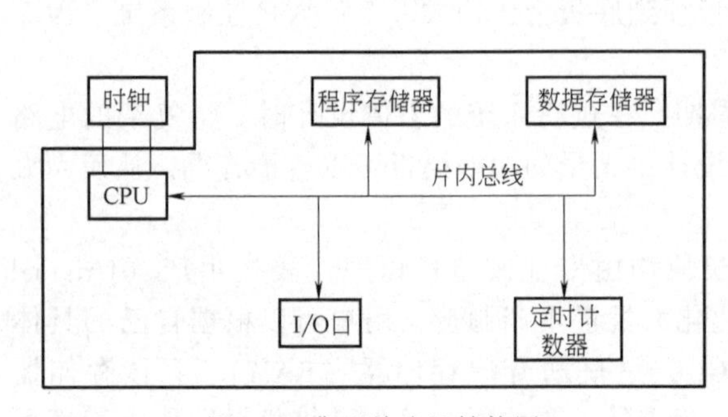

图 5-2 典型单片机结构图

图 5-3 单片机实物图

5.2.2 MCS-51单片机组成控制系统

MCS-51系列单片机的型号有8031、8032、8051、8751、8752、80C31、80C51等。它们的主要特性见表5-1。

表5-1 Intel公司主要单片机系列性能

系列	型号	片内存储器		片外存储器		I/O口线	中断源	定时/计数器	晶振/MHz
		ROM/EPROM	RAM	RAM	EPROM				
MCS-48(8位机)	8048	1KB/	64B	256B	4KB	27	2	1×8	2~8
	8748	/1KB	64B	256B	4KB	27	2	1×8	2~8
	8049	2KB/	128B	256B	4KB	27	2	1×8	2~11
	8749	2KB/	128B	256B	4KB	27	2	1×8	2~11
MCS-51(8位机)	8051	4KB/	128B	64KB	64KB	32	5	2×16	2~12
	8751	/4KB	128B	64KB	64KB	32	5	2×16	2~12
	8031	—	128B	64KB	64KB	32	5	2×16	2~12
	8032	8KB/	256B	64KB	64KB	32	6	2×16	2~12
MCS-96(16位机)	8094	—	232B	64KB	64KB	32	8	4×16	12
	8394	8KB/	232B	64KB	64KB	32	8	4×16	12
	8096	—	232B	64KB	64KB	48	8	4×16	12

8051单片机内有4KB的ROM，用户自己无法写入程序，所以8051单片机在用量较大（1000片以上）时，经济上才划算。8751单片机内有4KB的EPROM，用户可以自己写入程序，所以可用于系统开发。8031单片机内无ROM或EPROM，使用时必须配置外部的程序存储器EPROM。

MCS-51单片机典型硬件结构如图5-4所示。按照功能划分，整个单片机分为8个部件，即微处理器、数据存储器、程序存储器、I/O口、定时/计数器、串行口、中断系统和特殊功能寄存器。它们通过片内总线连在一起，其结构仍是传统的CPU加外围芯片的结构模式。对于程序存储器，某些型号的单片机用ROM（如8051），有的则是EPROM（如8751），而

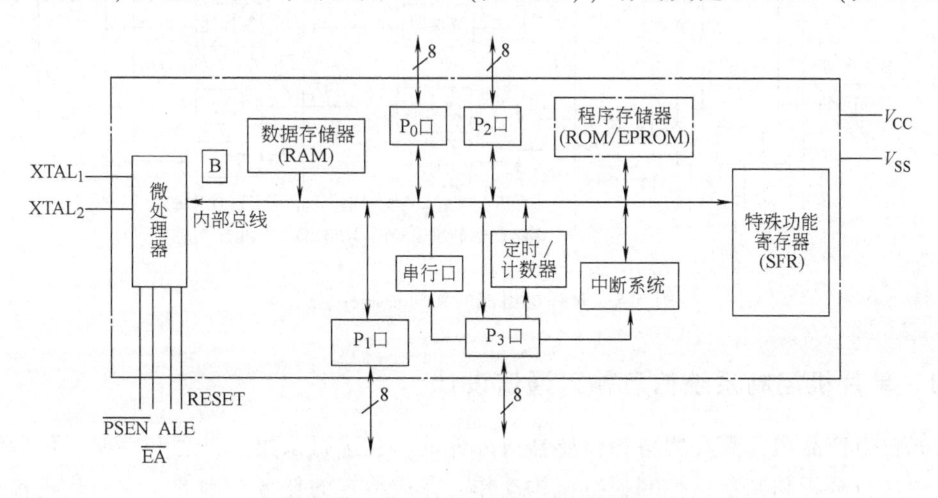

图5-4 MCS-51单片机典型硬件结构

8031 单片机则没有程序存储器，需要外扩程序存储器。程序存储器的容量也不尽相同。下面对 MCS-51 单片机的部件进行简单的介绍。

1）微处理器。8 位微处理器，内含 1 个 1 位 CPU，不仅可以处理字节变量，还可以处理位变量。

2）数据存储器（RAM）。片内 128 个字节，外扩可达 64KB。

3）程序存储器（ROM/EPROM）。8031 没有此部件，8051 为 4KB ROM，8751 则有 4KB EPROM。程序存储器外扩可至 64KB。

4）定时/计数器。2 个 16 位的定时/计数器，具有 4 种工作方式。

5）串行口。1 个全双工的串行口，有 4 种工作方式。

6）中断系统。5 个中断源，2 级中断优先级。

7）I/O 口。4 个 8 位 I/O 口，即 P_0 口、P_1 口、P_2 口、P_3 口。

8）特殊功能寄存器（SFR）。21 个特殊功能寄存器，用于管理各个模块。

单片机的 I/O 口是很紧张的资源。对于 MCS-51 系列单片机，虽然有 4 个 I/O 口，但用户能够使用的端口只有 P_1 口和部分 P_3 口，或者 P_2 口（对于 8051/8751，如果没有系统扩展，可以允许用户使用该端口）。因此，在设计测控系统时，I/O 口常常需要外扩。

单片机组成的实时控制系统的原理如图 5-5 所示。用 MCS-51 单片机，特别是 8031 单片机构成的测控系统，硬件设计简单灵活、系统成本低，在光机电一体化设备中得到广泛的应用。

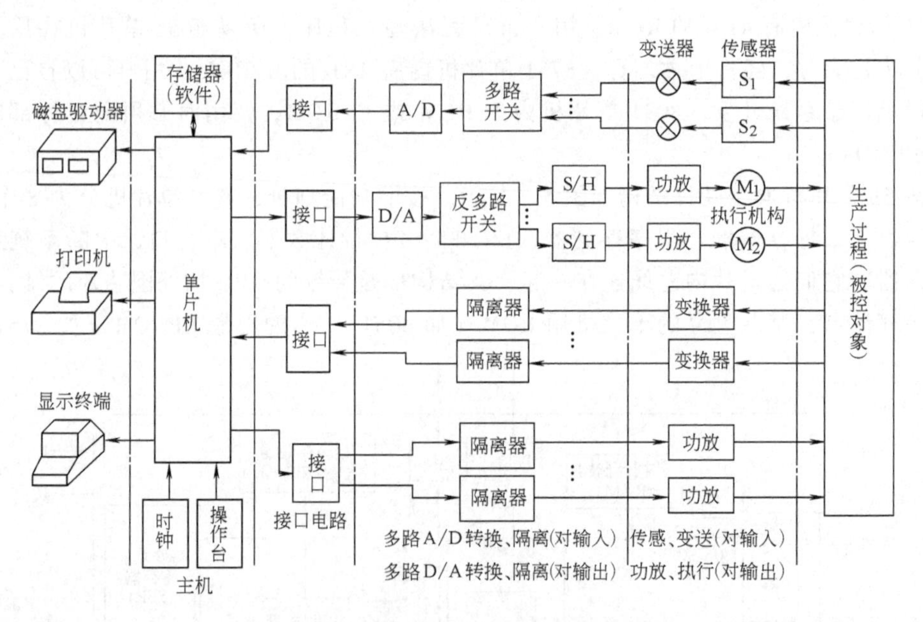

图 5-5 单片机组成的实时控制系统原理

5.2.3 单片机控制系统信息输入通道设计

在光机电产品中，需要用各种传感器对外界的信息进行采集、处理和存储，然后输入到计算机中进行分析和判断，控制执行机构动作，完成特定的任务。因此，在单片机构成的控制系统中，首先要进行信息输入通道的设计。

传感器输出的信号大致有3类：模拟量（电压或电流信号）、频率量和开关量。对于模拟信号，需要用A/D转换器进行数字量转换，然后输入计算机。频率量和开关量经过放大和整形等预处理，直接输入到单片机。

（1）8031单片机与A/D转换器的接口

ADC0809是8位逐次逼近型A/D转换器，28脚双列直插式封装。该A/D转换器由+5V电源供电，片内有带锁存功能的8路模拟多路开关，可对8路0~5V模拟电压信号分时进行转换，完成一次转换的时间为100μs。输出具有TTL三态锁存缓冲器，可直接连接到单片机数据总线上。图5-6所示为ADC0809引脚图，各引脚的功能见表5-2。

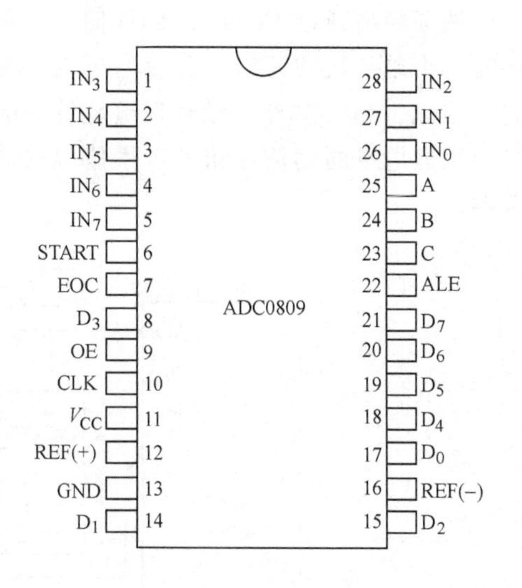

图5-6 ADC0809引脚图

表5-2 ADC0809各引脚的功能

引脚名称	引 脚 号	功 能
$D_0 \sim D_7$	17~21、15、14、8	8位数字量输出
$IN_0 \sim IN_7$	1~5、26~28	8路模拟量输入
V_{CC}	11	+5V工作电压
REF(+)	12	参考电压正端
REF(-)	16	参考电压负端
GND	13	接地
START	6	A/D转换启动信号输入端
ALE	22	地址锁存允许信号输入端
EOC	7	A/D转换结束信号，转换结束后为高电平
OE	9	输入允许控制，打开三态数据输出锁存器
CLK	10	时钟信号输入端
A、B、C	23~25	地址输入线，用于选通8路模拟输入通道

用于选通8路模拟输入通道的地址A、B、C的逻辑真值表见表5-3。

表5-3 地址线A、B、C的逻辑真值表

选中的模拟通道	C	B	A	选中的模拟通道	C	B	A
IN_0	0	0	0	IN_4	1	0	0
IN_1	0	0	1	IN_5	1	0	1
IN_2	0	1	0	IN_6	1	1	0
IN_3	0	1	1	IN_7	1	1	1

ADC0809与8031单片机的查询接口如图5-7所示。ADC0809有输出锁存缓冲器，可以直接和单片机的数据总线相连。引脚A、B、C分别与地址总线的低3位A_0、A_1、A_2相连，

用于选通模拟通道 IN_0~IN_7 的任何一个通道。将 $P_{2.7}$（A_{15}）作为片选信号，在启动 A/D 转换时，由单片机的写信号和 $P_{2.7}$ 控制 ADC0809 的地址锁存和转换。ALE 和 START 连在一起，因此，ADC0809 在锁存通道地址的同时，启动 A/D 并进行转换。在读取 A/D 转换结果时，用低电平的读信号和 $P_{2.7}$ 引脚经或非门产生正脉冲作为 OE 信号，用来打开三态输出锁存器。

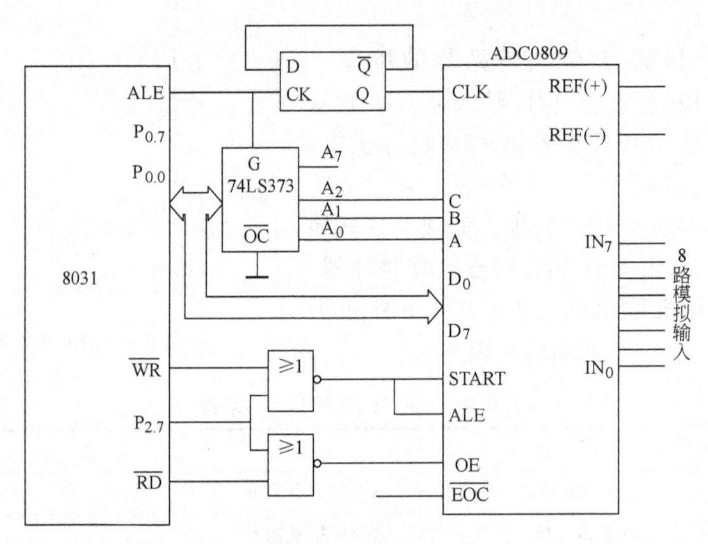

图 5-7 ADC0809 与 8031 单片机的查询接口

由图 5-7 可知，$P_{2.7}$ 应设置成低电平。用查询方式读取 A/D 转换结果并存储到数据存储区的程序片段如下：

```
AIN：MOV R1，#DATA          ；置数据存储区首地址
MOV DPTR，#7FF8H           ；指向通道 IN0
MOV R7，#08H               ；置通道数
NEXT：MOVX@ DPTR，A         ；启动 A/D 转换
      MOV R6，#OAH          ；软件延时，等待转换结束
DELAY：NOP
       NOP
       NOP
       DJNZ R6，DELAY
       MOVX A，@ DPTR       ；读取转换结果
       MOV@ R1，A           ；转存
       INC DPTR             ；指向下一个通道
       INC R1
       DJNZ R7，NEXT
```

(2) 8031 单片机与 V/F 转换器的接口 A/D 转换技术得到广泛的应用，但在某些要求数据长距离传输、精确度和精密度要求高、资金有限的场合下，使用 A/D 转换技术不方便，此时使用 V/F 转换技术可以实现 A/D 转换。V/F 转换器将电压信号转化为频率信号，其有

应用电路简单、外围器件性能要求不高、环境适应性强、转换速度不低于一般的双积分型 A/D 器件和价格低等优点。

常用的 V/F 转换器有 LM131、LM231 和 LM331。下面以 LM331 为例，介绍 V/F 转换接口。LM331 与单片机的接口很简单，直接将频率信号接入单片机的定时/计数器输入端即可。在一些电源干扰大、模拟电路部分对单片机产生电气干扰等恶劣环境中，可以采用光隔离的方法使 V/F 转换器与单片机无线信号联系。如果长距离传输，还需要增加线路驱动器以提高传输能力。图 5-8 所示为 LM331 与 8031 单片机的接口电路。

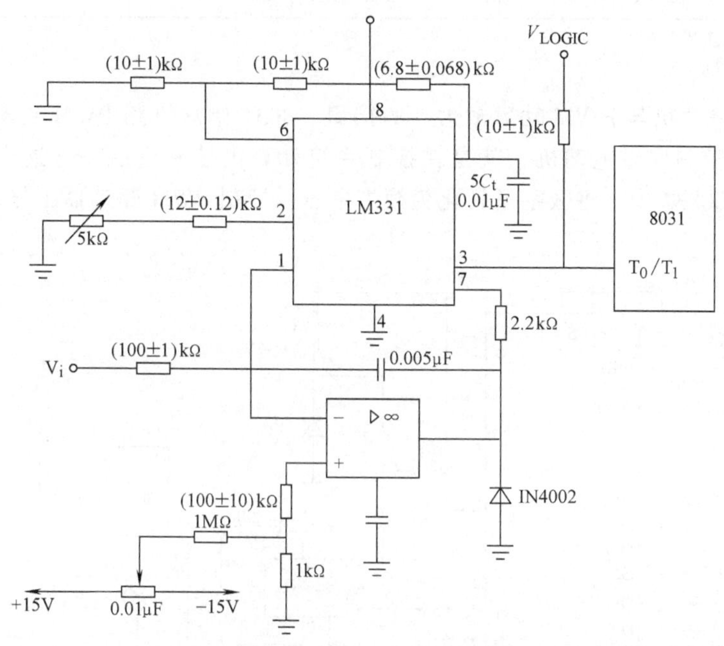

图 5-8　LM331 与 8031 单片机的接口电路

5.2.4　单片机控制系统功率驱动接口设计

在光机电一体化产品中，控制系统需要驱动执行机构或者用模拟量显示设备（如指针式）对参数进行显示。因此，D/A 转换器是必不可少的器件。D/A 转换器简称 DAC，按照输出量位数划分，有 8 位、10 位、12 位、16 位；按照输出极性划分，有单极性输出和双极性输出；按照工作原理划分，有电流型和电压型等。表 5-4 列出了常用 8 位 DAC 的参数。

表 5-4　常用 8 位 DAC 的参数

型号	分辨率/位	精度	非线性误差	建立时间/ns	基准电压/V	供电电压/V	输入寄存器	功耗/mW	说　明
AD1048	8		±0.1%	250	+5	+5,−15	无	33	均为电阻型
DAC0808	8	±0.19%	150	150		+4.5	无	33	
0800 DAC0801 0802	8	±1LSB①	±0.1%	100		+18 −18~+4.5	无	20	

（续）

型号	分辨率/位	精度	非线性误差	建立时间/ns	基准电压/V	供电电压/V	输入寄存器	功耗/mW	说明
AD754	8		±0.1%		−10～+10	−15～+15	单缓冲	20	均为 T 形电阻型
0830 DAC0831 0832	8		8 9 10	1000	−10～+10	−15～+5	单缓冲		
DAC32	8	±1LSB①				−15～+15	无		权阻型

注：DAC32 有内部基准电压。

① $1LSB=1\times10^{-12}V$。

（1）8031 单片机与 PWM 功率放大器的接口 8031 单片机和 PWM 功率放大器的接口如图 5-9 所示。控制伺服电动机，就是在控制系统计算出控制量后，把这个控制数据送到 D/A 转换器 DAC0832 中，将数字量转化为模拟电压，控制 PWM 驱动器工作。

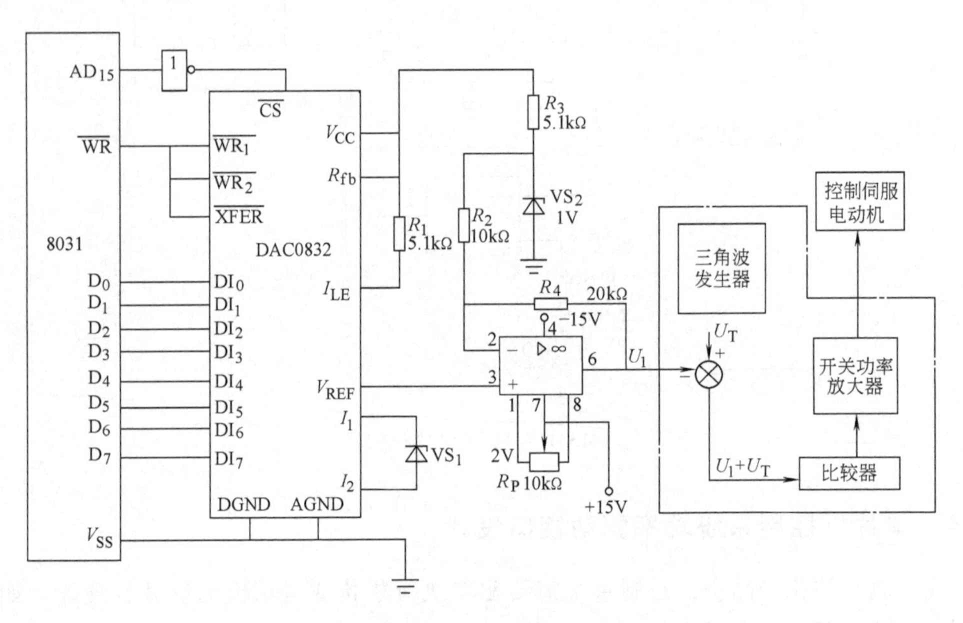

图 5-9 8031 单片机与 PWM 功率放大器的接口

DAC0832 是 8 位 T 形电阻网络式的 D/A 转换器。DAC0832 的基准电压，$V_{REF}=-10\sim10V$，通过改变 V_{REF} 的符号来改变输出的极性，即 DAC0832 有单极性输出和双极性输出两种。DAC0832 采用一组电源供电，其值为 +5～10V。DAC0832 在使用时可以采用双缓冲方式和单缓冲方式（只用一级锁存，另一级直通），也可以采用直通方式。

在图 5-9 中，单片机的数据总线 $D_0\sim D_7$ 和 DAC0832 的数据输入端 $DI_0\sim DI_7$ 直接相连。单片机的写信号 $\overline{WR}$ 直接与 DAC0832 的写控制端 $\overline{WR_1}$、$\overline{WR_2}$ 和传送控制端 $\overline{XFER}$ 连接。单片机的高位地址 AD_{15} 用于产生片选信号 $\overline{CS}$。DAC0832 和运算放大器组成完整的 D/A 转换电路，它可以将 00H～0FFH 的数字量转化为 −2.0 ～ 2.0V 的模拟电压信号。

DAC0832 接成电压开关方式。在 I_1、I_2 之间接 $V_{DC}=2V$ 的稳压源作为参考电压，则在

输出端 V_{REF} 为

$$V_{REF}=V_{DC}D/256 \tag{5-1}$$

式中 D——数字量。

运算放大器的同相端接 V_{REF}，反相端接电阻 R_3 和稳压管 VS_2 形成 1V 的恒压源。若运算放大器的放大倍数为 2，则输出电压 U_1 为

$$U_1=V_{DC}（D/128-1） \tag{5-2}$$

当单片机的数据在 00H～0FFH 范围变化时，电压 U_1 在-2.0～2.0V 变化。

（2）8031 单片机与开关型功率驱动的接口 图 5-10 所示为白炽灯驱动接口电路。接口电路使用光耦合器 MOC3021 用于隔离高、低压系统并驱动双向晶闸管。MOC3021 由 8031 的 $P_{1.0}$端经 7407 控制。当 $P_{1.0}$输出低电平时，双向晶闸管导通，白炽灯亮；当 $P_{1.0}$输出高电平时，双向晶闸管关断，白炽灯不亮。晶闸管控制过程中，需要由电源电压过零时开始计算触发延迟角，因此需要一个过零检测电路。过零检测电路由变压器、二极管和晶体管组成。当电源电压为零，晶体管 VT 截止，$\overline{INT_0}$端输入高电平，电平不产生中断；当电源电压过零，晶体管 VT 导通，$\overline{INT_0}$端输入低电平，电平跳变产生中断，使单片机 8031 得知电源电压过零的时刻。

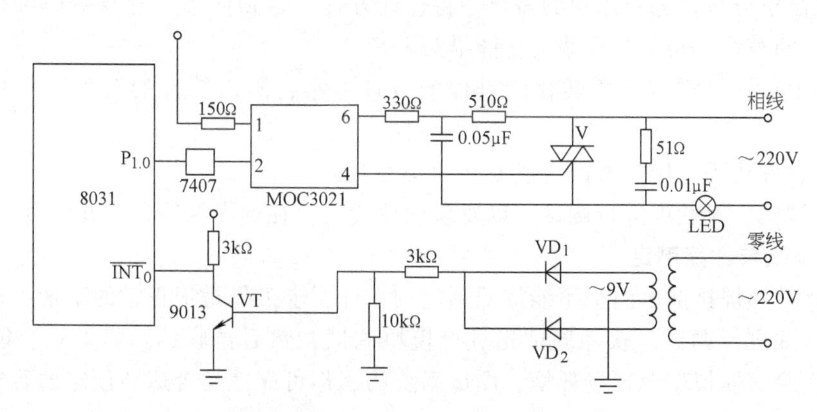

图 5-10 白炽灯驱动接口电路

5.2.5 单片机应用系统设计

设计单片机应用系统一般要经过方案设计、应用系统的硬件设计、应用系统的软件设计、系统调试与性能测定和文档编制 5 个步骤。

1. 方案设计

设计单片机应用系统，首先要分析用户的需求。需求分析的主要内容有：被控参数的形式（电量、非电量、模拟量和数字量等）、参数范围、性能指标和工作环境等。了解需求后，再着手方案的设计和论证。制订方案的原则是既要满足用户对功能的需求，同时又要使系统简单、经济、可靠。

2. 应用系统的硬件设计

方案论证后，首先要将方案具体化，设计出应用系统的电路原理图和 PCB 图。用软件工具对电路图进行仿真，确认正确无误后，制作电路板。其次，选择和购买电子元器件。硬

件设计主要集中在项目的初期阶段，而软件的使用贯穿于整个设计过程中。为了使硬件设计尽可能合理，应重点考虑下面几点：

1）尽量采用集成度高、功能强的芯片，以简化电路设计。

2）为将来的扩展和修改留有余地。

① ROM。尽量选用型号为2764以上的EPROM，将来软件扩展和升级方便。

② RAM。尽量在单片机外部扩展RAM芯片，弥补片内RAM的不足。

③ I/O口。在工业控制中，I/O口往往不够用，在设计硬件时，应多预留一些I/O口。

④ A/D和D/A通道。和预留I/O口同样的理由，多预留一些A/D和D/A通道，将来会解决大问题。

3）以软代硬。单片机CPU芯片的处理速度越来越快，能用软件完成的任务，就不要用硬件。硬件多了不仅增加电路板的体积和成本，还使发生故障的概率大大提高。

4）工艺设计。工艺设计要求考虑安装、维修和调试的方便。硬件抗干扰的措施也应考虑。

3. 应用系统的软件设计

硬件制作完成后进行软件的编制，其设计内容为：

1）软件需求分析。分析用户的需求，将设计方案“自顶向下”逐层分解细化，直到分解出功能单一的模块，将每个模块的功能描写清楚。

2）软件设计。将需求分析转化为具体的设计方案，画出软件的流程图，并进行功能描述。

3）编写软件代码。用汇编语言或C语言编写代码。

4）软件调试。对软件进行测试，以发现软件代码存在的潜在错误，并修改。

4. 系统调试与性能测定

编制的软件和焊接的电路板不能按照预定的设计要求工作是很正常的事情，这时需要耐心寻找差错，并进行调试。软件调试先进行模块调试，然后再联调。如果系统能够正常工作，还要在实验室模拟工业现场环境，测试系统的工作可靠性是否达到预定的要求。

5. 文档编制

编制文档是系统维护所必需的一项工作。文档包括：需求分析与说明、设计方案、性能测试报告、使用指南、软件流程图和源代码、电路原理图和PCB图等。

5.3 可编程序逻辑控制器

5.3.1 可编程序逻辑控制器的结构

可编程序逻辑控制器（Programmable Logic Controller，PLC）是在继电器控制和计算机控制的基础上开发出来的，并逐渐发展成以微处理器为核心，把自动化技术、计算机技术、通信技术融为一体的新型工业自动控制装置。早期的PLC只能进行逻辑控制，现在市场上的PLC都采用了微型机的CPU，使得PLC不仅能进行简单的逻辑控制，还能完成模拟量控制、数值控制、过程监控和通信联网等功能。PLC因具有程序可变、可靠性高、功能强、环境适应性好、抗干扰能力强、体积小和重量轻等特点而在光机电一体化系统中得到广泛的应用。PLC 的系统框图如图 5-11 所示。

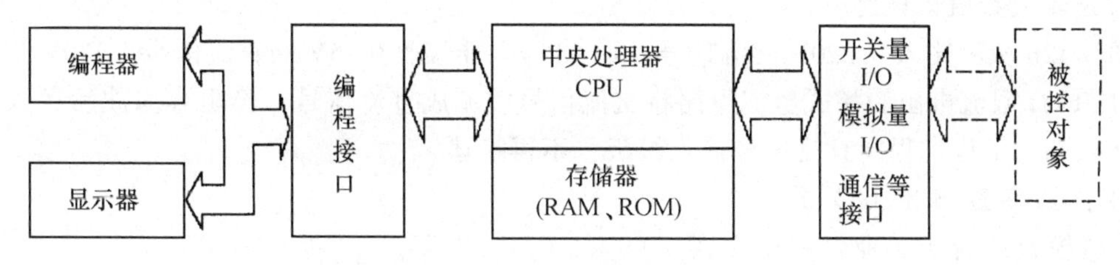

图 5-11 PLC 的系统框图

中央处理器（CPU）是 PLC 的核心。一般中型的 PLC 都有 2 个 CPU，即字处理器和位处理器。字处理器以字为单位进行信息的加工和存储，这是和其他微处理器的不同之处；位处理器是用专用芯片设计而成的，主要用于处理位操作以及将梯形图等 PLC 编程语言转换为机器语言。PLC 的处理器一般用 16 位或 32 位单片机实现。

I/O 接口模板是 PLC 与工业现场进行信号联系，并完成电平转换的桥梁。I/O 接口模板包括数字量 I/O 板、模拟量 I/O 板、通信 I/O 板和智能 I/O 板等，这些 I/O 板可分为直流（交流）型或电压（电流）型。现介绍 PLC 最常用的数字量 I/O 板和模拟量 I/O 板。

1. 数字量 I/O 板

(1) 数字量输入 I/O 板 数字量输入 I/O 板用于工业控制过程中的各种转换开关和限位开关等设备。数字量输入 I/O 板原理如图 5-12 所示。图 5-12a 所示为 24V 直流信号输入模板，光耦合二极管发光，光敏三极管导通。当现场开关 S 闭合时，光耦合器的发光二极管发光，光敏三极管导通，*A* 点有电压输入，为高电平，同时指示灯 H 亮；反之，当现场开关 S 断开时，光耦合器的发光二极管不发光，光敏三极管截止，*A* 点无电压输入，为低电平。2.5kΩ 和 1.3kΩ 电阻分别起限流和分压的作用，光耦合器的光敏三极管的开关信息通过

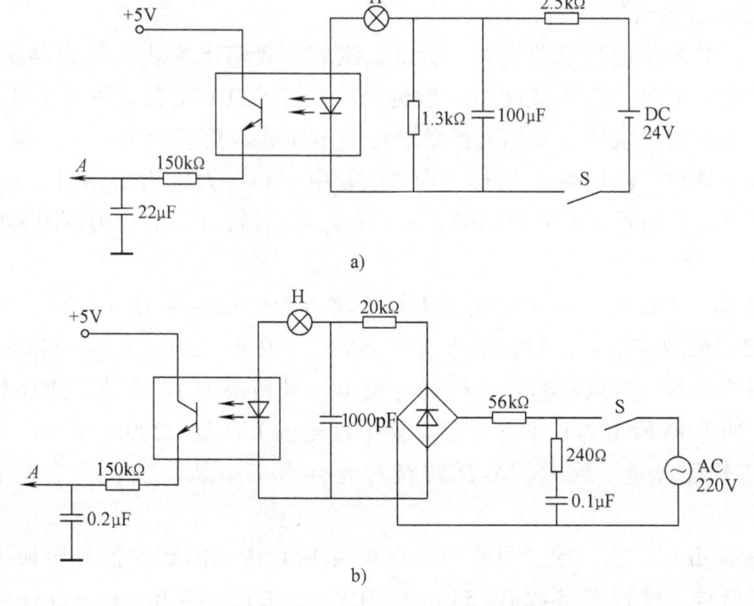

图 5-12 数字量输入 I/O 板原理

a）24V 直流信号输入原理图 b）220V 交流信号输入原理图

150kΩ 电阻和 22μF 的电容滤波，形成 CPU 所需要的标准电平，接到 PLC 用户数据区，供 CPU 做逻辑或数值运算使用。

图 5-12b 所示输入为 220V 交流信号，而 CPU 只能接收 0~5V 的直流信号。220V 交流信号通过 56kΩ 限流电阻和桥式整流电路将交流信号整流成直流信号，经阻容滤波后送入光耦合器输入端。工作过程同直流信号输入模板，不再赘述。

（2）数字量输出 I/O 板 24V 直流模板适合于工业过程中各种显示灯的驱动，模板带光耦合器，电路原理如图 5-13a 所示。当需要产生输出时，CPU 将相应的数据输送到输出模块。当 CPU 输出高电平时，光耦合器导通，用户提供的+24V 电压通过功率驱动器驱动功率管，+24V 电压加在负载上。LED 为有无负载指示灯，F820 为熔断器。稳压管 IN4055 和 IN4005 分别保持电源和输出端恒压，以防止过电压对模板和外设的破坏。

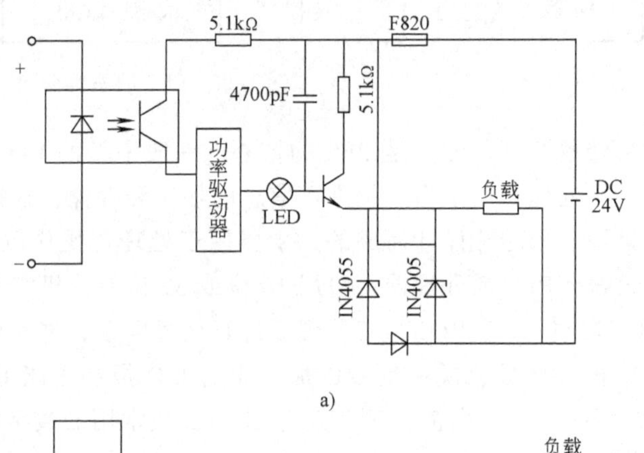

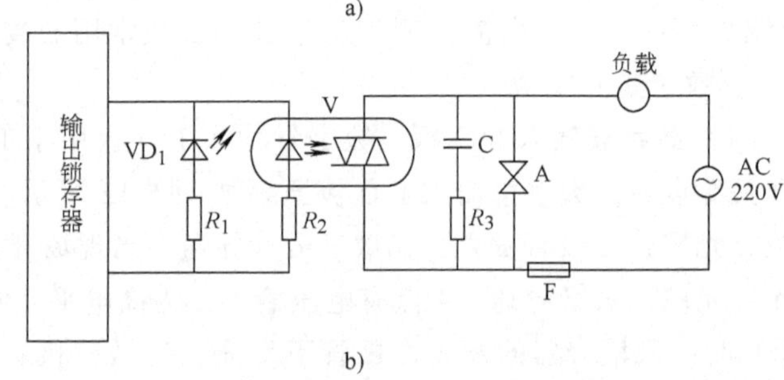

图 5-13 数字量输出 I/O 板原理

a）24V 直流信号输出原理图 b）220V 交流信号输出原理图

图 5-13b 所示为交流信号输出模板，用于各种中间继电器和电磁铁线圈等负载。它将 PLC 内部信号转换为外部工业过程所需要的信号。交流输出模板的驱动电路采用光控双向晶闸管进行驱动放大，所以交流数字量输出模块又称为晶闸管输出模块。该模块外加交流负载电源，带负载能力一般为每个输出点 1A 左右，每个模块 4A 左右。不同型号的交流开关量输出模块的外加交流负载电源电压和带负载能力有所不同。晶闸管输出模块为无触头输出模块，使用寿命较长。图 5-13b 中，VD_1 为输出指示灯，R_1、R_2 为限流电阻，V 为光控双向晶闸管，A 为浪涌吸收器，F 为熔断器，R_3 和 C 构成阻容吸收电路。

2. 模拟量 I/O 板

（1）模拟量输入 I/O 板 模拟量输入 I/O 板将外部的模拟信号（如压力和流量等）转换为 PLC 能够接收的数字信号。模板参数有 0~5V、0~10V、±10V 和 4~20mA 等各种类型，可连接各种外部传感器。模拟量输入 I/O 板将模拟信号转换为 12 位的二进制数，送到 PLC 的内部总线上。图 5-14 所示为日本立石公司模拟量输入 I/O 板 C200H-AD001 的内部结构框图。模板内部有多路选通、放大、A/D 转换和光耦合等模块。模板内还有自己的 CPU、ROM 或 RAM。

（2）模拟量输出 I/O 板 模拟量输出 I/O 板将 PLC 内部的数字信号转换为外部生产过程所需要的模拟信号。模板有参数 0~5V、0~10V、±10V、4~20mA 等各种类型。图 5-15 所示为日本立石公司模拟量输出 I/O 板 C200H-DA001 的内部结构框图。模板内部有光耦合

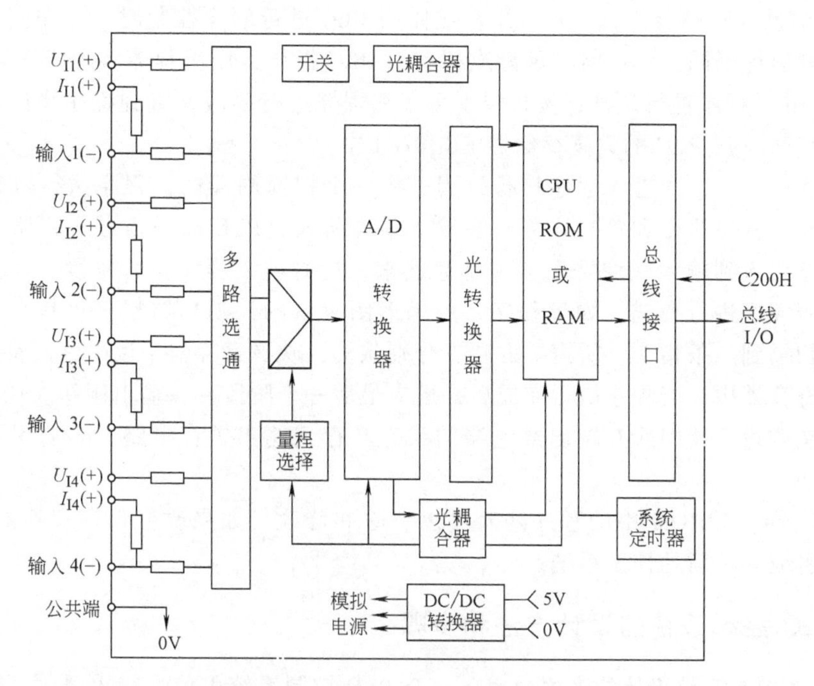

图 5-14 模拟量输入 I/O 板 C200H-AD001 的内部结构框图

器、D/A 转换器和功率放大器等模块。模板内也有自己的 CPU、ROM 或 RAM。

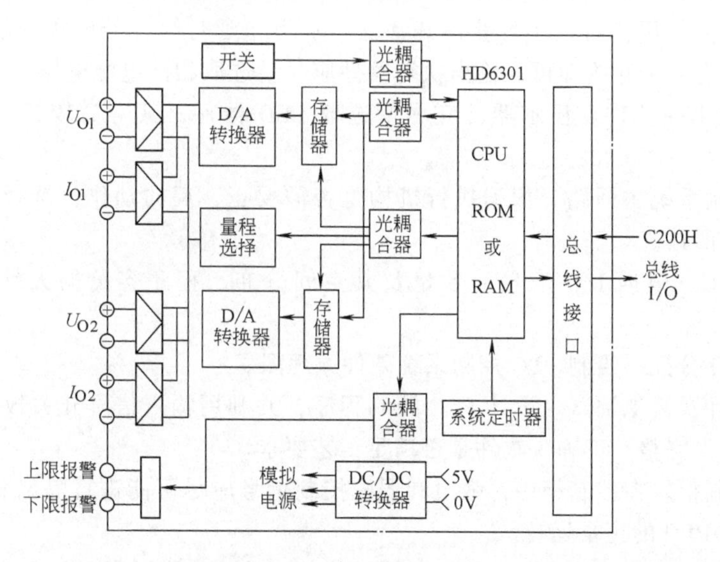

图 5-15 模拟量输出 I/O 板 C200H-DA001 的内部结构框图

5.3.2 PLC 的工作原理

PLC 通过 I/O 接口（开关量 I/O 口、模拟量 I/O 口、脉冲量输入口、串行口和并行口等）与被控对象连接。PLC 采用面向控制过程、面向问题的“自然语言”作为编程语言。这种语言简单、易学、易记。梯形图、语句表和控制系统流程图等是 PLC 常用的编程语言。

有些 PLC 还尝试使用高级语言编程。用户在使用 PLC 进行顺序控制时，首先应根据控制动作的顺序，画出梯形图；然后将其翻译成相应的 PLC 指令，用编程器将程序写入 PLC 的内存 RAM 中，并对程序进行调试，发现错误可用编程器进行修改，直到程序调试正确无误为止；最后将程序写到 PLC 的只读存储器 EEPROM 中。

PLC 投入运行后，便进入程序执行过程。在一个扫描周期内，程序执行过程分 3 个阶段：输入采样、程序执行和输出刷新。在输入采样阶段，PLC 以扫描方式将所有输入端的输入信号状态读入到输入映像寄存器中寄存起来，接着转入程序执行阶段。在程序执行阶段，PLC 按照顺序进行扫描，如果程序是用梯形图表示的，则扫描顺序总是先上后下，先左后右。每扫描到一条指令，所需要的状态分别从输入映像寄存器中读出，而将执行结果写入元素映像寄存器中。当程序执行完成后，进入最后一个阶段——输出刷新。在输出刷新阶段，将元素映像寄存器中所有输出继电器的状态转存到输出锁存电路，驱动用户设备（或负载）工作。

PLC 存储器 EEPROM 中的程序随时可以擦除和修改。如果改变程序和外部端口接线，又可以重新组成一个新的控制系统。

5.3.3 PLC 控制系统的设计方法和步骤

(1) PLC 控制系统设计的基本内容 一个 PLC 控制系统由信号输入器件、输出执行器件、显示器件和 PLC 构成。因此，PLC 控制系统的设计，就包括这些器件的选取和连接等。

1）选取信号输入器件、输出执行器件和显示器件等。输入信号在进入 PLC 后，可以在 PLC 内部多次重复使用，而且还可获得其常开、常闭和延时等各种形式的触头。因此，信号输入器件只要有一个触头即可。输出执行器件应尽量选取相同电源电压的器件，并尽可能选取工作电流较小的器件。显示器件应尽量选取 LED 器件，其寿命较长，而且工作电流较小。

2）设计控制系统主回路。根据执行机构是否需要正、反向动作，是否需要高、低速，设计控制系统主回路。

3）选取 PLC。根据 I/O 信号的数量及其空间分布、程序容量的大致情况等条件选择 PLC。

4）进行 I/O 分配、绘制 PLC 控制系统硬件原理图。

5）程序设计及模拟调试。设计 PLC 控制程序，并利用输入信号开关板进行模拟调试，检查硬件设计是否完整、正确，软件是否满足工艺要求。

6）设计控制柜。在控制柜中，强电和弱电控制信号应尽可能进行隔离和屏蔽，防止强电磁干扰而影响 PLC 的正常运行。

7）编制技术文件。包括编制电气原理图、软件清单、使用说明书和元件明细表等。

(2) PLC 控制系统的设计步骤 对控制任务的分析和软件的编制，是 PLC 控制系统设计的两个关键环节。通过对控制任务的分析，确定 PLC 控制系统的硬件构成和软件工作过程；通过对软件的编制，实现被控对象的动作关系。PLC 控制系统设计的一般步骤如下：

1）对控制任务进行分析，对较复杂的控制任务进行分块，将其划分成几个相对独立的子任务。

2）分析各个子任务中执行机构的动作过程。通过对各个子任务执行机构动作过程进行分析，画出动作逻辑关系图，列出输入信号和输出信号，列出要实现的非逻辑功能。对于输入信号，将每个按钮、限位开关和开关式传感器等作为输入信号，占用一个输入点，接触器的辅助触头不需要输入 PLC，故不作为输入信号；对于输出信号，每个输出执行器件，如接触器、电磁阀和电铃等，均作为输出信号，占用一个输出点；对于状态显示，如果是输出执行器件的动作显示，可与输出执行器件共用输出点，不再作为新的输出信号。如果是非动作显示，如运行、停止和故障等指示，应作为输出信号占用输出点。

3）根据 I/O 信号的数量、要实现的非逻辑功能和 I/O 信号的空间分布情况选择 PLC。

4）根据 PLC 型号选择信号输入器件，输出执行器件和显示器件等。

5）进行 I/O 口的分配，绘出控制系统硬件原理图，设计控制系统主回路。

6）利用输入信号开关板模拟现场输入信号，根据动作逻辑关系图编制 PLC 程序，进行模拟调试。

7）制作控制柜。

8）进行现场调试，对工作中可能出现的各种故障进行模拟，考察系统的可靠性。

9）编制技术文件，进行控制系统现场试运行。

5.3.4　PLC 应用实例

图 5-16 所示为自动搬运机械手，用于将左工作台上的工件搬到右工作台上。机械手的全部动作由气缸驱动，气缸由电磁阀控制。

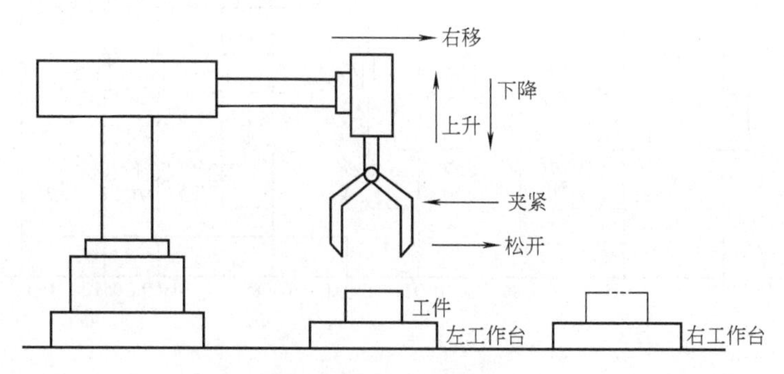

图 5-16　自动搬运机械手

（1）机械手动作分析　将机械手的原点（即原始状态）定位左位、高位、放松状态。在原始状态下，当检测到左工作台上有工件时，机械手下降到低位并夹紧工件，然后上升到高位，向右移到右位。当右工作台上无工件时，机械手下降到低位，松开工件，然后机械手上升到高位，左移回原始状态。

机械手动作过程中，上升、下降、左移、右移、夹紧和放松为输出信号。放松和夹紧共用一个线圈，线圈得电时夹紧，失电时放松。低位、高位、左位、右位、工作台上有无工件为输入信号。

（2）PLC 控制系统的硬件设计　搬运机械手控制系统中共有 13 个输入信号、7 个输出信号，逻辑关系较为简单。因此，可选用 C40P 来实现该任务。假定输入信号全部采用开触头，该任务中的机械手动作及 I/O 分配见表 5-5。

表 5-5 机械手动作及 I/O 口分配表

输入信号	工位号	输出信号	工位号
高位	0000	上升	0504
低位	0001	下降	0505
左位	0002	左移	0506
右位	0003	右移	0507
工作台有工件	0004	夹紧	0508
自动	0005	手动指示	0509
手动	0006	自动指示	0510
手动上升	0007		
手动下降	0008		
手动左移	0009		
手动右移	0010		
手动夹紧	0011		
手动放松	0012		

图 5-17 所示为机械手 PLC 控制系统的硬件原理，发光二极管 $VL_1 \sim VL_5$ 分别与输出接触器 $K_1 \sim K_5$ 并联，用于动作指示。

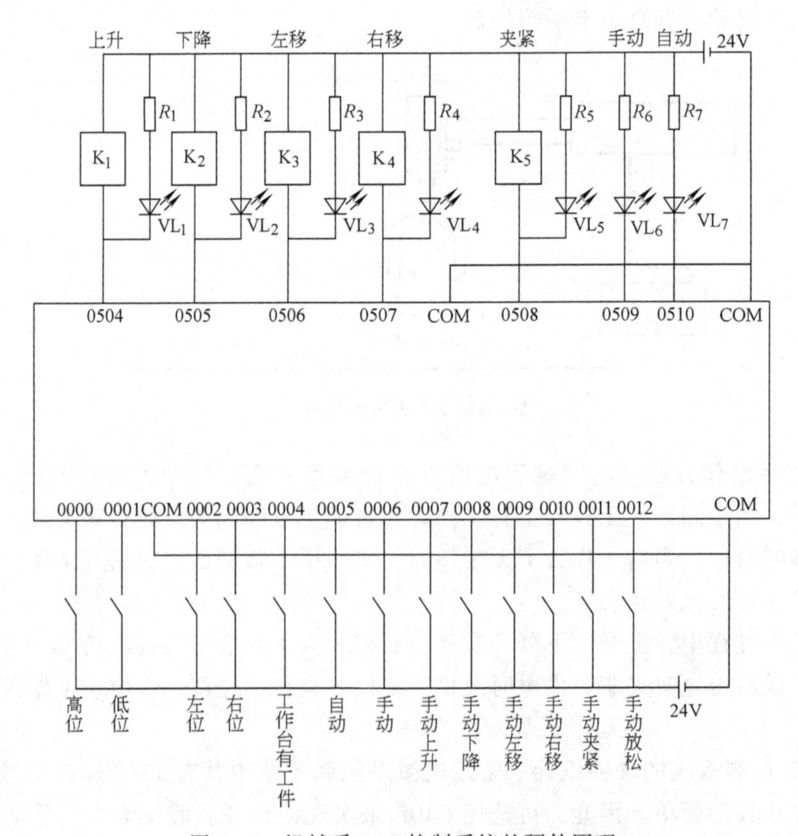

图 5-17 机械手 PLC 控制系统的硬件原理

（3）PLC控制系统的软件设计　PLC控制系统的梯形图如图5-18所示，具体代码略。

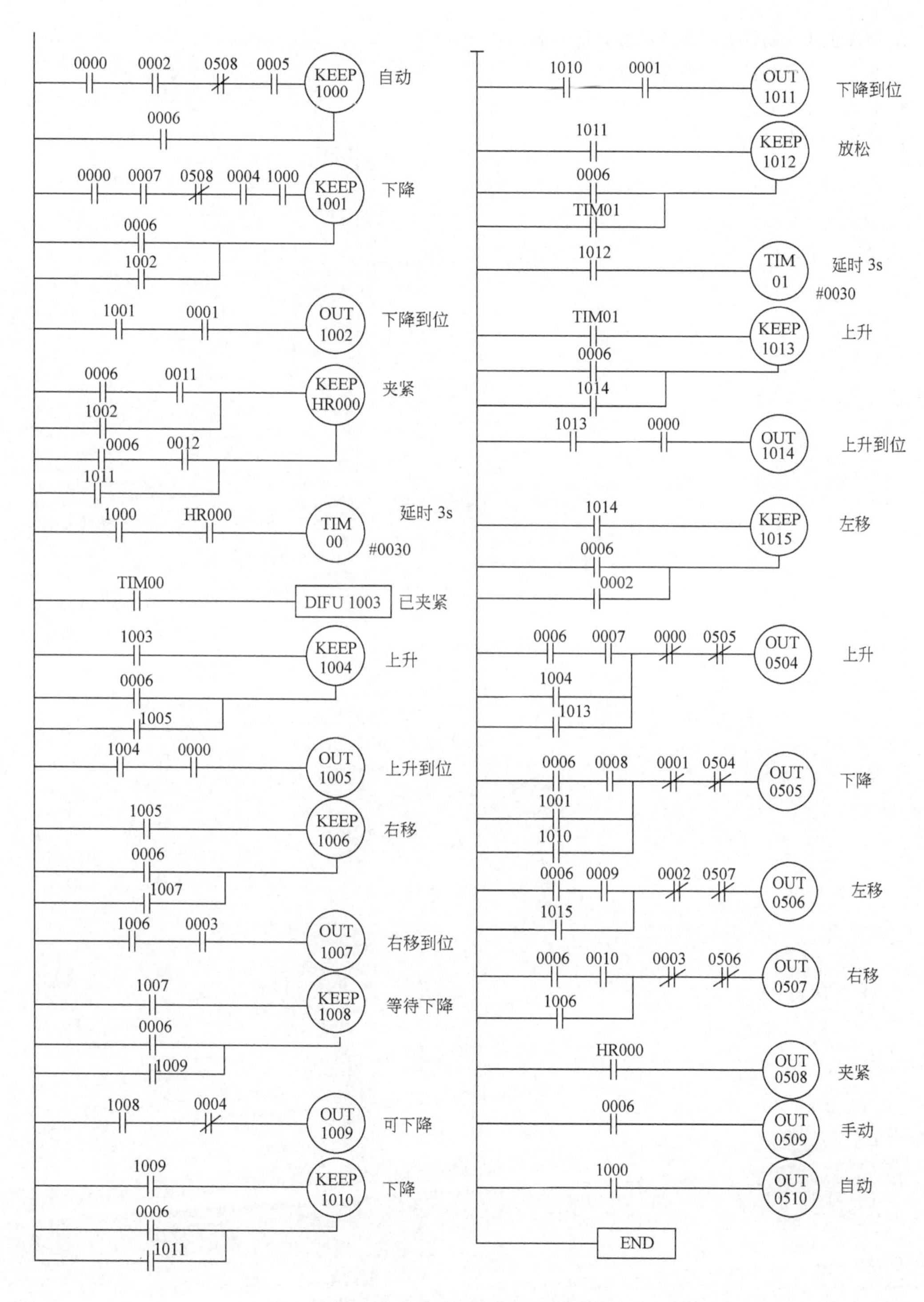

图5-18　PLC控制系统的梯形图

复习思考题

1. 简述工业控制计算机系统的组成及基本要求。
2. 简述单片机的基本构成及特点。
3. 简述单片机应用系统设计步骤。
4. 简述 PLC 的工作原理。

第6章 机电一体化系统检测技术特点及应用

要使机电一体化系统有效地发挥功能，首先必须获得各种各样的信息，其中检测起着重要的作用。生物系统检测的作用原理如图 6-1a 所示，在生物控制系统中，通过眼、耳和皮肤（实现视觉、听觉、触觉）等感觉器官从外界感受各种各样的信息，经过大脑对这些信息进行处理判断，从中提取有用的信息，再通过肌肉和骨骼等运动器官使手、足有目的地移动，并实现操作；与此相对应，在像机器人一样的机电一体化系统中，检测的作用原理如图 6-1b 所示，其动作控制也是先通过传感器接收外界信息，经过计算机对这些信息进行处理，再通过执行装置（执行器）使机器人手臂有目的地移动，并实现操作。

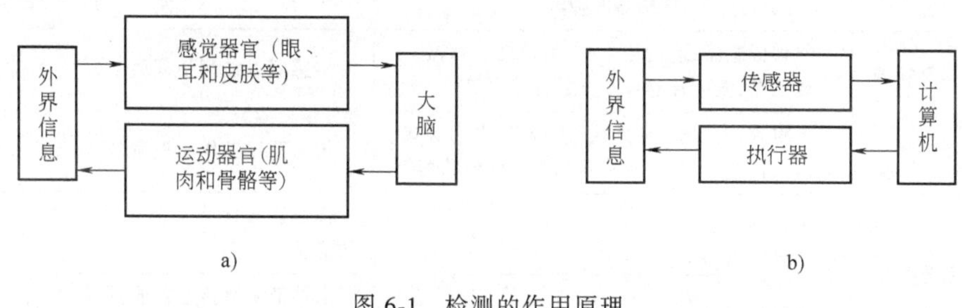

图 6-1　检测的作用原理
a）生物系统　b）机电一体化系统

由图 6-1 可知，传感器与人体的感觉器官相对应，计算机与人的大脑相对应，执行器与人体的运动器官相对应。这种从外界获得信息，并从中提取有用信息的过程称为检测。

6.1　传感器的分类与特性

6.1.1　传感器的定义和组成

国家标准 GB/T 7665—2005《传感器通用术语》对传感器（Transducer/Sensor）的定义是："能感受被测量并按照一定的规律转换成可用输出信号的器件或装置"。一般也可定义为：传感器是一种以测量为目的，以一定精度把被测量转换为与之有确定关系的、便于处理的另一种物理量的测量装置、器件或元件。

传感器一般由敏感元件和传感元件两部分组成，有时也将基本转换电路和辅助电源作为传感器的组成部分，其组成框图如图 6-2 所示。

1）敏感元件。敏感元件是直接感受被测量（一般为非电量），并输出与被测量成确定关系的其他量（包括电量，一般为非电量）的元件，如：膜片、波纹管、弹性圆环和悬臂

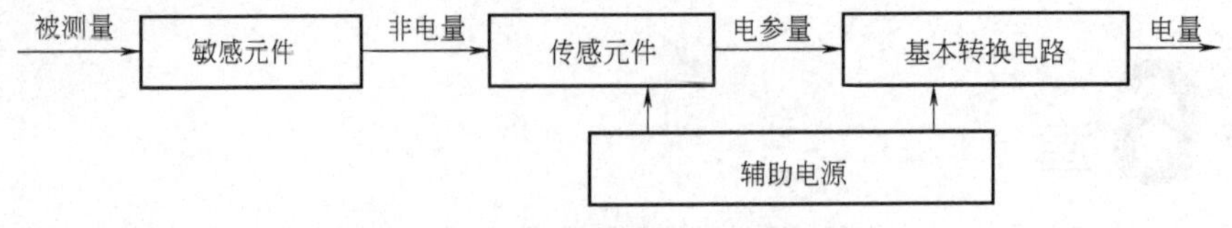

图 6-2 传感器组成框图

梁等。

2）传感元件。传感元件也称转换元件，通常是只感受敏感元件输出的与被测量成确定关系的另一种非电量，并将其转换为电参量（如电压、电容和电阻等）输出的元件。

3）基本转换电路。基本转换电路将传感元件输出的电参量转换成电压、电流或频率等。若传感元件输出的已经是这些电量，就不需要基本转换电路了。

6.1.2 传感器的分类

传感器的分类方法很多，比较常用的分类见表 6-1。

表 6-1 传感器的分类

分类方法	传感器的种类	说明
按被测物理量分类	位移传感器、速度传感器、加速度传感器、压力传感器、温度传感器和气敏传感器等	传感器以被测物理量命名
按工作原理分类	电阻式、电容式、电感式、谐振式、电动势式、电荷式传感器，光电传感器和半导体传感器等	传感器以工作原理命名
按能量关系分类	有源传感器	传感器直接将被测量的能量转换为输出量的能量
	无源传感器	由外部供给传感器能量，而由被测量来控制输出的能量
按输出信号的性质分类	模拟式传感器	输出为模拟量
	数字式传感器	输出为数字量
按转换过程分类	双向传感器	转换过程可逆
	单向传感器	转换过程不可逆

（1）按被测物理量分类 可分为位移传感器、速度传感器、加速度传感器、压力传感器、温度传感器和气敏传感器等。其中，位移传感器又可分为直线位移传感器和角位移传感器，主要用于长度、厚度、应变、振动和偏转角等参数的测量；速度传感器又分为线速度传感器和角速度传感器，主要用于线速度、振动、流量、动量、转速、角速度和角动量等参数的测量；加速度传感器又分为线加速度传感器和角加速度传感器，主要用于线加速度、振动、冲击、质量、应力、角加速度、角振动、角冲击、力矩等参数的测量；压力传感器主要用于力、压力、重量、力矩和应力等参数的测量。

（2）按工作原理分类 可分为电阻式传感器、电感式传感器、电容式传感器、谐振式传感器、电动势式传感器、电荷式传感器、光电传感器和半导体传感器等。其中，电阻式传感器是利用移动电位器触头改变电阻值或改变电阻丝（或片）的几何尺寸的原理制成的，主要用于位移、力、压力、应变、力矩、气流流速和液体流量等参数的测量；电感式传感器是通过改变磁路几何尺寸、磁体位置来改变电感和互感的电感量制成或利用压磁效应原理制成的，主要用于位移、压力、力、振动和加速度等参数的测量；电容式传感器是利用改变电容的几何尺寸或改变电容介质的性质和含量，从而改变电容量的原理制成的，主要用于位移、压力、液位、厚度和水含量等参数的测量；谐振式传感器是利用改变机械（或电）的固有参数来改变谐振频率的原理制成的，主要用于测量压力；电动势式传感器是利用热电效应、光电效应、霍尔效应和电磁感应等原理制成的，主要用于温度、磁通、电流、速度、光强和热辐射等参数的测量；电荷式传感器是利用压电效应原理制成的，主要用于力和加速度的测量；光电传感器是利用光电效应和几何光学原理制成的，主要用于光强、光通量和位移等参数的测量；半导体传感器是利用半导体的压阻效应、内光电效应、磁电效应及与气体接触产生性质变化等原理制成的，主要用于温度、压力、加速度、磁场、有害气体和气体泄漏的测量。

(3) 按能量关系分类　可分为有源传感器和无源传感器。其中，有源传感器将非电量转换为电量，如电动势式和电荷式传感器等；无源传感器不起能量转换作用，只是将被测非电量转换为电参数的量，如电阻式、电感式及电容式传感器等。

(4) 按输出信号的性质分类　可分为模拟式传感器和数字式传感器。其中，模拟式传感器输出模拟信号；数字式传感器输出数字信号。

(5) 按转换过程分类　可分为双向传感器和单向传感器等。

6.1.3　传感器的基本特性

传感器是检测系统中最关键的部分，在检测过程中，首先由传感器感受被测量，并将它转换成与被测量有确定对应关系的电量，传感器也是直接与被测对象发生联系的部分。实际控制系统中有各种各样的参数需要进行检测，而这些参数又经常处于变动状态，传感器能否实时地将这些变化不失真地变换成相应的电量，这就要求传感器必须具备一定的基本特性，了解和掌握传感器的基本特性是正确选择和使用传感器的基本条件。传感器的基本特性是指传感器的输出与输入之间的关系特性，即输出-输入特性。一般分为静态特性和动态特性两类。

1. 传感器的静态特性

传感器的静态特性是指传感器在被测量的数值处于稳定状态时的输出-输入的关系。衡量传感器静态特性的主要技术指标是：线性度、灵敏度、迟滞性、重复性和分辨力等。

(1) 线性度　一般情况下，为了方便标定和数据处理，人们总是要求传感器的输出-输入关系最好是线性关系，并能正确地反映被测量的真值，但一般情况下，实际的输出-输入特性曲线或多或少地存在非线性问题，只能接近线性，对比理论直线有偏差。如图 6-3 所示，在实际工作中，为了读数方便，常用一条拟合直线近似地代表实际的特性曲线。线性度就是用来表示实际的输出-输入特性曲线与其拟合直线接近度的一个性能指标，用实际特性曲线与其拟合直线之间的最大偏差 Δy_m（即最大非线性绝对误差）与满量程输出 y_{FS} 的百分比来表示，即

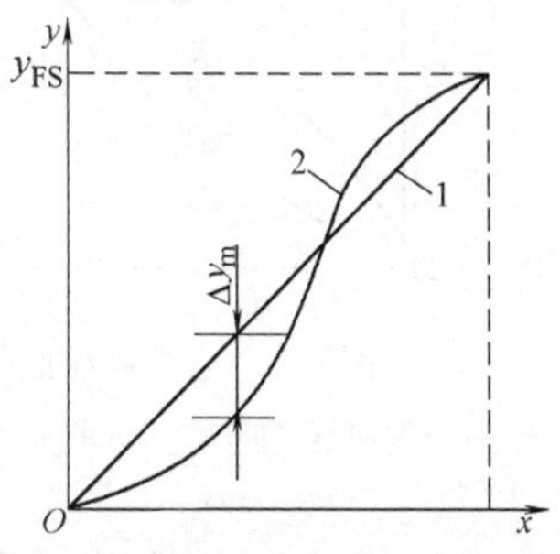

图 6-3　线性度示意图

1—拟合直线　2—实际特性曲线

y_{FS}—满量程输出

Δy_m—最大非线性绝对误差

$$E_f = \frac{\Delta y_m}{y_{FS}} \times 100\%$$

式中 E_f——线性度；

Δy_m——最大非线性绝对误差；

y_{FS}——满量程输出。

(2) 灵敏度 灵敏度是指传感器在稳态标准条件下，输出量变化 Δy 与输入量变化 Δx 的比值，用 S 表示，即

$$S = \Delta y / \Delta x = \mathrm{d}y / \mathrm{d}x$$

灵敏度是输出-输入特性曲线的斜率。对于线性传感器来说，灵敏度 S 是一个常数，与输入量大小无关。

(3) 分辨力 分辨力是指传感器能感受到的被测量的最小变化的能力。有些传感器，当输入量连续变化时，输出量只进行阶梯变化，则分辨力就是输出量的每个“阶梯”所代表的输入量的大小。分辨力用绝对值表示，若用满量程的百分比表示，则称为分辨率。

传感器的灵敏度越高，分辨力越好。一般模拟式仪表的分辨力规定为最小刻度分格值的一半，数字式仪表的分辨力是最后一位的一个字。

(4) 迟滞性 迟滞性用来表示传感器在正（输入量增大）、反（输入量减小）行程期间输出-输入特性曲线不重合的程度，即对应同一输入量，因传感器行程方向不同而导致输出量大小不相等。迟滞特性曲线如图 6-4 所示。迟滞现象主要是由仪表元件吸收能量所引起的，如轴承摩擦、间隙、材料内摩擦和磁滞等。

(5) 重复性 重复性是指传感器在输入量按同一方向行程连续多次变动时，在全量程内连续进行重复测量所得到的输出-输入特性曲线不一致的程度，重复特性曲线如图 6-5 所示。

产生不一致的原因与产生迟滞现象的原因相同。多次重复测试的曲线越重合，说明该传感器重复性越好，使用时误差越小。

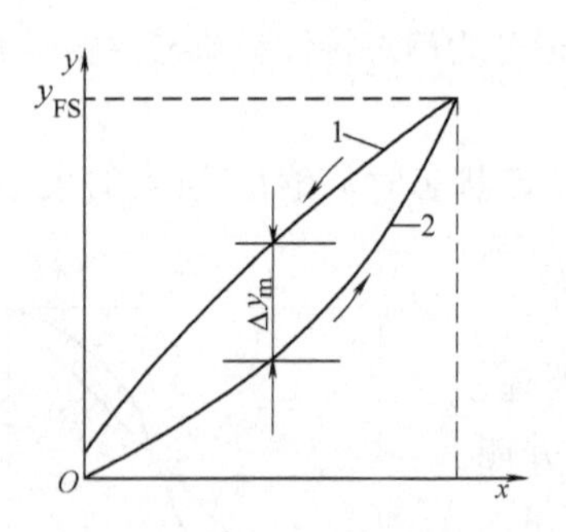

图 6-4 迟滞特性曲线

1—反向特性曲线 2—正向特性曲线

y_{FS}—满量程输出

Δy_m—最大非线性绝对误差

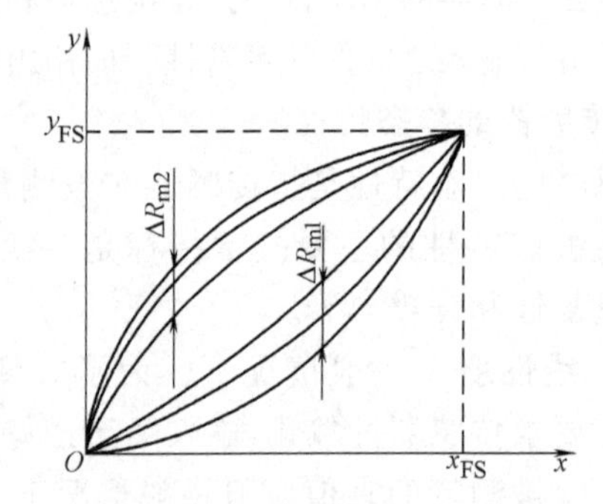

图 6-5 重复特性曲线

y_{FS}—满量程输出 x_{FS}—满量程输入

ΔR_{m1}—正向（被测量增大）多次试验中输出最大不重复误差

ΔR_{m2}—反向（被测量减小）多次试验中输出最大不重复误差

2. 传感器的动态特性

传感器的动态特性是指传感器对于随时间变化的输入量的响应特性。传感器的动态特性通常用它对某些标准输入信号的响应来表示。因为传感器对标准输入信号的响应比较容易由

试验方法求得，而且，它对标准输入信号的响应与它对任意输入信号的响应之间存在一定的关系，一般可由前者推算出后者。在时域内，研究动态特性常用阶跃信号来分析系统的动态响应，包括超调量、上升时间和响应时间等。在频域内，研究动态特性时，则采用正弦输入信号来分析系统的频率响应，包括幅频特性和相频特性。

6.1.4 传感器的发展与展望

传感器的应用已渗透到科学技术、工农业生产以及日常生活等各个领域。现代科学技术的突飞猛进，为传感器的开发创造了有利条件，主要表现在以下几个方面：

1. 探索新理论及采用新材料、新技术和新工艺开发新型传感器

目前，许多科学家正在不断地探索新理论，将各种新的物理效应、化学效应和生物效应等应用到传感器中，从而开发出新一代传感器。例如，利用核磁共振吸收效应的磁敏传感器、利用约瑟夫逊效应的热噪声温度传感器和利用光子滞后效应的红外传感器，它们使超高精度和超高灵敏度的测量成为可能；利用化学效应和生物效应开发的化学传感器和生物传感器，有力地促进了医学基础研究、临床诊断和环境医学的发展；近年来发展起来的光纤传感器和表面弹性波传感器，对提高测量系统的可靠性极为有效。

材料科学的巨大进步，新型材料的开发研究也促进新型传感器的出现。半导体敏感材料研究的进步，促进了半导体传感器的迅速发展，例如：半导体硅在力敏、热敏、光敏、磁敏、气敏、离子敏及其他敏感元件中具有较广泛的用途；压电半导体材料为压电传感器集成化提供了方便；高分子压电薄膜的研制成功，使机器人的触觉系统更接近人的触觉器官——皮肤。目前，正在研究的非晶半导体、电子陶瓷、形状记忆合金和形状记忆陶瓷等均是很有发展希望的传感器材料。尤其引人注目的是智能材料——形状记忆合金，当它复原时会产生相当大的力，使其有可能作为敏感元件和执行元件的集合体，在自动控制系统中发挥其独特的作用。

在开发新型传感器的过程中，离不开新技术、新工艺的使用。近年来，随着集成电路工艺发展起来的微细加工技术，已越来越多地用于传感器制造领域，例如：采用高频溅射、化学气体淀积（CVD）和分子束外延等新工艺可制造应变式传感器；采用可控的化学腐蚀方法可加工力敏元件中的硅杯等，从而使传感器的性能和生产率均有很大提高。

2. 向集成化、多维化、多功能化和智能化方向发展

传感器的集成化是指应用集成加工技术，将敏感元件、放大电路、运算电路和温度补偿电路等环节集成于一块芯片上。在自动控制系统中采用集成传感器可简化系统的电路设计，缩短安装和调试时间，提高系统的性能和可靠性，增强抗干扰能力。

传感器集成化的一个方向是具有同样功能的传感器集成化，从而使对一个点的测量变成对一个平面和空间的测量。例如，利用由电荷耦合器件形成的固体图像传感器来进行的文字和图形识别即是如此。传感器集成化的另一个方向是不同功能的传感器集成化，从而使一个传感器可以同时测量不同种类的多个参数。例如，测量血液中各种成分的多功能传感器。

除传感器自身的集成化之外，还可以把传感器和后续电路集成化。传感器和测量电路的集成化可以减少干扰、提高灵敏度、方便使用。如果将传感器和数据处理电路集成在一起，则可以方便地实现实时数据处理。

目前，各类集成化传感器已有许多产品系列，有些已得到广泛应用。集成化已经成为传感器技术发展的一个重要方向。

随着集成化技术的发展，各类混合集成和单片集成式压力传感器相继出现，有的已经成为商品。集成化压力传感器有压阻式、电容式和 MOSFET 等类型，其中压阻式集成化传感器发展快、应用广。自从压阻效应被发现后，有人最初把 4 个压敏电阻构成的全桥做在硅膜上，就成为一个集成化压力传感器。国内在 20 世纪 80 年代就研制出了把压敏电阻、电桥、电压放大器和温度补偿电路集成在一起的单块压力传感器，其性能与国外同类产品相当。由于采用了集成工艺，将压敏部分和集成电路分为几个芯片，然后混合集成为一体，提高了输出性能及可靠性，有较强的抗干扰能力，完全消除了二次仪表带来的误差。

20 世纪 70 年代国外就出现了集成温度传感器，它基本上是利用晶体管作为温度敏感器件的集成电路。其性能稳定，使用方便，温度范围为-40℃～+150℃。国内在这方面也有很大进展，例如近年来研制出了集成热电堆红外传感器等。集成化温度传感器具有远距离测量和抗干扰能力强等优点，具有很大的实用价值。

多维化是指将同一功能、同一类型的单个传感器用集成工艺将其在同一平面上排列起来，若成为一列，称为一维传感器（线阵传感器）；若排成矩阵形式，则称为二维传感器（面阵传感器），如图 6-6 所示。这种阵列式传感器主要用在光电传感器方面。一般的光电探测器只能探测辐射光功率的大小，而且只能获取一个点的单元信息，而一维与二维光电探测器有多元探测能力，不仅可以检测入射光点的位置，还可以给出目标光强的明暗分布，即探测器具有空间分辨能力，如发光二极管、三极管阵列、光电位置敏感器件（PSD）和半导体色敏器件等。上述器件在工业检测、机器人视觉和摄像等方面有着重要的用途。

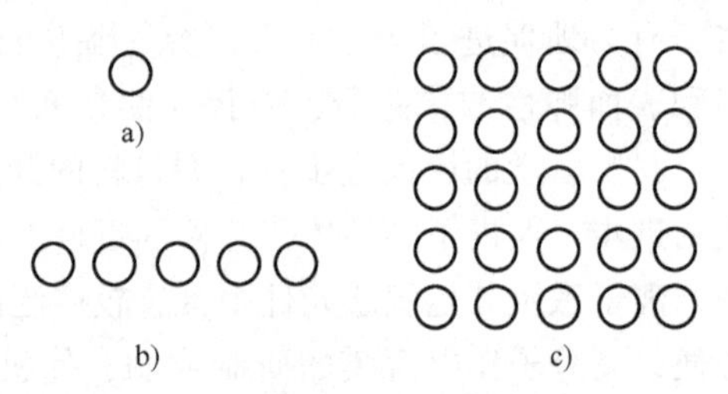

图 6-6 传感器的多维化

a）单个传感器 b）一维传感器

c）二维传感器

多功能化也是传感器的发展方向之一，即将几种不同的传感器复合在一起，实现利用一个传感器同时测量几种不同的被测参数，并分别将其转换成相应的电信号。例如：美国某大学传感器研究发展中心研制的单片硅多维力传感器可以同时测量 3 个线速度、3 个离心加速度（角速度）和 3 个角加速度。主要元件有 4 个正确设计、安装在一个基板上的悬臂梁组成的单片硅、9 个正确布置在各个悬臂梁上的压阻敏感元件。日本研制了一种多功能气体传感器，它可以同时测量气体的温度和湿度。这种传感器是将在钙钛矿上添加对湿度敏感的尖晶石的复合多孔质烧结体作为传感元件，温度变化引起传感器电容量的变化，湿度变化引起传感器电阻的改变。传感器多功能化不仅可以降低生产成本、减小体积，而且还可以有效地提高其稳定性和可靠性等性能指标。

智能传感器就是将计算机和传感器有机结合，即把传感器和信号预处理合为一体，并与后处理的微型处理器兼容，从而使传感器不仅具有检测功能，还具有信息处理、逻辑判断、自诊断、自恢复以及“思维”等人工智能。可以说智能传感器是传感器技术与大规模集成电路技术相结合的产物，借助于半导体集成化技术把传感器部分与信号预处理电路、I/O 接口和微处理器等制作在同一块芯片上，即成为大规模集成智能传感器。这类传感器具有多功能、高性能、体积小、适宜大批量生产和使用方便等优点，在复杂的自动化系统、机器人、宇宙飞船和人造卫星等方面有着极其重要的用途。

6.2　常用传感器

1. 机械式传感器

在检测技术中，机械式传感器常常以弹性体的形式作为传感器的敏感元件，故又称之为弹性敏感元件。它的输入量可以是力、压力、温度等物理量，而输出则为弹性元件本身的弹性变形，这种变形经放大后可表现为仪表指针的偏转，借助刻度指示出被测量的大小。

机械式传感器做成的机械式指示仪表具有结构简单、可靠、使用方便、价格低廉、读数直观等优点。近年来，在自动检测、自动控制技术中广泛应用的微型探测开关亦被看作机械传感器。

2. 电阻式传感器

电阻式传感器是一种把被测量转换为电阻变化量的传感器。按其工作原理可分为变阻器式和电阻应变式两类。

(1) 变阻器式传感器　变阻器式传感器也称为电位差计式传感器，它通过改变电位器触头位置，把位移转换为电阻的变化。

如果电阻丝直径和材质一定，则电阻值随导线长度变化而变化。变阻器式传感器有直线位移型、角位移型和非线性型。

变阻器式传感器的优点是结构简单，性能稳定，使用方便。缺点是分辨力不高，这是因为受到电阻丝直径的限制，提高分辨力需使用更细的电阻丝，其绕制较困难。

(2) 电阻应变式传感器　电阻应变式传感器可以用于测量应变、力、位移、加速度、扭矩等参数。具有体积小、动态响应快、测量精确度高、使用简便等优点。

1）金属电阻应变片　其工作原理是应变片发生机械变形时，其电阻值也发生变化。常用的金属电阻应变片有丝式和箔式两种。金属丝电阻应变片（又称电阻丝应变片）出现得较早，现仍在广泛采用。

2）半导体应变片　半导体应变片的使用方法与金属电阻应变片相同，即粘贴在弹性元件或被测物体上，其电阻值随被测试件的应变而变化。几种常见半导体材料的特性见表6-2。

表6-2　几种常见半导体材料的特性

材料	电阻率 ρ $\Omega\cdot mm^2/m$	弹性模量E $\times10^7N/cm^2$	灵敏度	晶向
P型硅	7.8	1.87	175	[111]
N型硅	11.7	1.23	−132	[100]
P型锗	15.0	1.55	102	[111]
N型锗	16.6	1.55	−157	[111]
N型锗	1.5	1.55	−147	[111]
P型锑化铟	0.54		−45	[100]
P型锑化铟	0.01	0.745	30	[111]
N型锑化铟	0.013		−74.5	[100]

半导体应变片最突出的优点是灵敏度高，这为它的广泛应用提供了有利条件。另外，机械滞后小、横向效应小以及它本身的体积小等特点，扩大了半导体应变片的使用范围。其最

大缺点是温度稳定性能差、灵敏度分散度大（由于晶向、杂质等因素的影响），以及在较大应变作用下非线性误差大等，这些缺点也给它的使用带来一定困难。

电阻应变片必须被粘在试件或弹性元件上才能工作。黏合剂和黏合技术对测量结果有直接影响。因此，黏合剂的选择、黏合前试件表面的清理、黏合的方法和黏合后的固化处理、防潮处理都必须认真做好。

3. 电感式传感器

电感式传感器是把被测量，如位移等，转换为电感量变化的一种装置。

（1）自感型传感器 一般分为可变磁阻式和电涡流式。可变磁阻式传感器由线圈、铁心和衔铁组成。电涡流式传感器的变换原理是利用金属体在交变磁场中的电涡流效应。高频反射式涡流传感器原理如图 6-7 所示。

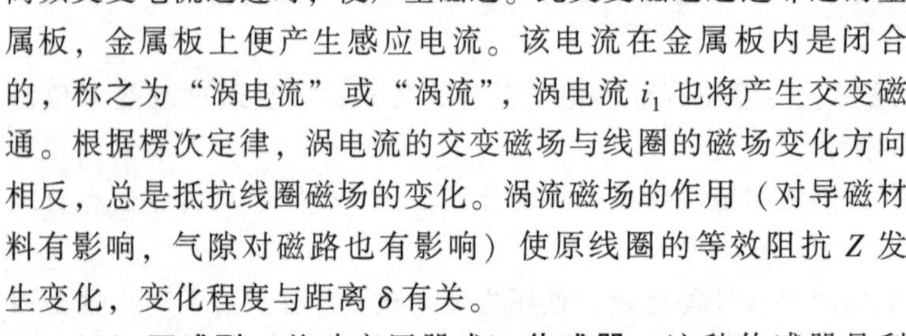

金属板置于一只线圈的附近，相互间距为 δ。当线圈中有高频交变电流通过时，便产生磁通。此交变磁通通过邻近的金属板，金属板上便产生感应电流。该电流在金属板内是闭合的，称之为“涡电流”或“涡流”，涡电流 i_1 也将产生交变磁通。根据楞次定律，涡电流的交变磁场与线圈的磁场变化方向相反，总是抵抗线圈磁场的变化。涡流磁场的作用（对导磁材料有影响，气隙对磁路也有影响）使原线圈的等效阻抗 Z 发生变化，变化程度与距离 δ 有关。

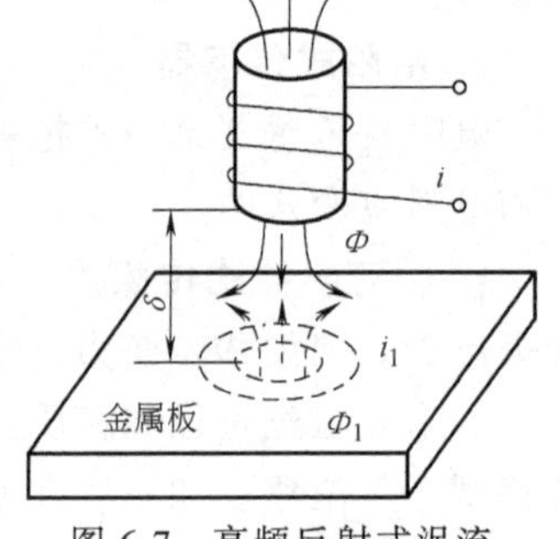

图 6-7 高频反射式涡流传感器原理

（2）互感型（差动变压器式）**传感器** 这种传感器是利用电磁感应中的互感现象，将被测位移量转换成线圈互感的变化。

4. 压磁式传感器

压磁式（又称为磁弹式）传感器是一种力-电转换传感器。其基本原理是利用某些铁磁材料的压磁效应。

（1）压磁效应 铁磁材料在外力作用下，内部发生变形，各磁畴之间的界限发生移动，使磁畴磁化强度矢量转动，从而也使材料的磁化强度发生相应的变化。这种应力使铁磁材料的磁性发生变化的现象称为压磁效应。

铁磁材料的压磁效应的工作原理是：

1）材料受到压力时，在作用力方向磁导率略有减小，而在垂直作用力方向磁导率略有增大；作用力是拉力时，其效果相反。

2）作用力消失后，磁导率复原。铁磁材料的压磁效应还与外磁场有关。为了使磁感应强度与应力之间有单值的函数关系，必须使外磁场强度的数值一定。

（2）压磁式传感器工作原理 如图 6-8 所示，它由压磁元件、弹性支架、传力钢球组成。压磁式传感器是一种无源传感器，它利用铁磁材料的压磁效应，在外力作用时，铁磁材料内部产生应力或者应力变化，引起铁磁材料的磁导率变化。当铁磁材料上绕有线圈时（激励绕组和输出绕组），最终将引起二次线圈阻抗的变化，或线圈间耦合系数的变化，从而使输出电动势发生变化。

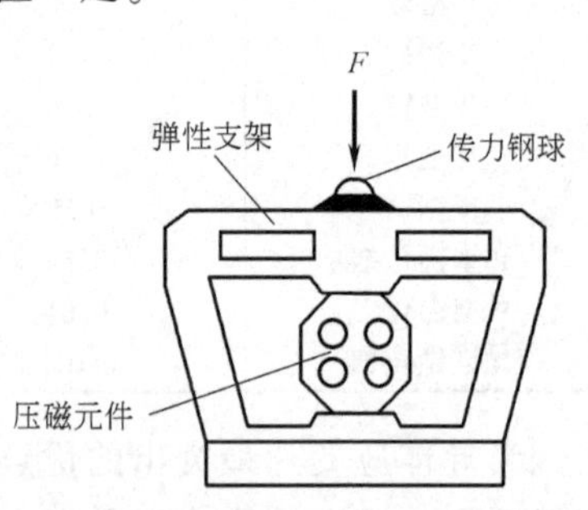

图 6-8 压磁式传感器结构简图

（3）压磁元件 压磁式传感器的核心是压磁元件，它实际上是一个力-电转换元件。压磁元件常用的材料有硅钢片、坡莫合金和一些铁氧体。坡莫合金是理想的压磁材料，具有很高的相对灵敏度，但价格昂贵；铁氧体也有很高的灵敏度，但由于它较脆而不常采用。最常用的材料是硅钢片。为了减小涡流损耗，压磁元件铁心大都采用薄片的铁磁材料叠合而成。

(4) 压磁式传感器的特点及应用 压磁式传感器具有输出功率大、抗干扰能力强、过载性能好、结构和电路简单、能在恶劣环境下工作、寿命长等一系列优点。目前，这种传感器已成功地用在冶金、矿山、造纸、印刷、运输等各个工业领域。

5. 电容式传感器

(1) 变换原理及类型 电容式传感器是将被测物理量转换为电容量变化的装置，它实质上是一个具有可变参数的电容器。

根据电容器变化的参数不同，可分为极距变化型、面积变化型和介质变化型三类。

(2) 特点 优点：输出能量小而灵敏度高；电参量相对变化大；动态特性好；能量损耗小；结构简单，适应性好。缺点：非线性度大；电缆分布电容影响大。

6. 压电式传感器

压电式传感器是一种可逆型换能器，既可以将机械能转换为电能，又可以将电能转换为机械能。这种性质使它被广泛用于力、压力、加速度测量，也被用于超声波发射与接收装置。这种传感器具有体积小、重量轻、精确度及灵敏度高等优点。

(1) 压电效应 某些物质，如石英、钛酸钡，锆钛酸铅（PZT）等，当受到外力作用时，不仅几何尺寸发生变化，而且内部极化，表面上有电荷出现，形成电场；当外力消失时，材料重新回复到原来状态，这种现象称为压电效应。相反，如果将这些物质置于电场中，其几何尺寸也发生变化，这种由于外电场作用导致物质机械变形的现象，称为逆压电效应。

(2) 压电材料 压电材料大致可分为三类：压电单晶、压电陶瓷和有机压电薄膜。

压电单晶为单晶体，常用的有石英晶体（SiO_2）、铌酸锂（$LiNbO_3$）、钽酸锂（$LiTaO_3$）等，石英是压电单晶中最有代表性的，应用广泛。除天然石英外，还大量应用人造石英。石英的压电常数不高，但具有较好的机械强度和时间、温度稳定度。

压电陶瓷制作方便，成本低。钛酸钡是使用最早的压电陶瓷，其居里点（温度达到该点物质将失去压电特性）低，约为120℃。现在使用最多的是PZT锆钛酸铅系列压电陶瓷。

高分子压电薄膜的压电特性并不太好，但它可以大量生产，且具有面积大、柔软不易破碎等优点，可用于微压测量和机器人的触觉，其中以聚偏二氟乙烯（PVDF）最为著名。

7. 磁电式传感器

磁电式传感器是把被测物理量转换为感应电动势的一种传感器，又称电磁感应式或电动式传感器。

根据法拉第电磁感应定律，对于一个匝数为 W 的线圈，当穿过该线圈的磁通 Φ 发生变化时，其感应电动势 e 为：

$$e=-W\frac{\mathrm{d}\phi}{\mathrm{d}t}$$

可见，线圈感应电动势的大小，取决于匝数和穿过线圈的磁通变化率。

磁电式传感器分为动圈式、磁阻式和霍尔传感器。霍尔传感器也是一种磁电式传感器。

它是利用霍尔元件基于霍尔效应将被测量转换成电动势输出的一种传感器。霍尔元件是一种半导体磁电转换元件，一般由锗（Ge）、锑化铟（InSb）、砷化铟（InAs）等半导体材料制成。

8. 光电式传感器

光电式传感器是将光量转换为电量的一种传感器。光电器件的物理基础是光电效应。

（1）光电效应及光电器件 在光线作用下，物体内的电子逸出物体表面向外发射的现象，称为外光电效应。基于外光电效应工作的光电器件属于光电发射型器件，有光电管、光电倍增管等。光电管有真空光电管和充气光电管。

受光照物体（通常为半导体材料）电导率发生变化或产生光电动势的现象称为内光电效应。内光电效应按其工作原理分为两种：光电导效应和光生伏特效应。半导体材料受到光照时会产生电子-空穴对，使其导电性能增强，光线越强，阻值越低，这种光照后电阻率发生变化的现象称为光电导效应。基于这种效应工作的光电器件有光敏电阻和反向工作的光敏二极管、光敏三极管等。光生伏特效应指半导体材料 PN 结受到光照后产生一定方向的电动势的效应。因此光生伏特型光电器件是自发电式的，属有源器件。以可见光作光源的光电池是常用的光生伏特型器件，硒和硅是光电池常用的材料，也可以使用锗。

（2）光电式传感器的形式 光电式传感器是以光电器件作为转换元件的传感器。其工作原理是：首先把被测量的变化转换成光信号的变化，然后通过光电转换元件变换成电信号。它可以用来检测直接引起光量变化的非电量，如光强、光照度、辐射测温、气体成分分析等，也可以用来检测能转换成光量变化的其他非电量，如零件直径、表面粗糙度、应变、位移、振动、速度、加速度，以及物体的形状、工作状态的识别等。

9. 新型传感器

（1）热敏电阻 热敏电阻是由金属氧化物（NiO、MnO_2、CuO、TiO_2 等）的粉末按一定比例混合烧结而成的半导体。它具有负的电阻温度系数，阻值随温度上升而下降。

（2）气敏传感器 被测气体一旦与这种传感器的敏感材料接触并被吸附后，传感器的电阻值随气体浓度变化而改变。其敏感材料广泛采用热稳定度较好的金属氧化物，例如氧化锡（SnO_2）、氧化锌（ZnO）和氧化铁等。主要用于检测一氧化碳、乙醇、甲烷、异丁烷和氢气。这类气敏传感器中都有电极和加热丝，前者用于输出电阻值，后者用来烧灼敏感材料表面的油垢和污物，以加速被测气体的吸、脱过程。

（3）湿敏传感器 四氧化三铁（Fe_3O_4）、铬酸镁-二氧化钛（$MgCr_2O_4$-TiO_2）、五氧化二钒-二氧化钛（V_2O_5-TiO_2）、羟基磷灰石（$Ca_{10}(PO_4)_6(OH)_2$）及氧化锌-三氧化二铬（ZnO-Cr_2O_3）等。其中，Fe_3O_4 多制成胶体湿敏元件，其余均制成金属陶瓷湿敏元件。高分子薄膜湿敏传感器是利用高分子膜吸收或放出水分会引起电导率或电容变化的特性来测量湿度的。

（4）水分传感器 水分传感器（水分计）有直流电阻型、高频电阻型、电容率型、气体介质型、中子型和核磁共振型。

直流电阻型水分传感器是利用某些物质电阻值随着水分的变化而变化的性质制造的。高分子物质的电阻与其含水量之间的变化关系：在一定范围内，随着水分的增加，电阻 R 按对数规律减小。因此，通过测定电阻值，就能测定水分含量。

（5）集成传感器 随着集成电路技术的发展，越来越多的后续电路和半导体传感器制作在同一芯片上，形成集成传感器，它具有传感器功能，又能完成后续电路的部分功能。集成传感器所包括的电路也由少到多，由简到繁。优先集成的电路大致有：各种调节和补偿电路，如稳压电路、温度补偿电路和线性化电路；信号放大和阻抗变换电路；信号数字化和信号处理电路；信号发送与接收电路。集成传感器的出现，不仅使测量装置的体积缩小，重量减轻，而且增多了功能，改善了性能。

(6) 光纤传感器 光纤传感器具有不受电磁场干扰、传输信号安全、可实现非接触测量，而且具有高灵敏度、高精度、高速度、高密度，适应各种恶劣环境以及非破坏性和使用简便等优点，因此，无论是在电量（电流、电压、磁场等）的测量，还是在非电物理量（位移、温度、压力、速度、加速度、液位、流量等）的测量方面，都取得了惊人的进展。

光纤传感器分为物性型与结构型两类。物性型光纤传感器原理：利用光纤对环境变化的敏感性，将输入物理量变换为调制的光信号。其工作原理是光纤的光调制效应，即光纤在外界环境因素，如温度、压力、电场、磁场等改变时，其传光特性（如相位与光强）会发生变化。结构型光纤传感器原理：结构型光纤传感器是由光检测元件、光纤传输回路及测量电路所组成的测量系统。其中光纤仅作为光的传播媒质，所以又称为传光型或非功能型光纤传感器。

6.3 传感器检测系统设计方法

检测的目的和要求是选择传感器的根本出发点，要达到技术的合理性以及系统的经济性，必须考虑传感器的静态特性参数和动态特性参数。

测量仪表或传感器工作现场的环境条件常常是很复杂的，常会遇到各种各样的干扰。这样不仅造成逻辑关系的混乱，使系统测量和控制失灵，降低产品的质量，甚至会造成令系统无法正常工作的损坏和事故。因此，排除干扰对测量过程的影响是十分必要的。为了保证检测系统正常工作，必须减弱或防止干扰的影响，如消除或抑制干扰源、破坏干扰途径以及削弱被干扰对象（接收电路）对干扰的敏感性等。通过采取各种抗干扰技术措施，使仪器设备能稳定可靠地工作，从而提高检测的精确度。

干扰的来源包括外部干扰和内部干扰。从外部侵入检测装置的干扰称为外部干扰。内部干扰包括固有噪声源和信噪比（S/N）。抑制干扰的方法包括：消除或抑制干扰源；破坏干扰途径；削弱接收电路对干扰的敏感性，例如，电路中的选频措施可以削弱对全频带噪声的敏感性，负反馈可以有效削弱内部固有噪声源。常用的抗干扰技术有屏蔽、接地、浮置、滤波、隔离技术等。

1. 屏蔽技术

利用铜或铝等低电阻材料制成的容器将需要防护的部分包起来，或者利用磁导性良好的铁磁材料制成的容器将需要防护的部分包起来，此种为防止静电或电磁相互感应所采用的技术措施称为屏蔽，屏蔽的目的就是隔断场的耦合通道。

(1) 静电屏蔽 选用铜、铝等低电阻金属材料制作屏蔽盒。屏蔽盒要良好地接地。尽量缩短被屏蔽电路伸出屏蔽盒之外的导线长度。静电屏蔽就是利用了与大地相连接的导电性良好的金属容器，使其内部的电力线不外传，同时外部的电场也不影响其内部。

(2) 电磁屏蔽 电磁屏蔽是采用导电良好的金属材料做成屏蔽层，利用高频干扰电磁场在屏蔽金属内产生的涡流，再利用涡流磁场抵消高频干扰磁场的影响，从而达到抗高频电磁场干扰的效果。将电磁屏蔽层妥善接地后，其具有电场屏蔽和磁场屏蔽两种功能。

(3) **磁屏蔽** 电磁屏蔽对低频磁场干扰的屏蔽效果是很差的，因此在低频磁场干扰时，要采用高磁导材料做成屏蔽层，以便将干扰限制在磁阻很小的磁屏蔽体的内部，起到抗干扰的作用。

(4) **驱动屏蔽** 驱动屏蔽是用被屏蔽导体的电位，通过 1∶1 电压跟随器来驱动屏蔽层导体的电位，其原理如图 6-9 所示。具有较高交变电位 U_n 干扰源的导体 M 与屏蔽层 D 间有寄生电容 C_{1s}，而 D 与被防护导体 B 之间有寄生电容 C_{2s}，Z_i 为导体 B 对地阻抗。为了消除 C_{1s}、C_{2s} 的影响，图中采用了由运算放大器构成的 1∶1 电压跟随器 A。假设电压跟随器在理想状态下工作，导体 B 与屏蔽层 D 间绝缘电阻为无穷大，并且等电位。因此在导体 B 外，屏蔽层 D 内空间无电场，各点电位相等，寄生电容 C_{2s} 不起作用，故交变电压 U_n 干扰源 M 不会对 B 产生干扰。

2. 接地技术

负载中电流一般较前级信号电流大得多，负载地线上的电流在地线中产生的干扰作用也大，因此对负载地线与对测量仪器中的地线有不同的要求。有时二者在电气上是相互绝缘的，它们之间通过磁耦合或光耦合传输信号。

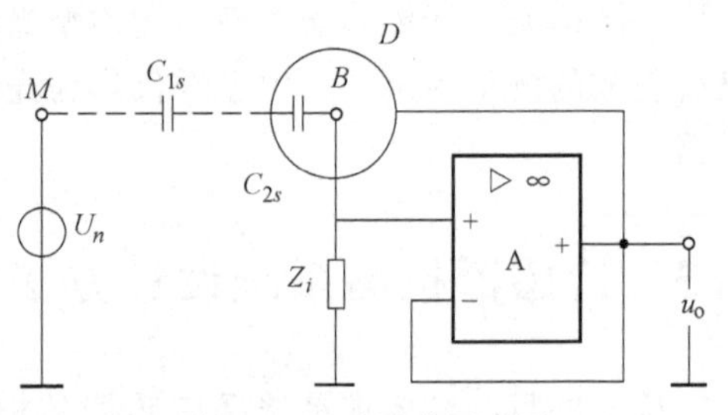

图 6-9 驱动屏蔽原理图

测量系统的接地。通常，测量系统至少有三个分开的地线，即信号地线、保护地线和电源地线。这三种地线应分开设置，并通过一点接地。若使用交流电源，电源地线和保护地线相接，干扰电流不可能在信号电路中流动，避免因公共地线各点电位不均所产生的干扰，它是消除共阻抗耦合干扰的重要方法。

3. 浮置技术

浮置又称浮空、浮接，它是指测量仪表的输入信号放大器公共线不接机壳也不接大地的一种抑制干扰的措施。

采用浮接方式的测量系统，如图 6-10 所示，信号放大器有相互绝缘的两层屏蔽。内屏蔽层延伸到信号源处接地，外屏蔽层也接地，但放大器两个输入端既不接地，也不接屏蔽层，整个检测系统与屏蔽层及大地之间无直接联系，这样就切断了地电位差对系统影响的通道，抑制了干扰。

浮置与屏蔽接地相反，是阻断干扰电流的通路。检测系统被浮置后，明显地加大了系统的信号放大器公共线与大地（或外壳）之间的阻抗。因此浮置能大大减小共模干扰电流。但浮置不是绝对的，不可能做到完全浮空。其原因是，信号放大器公共线与地（或外壳）之间，虽然电阻值很大，可以减小电阻性漏电流干扰，但是它们之间仍然存在着寄生电容，即电容性漏电流干扰仍然存在。

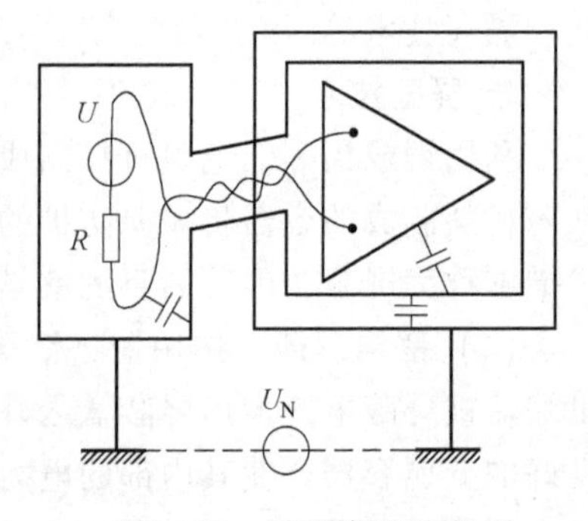

图 6-10 浮置检测系统

此外，还有隔离和滤波等抗干扰技术。隔离是破坏干扰途径、切断噪声耦合通道，从而达到抑制干扰目的的一种技术措施。常用的电路隔离方法有变压器隔离法和光耦合器隔离法。滤波中采用滤波器抑制干扰是最有效的手段之一，特别是抑制经导线耦合的电路中的干扰，被广泛采用。它是根据信号及噪声频率分布范围，将相应频带的滤波器接入传导传输通道中，滤去或尽可能衰减噪声，达到提高信噪比、抑制干扰的目的。

6.4　传感器与计算机接口

目前，在机电一体化系统中，传感器被广泛应用于控制对象的检测、监控和反馈，以提供给控制器输入信号。计算机技术的飞速发展，使自动检测和控制系统真正实现了自动化和智能化。图 6-11 所示为传感器与计算机的接口框图。

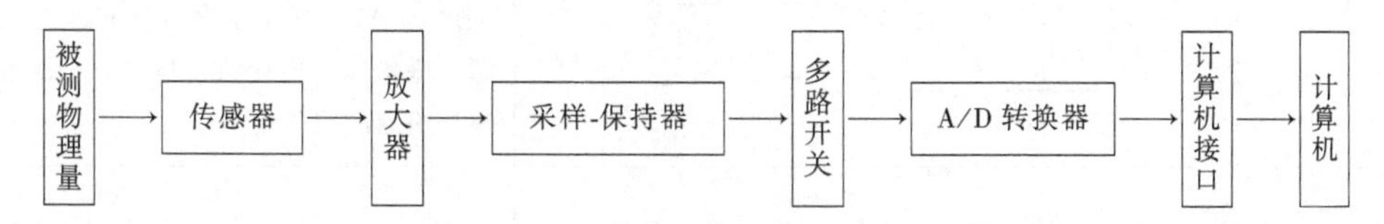

图 6-11　传感器与计算机的接口框图

传感器输出的模拟信号经过放大器后，送到采样-保持器（SHA），多路开关（MUX）根据计算机的控制信号从中选择一路信号送到 A/D 转换器，然后，A/D 转换器将 SHA 保持的采样值转换为数字量，经接口电路送入计算机进行数据处理，计算机将处理后的结果通过输出接口实现对被控对象的控制。

输入接口电路的作用是把传感器输出的模拟量转换成计算机所能接收的数字量，并按一定程序输入计算机，这个过程也称为数据采集。数据采集系统是计算机检测系统不可缺少的重要部分，它把模拟参数与数字处理和数字控制连接起来，实现数据转换与传送的功能。

典型的数据采集系统由传感器（B）、放大器（A）、采样-保持器（SHA）、多路开关（MUX）、A/D 转换器和计算机（或数字逻辑电路）组成。表 6-3 为多通道数据采集系统的主要形式和特点。

在诸多种类的传感器输出信号中，大多数信号不能直接作为 A/D 转换的输入量，必须先通过各种预处理电路将传感器的输出信号转换成统一的电压信号。例如：当传感器的输出为开关信号时，若信号为 TTL 电平，可直接传送到计算机中；若输出是非 TTL 电平，如按键信号有抖动，则需要增加去抖、整形环节，使其变换为标准 TTL 电平信号后再输入到计算机中。当传感器输出的是模拟电压信号时，也需进行 A/D 转换，将其变成数字信号后才能被计算机接收。传感器输出的模拟电压信号若较大，可直接进行 A/D 转换；若信号很小，则必须增加放大环节，使模拟信号达到足够大，再进行 A/D 转换。当传感器输出的是模拟电流信号时，就必须增加电流/电压（I/U）变换环节，如将标准电流信号 0~10mA 或 4~20mA 变换为电压信号的最简单的方法是利用精密电阻，当信号流过电阻时，可由欧姆定律（$U=IR$）得到电压信号。

下面分别介绍多路开关（MUX）、采样-保持器（SHA）和 A/D（模/数）转换器等常用的接口芯片。

表 6-3 多通道数据采集系统的主要形式和特点

类　型	主要结构形式	主要特点
同时采集	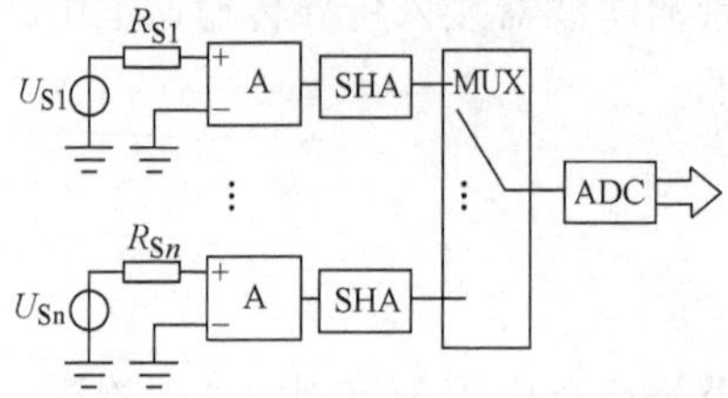 U_{S1}, R_{S1}, A, SHA, MUX, ADC; U_{Sn}, R_{Sn}, A, SHA	可对各通道传感器输出量进行同时采样-保持、分时转换和存储，可保证获得各采样点同一时刻的模拟量。可消除分时采集的歪斜误差
分时采集	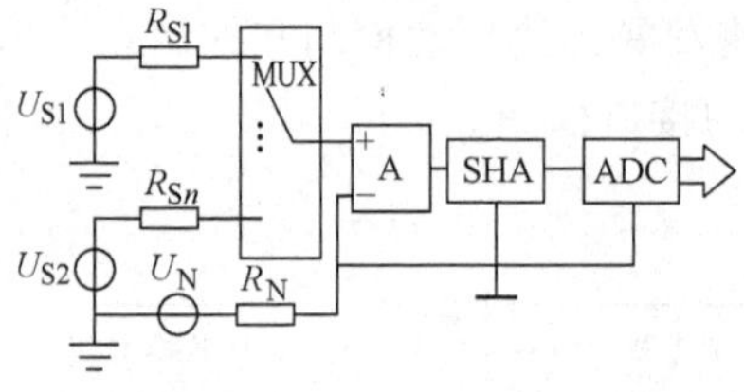 U_{S1}, R_{S1}, MUX, R_{Sn}, U_{S2}, U_N, R_N, A, SHA, ADC	价格便宜，具有通用性，传感器与仪表放大器匹配灵活，有的已实现集成化，在高精度、高分辨率的系统中，可降低放大器和ADC的成本，但对MUX的精度要求很高，不适于采集高速变化的模拟量。要注意共模电压引起的误差
高速采集	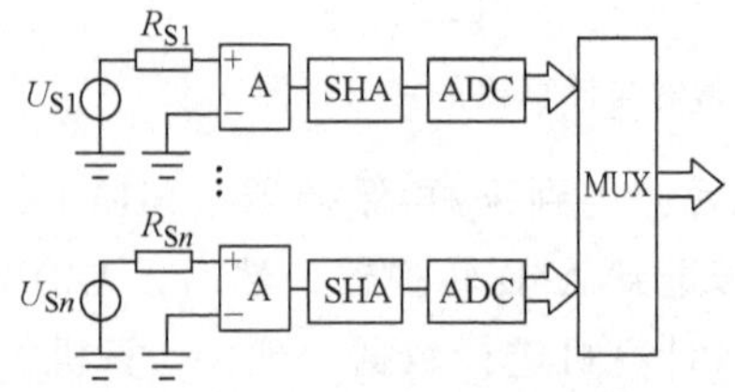 U_{S1}, R_{S1}, A, SHA, ADC; U_{Sn}, R_{Sn}, A, SHA, ADC; MUX	对多个模拟信号同时实施测量，可消除分时采集的歪斜误差，并可实现同步转换
差动结构	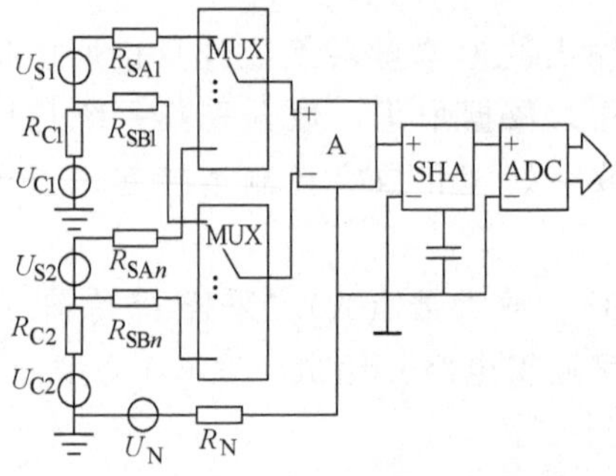 U_{S1}, R_{SA1}, R_{C1}, R_{SB1}, U_{C1}, MUX, U_{S2}, R_{SAn}, R_{C2}, R_{SBn}, U_{C2}, MUX, U_N, R_N, A, SHA, ADC	可抑制共模干扰电压，但成本较高。其中MUX可采用双输出器件，也可用2个MUX并联

6.4.1 多路开关

在多路数据采集系统中，计算机每次只能检测处理其中的一路信号，并且各路信号之间不允许相互干扰，因此，对多点信号要分时检测。多路开关在模拟量输入通道中的作用就是把多个通道的模拟量分时地接通并送入 A/D 转换器，完成“多到一”的逐次切换，如图 6-12a 所示；另外，多路开关在模拟量输出通道中可以将计算机从 D/A 转换器输出的模拟量输出到不同的外部设备，实现“一到多”的逐次切换，如图 6-12b 所示，此时，多路开关又被称为多路分配器。多路开关的工作状态由计算机控制。

干簧（或湿簧）继电器被广泛应用于以前的测控系统中，但随着大规模集成电路的发展，现已完全被集成电路芯片所替代。多路开关的通道数有 4 路、8 路及 16 路等。有的芯片只能实现“多到一"的转换，如 AD7501（8 路）和 AD7506（16 路）等单向多路开关；

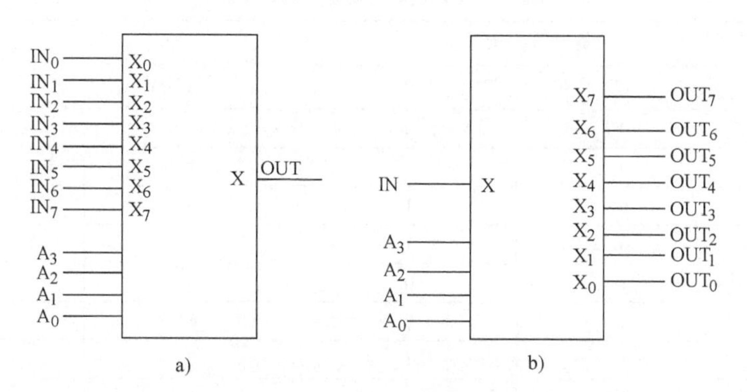

图 6-12 多路开关

a）选择输入方式的多路选择器 b）选择输出方式的多路分配器

有的芯片既可实现“多到一”的转换，又可实现“一到多"的转换，如 CD4051（8 路）和 CD4052（双 4 路）等双向多路开关。

半导体多路开关的特点是：

1）电平与 TTL 或 CMOS 电平相兼容。

2）内部带有通道选择译码器，通道控制方便。

3）可采用正或负双极性输入。

4）导通电阻低，可以小于 100Ω。

5）转换速度快，通常其导通或关断时间在 1μs 左右。

6）关断电阻高，一般达 $10^9\Omega$ 以上。

7）无机械磨损，寿命长。

半导体集成电路多路开关由于具有以上优点，所以在单片机控制和数据采集系统中得到了广泛的应用。

多路开关常用芯片有 CD4051 和 CD4052 两种。

（1）CD4051 CD4051 是单端双向 8 通道多路开关，图 6-13 所示为其引脚图，表 6-4 为它的逻辑真值表。CD4051 共有 16 个引脚，它们是：

1）3 个通道选择输入端 A、B、C。

2）1 个片选控制端 INH。

3）8 个通道 IN/OUT 端。

4）1 个公共 IN/OUT 端。

5）3 个电源端 V_{SS}、V_{DD}、V_{EE}。

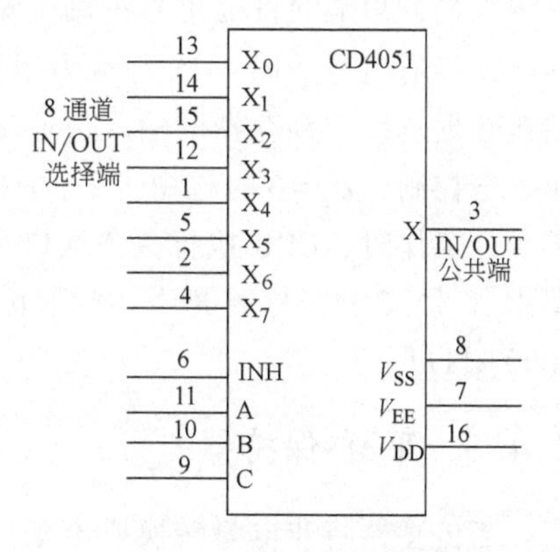

图 6-13 CD4051 引脚图

CD4051 在工作时，从引脚 A、B、C 输入通道号，经三-八译码器单元译码后，选通 8 个通道开关中的一个。当 INH = 1 时，片选禁止，通道断开，禁止模拟量输入；当 INH = 0 时，片选允许，通道接通，允许模拟量输入。逻辑电平转换单元可将 CMOS 电平转换为 TTL 电平，因此，CD4051 通道选择电平范围大，电平为 3～15V 均可正常工作。当某个通道开关被选通时，它处于双向直通状态，既可以从公共端输出，也可以从公共端输入，即双向选通。

表 6-4 CD4051 的逻辑真值表

输入状态				接通通道号
INH	C	B	A	
0	0	0	0	0
0	0	0	1	1
0	0	1	0	2
0	0	1	1	3
0	1	0	0	4
0	1	0	1	5
0	1	1	0	6
0	1	1	1	7
1	×	×	×	断态

(2) CD4052 CD4052 是差动 4 通道多路开关，图 6-14 所示为其引脚图。CD4052 共有 16 个引脚，它们是：

1）2 个通道选择输入端 A、B。

2）1 个片选控制端 INH。

3）双 4 通道 IN/OUT 端。

4）2 个公共 IN/OUT 端 X、Y。

5）3 个电源端 V_{SS}、V_{DD}、V_{EE}。

CD4052 与 CD4051 的区别在于 CD4052 可以实现差动输入，这在很多情况下是非常必要的。

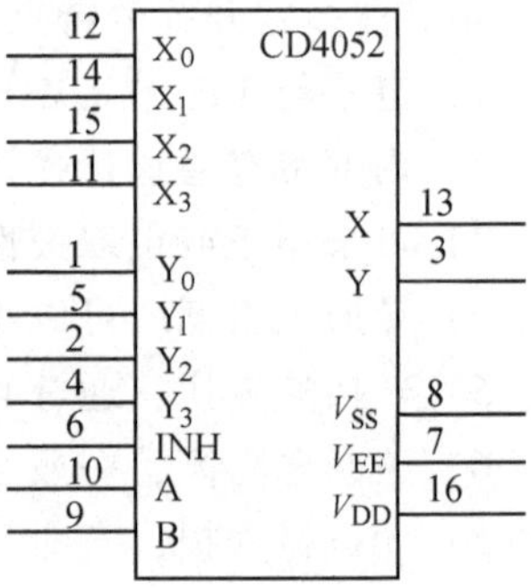

图 6-14 CD4052 引脚图

6.4.2 多路开关的控制

多路开关通道选择控制信号由计算机发出，由于计算机的总线很忙，只能允许通道号占用很短的时间，因此，必须用锁存器保存通道号。图 6-15 所示为用 2 片 CD4051 构成的 16 通道多路开关，锁存器的 D 输入端接数据总线，锁存器的输入选通端则取自地址总线（一般须经地址译码器）。数据线 D_3 作片选控制，$D_3=0$ 时选中 1 号 CD4051，$D_3=1$ 时选中 2 号 CD4051；$D_2D_1D_0$ 则传送片内通道号。工作时，CPU 执行一条端口写数据指令，即可将通道号 $D_3D_2D_1D_0$ 锁存到锁存器内。图中 1 号 CD4051 通道号数据范围是 0000～0111；2 号 CD4051 通道号数据范围是 1000～1111。

6.4.3 采样-保持器

当传感器将非电量转换成电量，并经放大和滤波等系列处理后，需经 A/D 转换器变换成数字量，才能输入到计算机系统。

在对模拟信号进行 A/D 转换时，从启动变换到变换结束的数字量输出，需要一定的时间，即 A/D 转换器的孔径时间。当输入信号频率提高时，由于孔径时间的存在，会造成较大的转换误差，将直接影响转换的精度。要防止这种误差的产生，必须使输入到 A/D 转换器的模拟量在整个转换过程中保持不变。而在转换之后，又要求 A/D 转换器的输入信号能

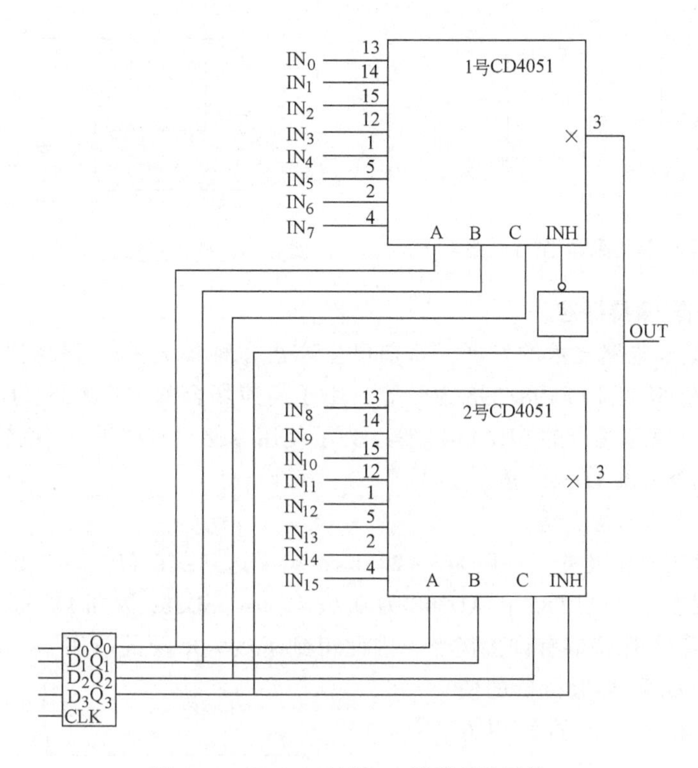

图 6-15 CD4051 扩展 16 通道多路开关

跟踪模拟量输入信号的变化，即要求输入信号处于采样状态。能完成这种功能的器件叫采样-保持器，简称 SHA。

由以上分析可知，采样-保持器在保持阶段相当于一个“模拟信号存储器”，是一种与锁存器作用相当的模拟电路器件。

一个理想的采样-保持器工作原理如图 6-16 所示，采样保持的输出在采样周期内跟踪电压输入，并在保持周期把它保持在最后跟踪的模拟电压值。

在模拟量输出通道，为使输出得到一个平滑的模拟信号，或对多通道进行分时控制，也常采用采样-保持器。

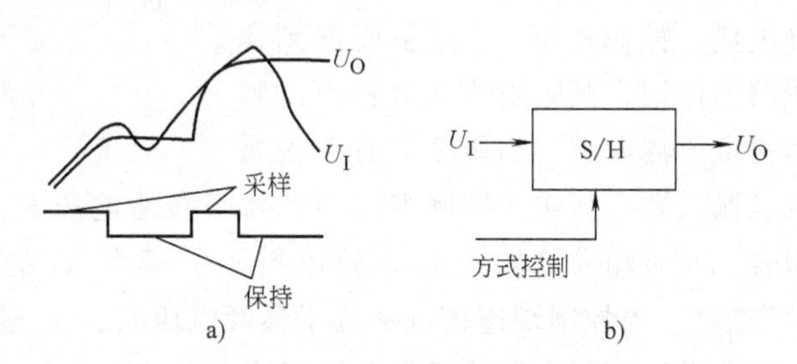

图 6-16 采样-保持器的工作原理

a）采样-保持器的工作方式 b）采样-保持器的工作原理框图

1. 采样-保持器的工作原理

最简单的采样-保持电路由一个存储器电容 C 和一个模拟开关 S 等组成，如图 6-17 所示。当 S 接通时，输出信号跟踪输入信号，称采样阶段；当 S 断开时，电容 C 两端一直保持 S 断开时的电压，称保持阶段，由此构成一个简单的采样-保持器。实际上，为使采样-保持器具有足够的精度，一般在输入级和输出级均采用缓冲器，以减少信号源的输出阻抗、增加负载的输入阻抗。一般需借助运算放大器的功能才能实现较理想的采样-保持器。一种典型的使用运算放大器的采样-保持电路如图 6-18 所示。

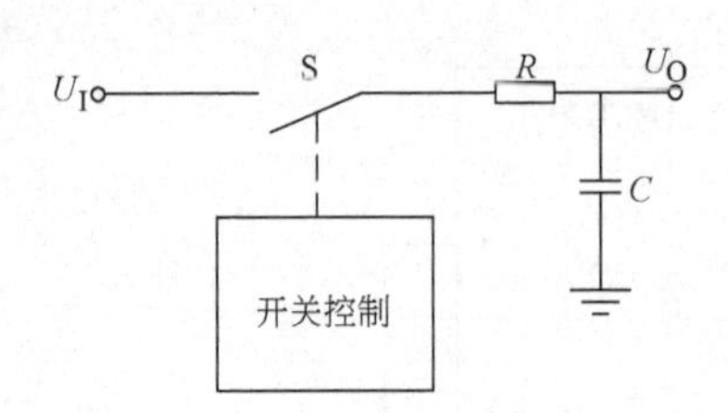

图 6-17 最简单的采样-保持电路

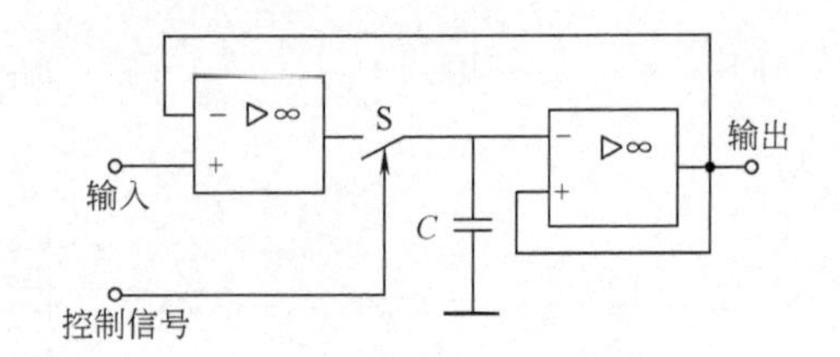

图 6-18 使用运算放大器的典型采样-保持电路

2. 常用的采样-保持器芯片

随着大规模集成电路技术的发展，目前已生产出多种集成采样-保持器，如可用于一般目的的 AD582、AD583 和 LF198/298/398 等，用于高速场合的 HT-0025、HTS-0010 和 HTC-0300 等，用于高分辨率场合的 SHA1144 等。为了使用方便，有些采样-保持器的内部还设有保持电容，如 AD389 和 AD585 等。

集成采样-保持器的特点是：

1）采样速度快、精度高，一般为 2~2.5μs，精度达到±(0.003%~0.01%)。

2）下降速度慢，如 AD585 和 AD348 为 0.5mV/ms，SD389 为 0.1V/ms。

正因为集成采样-保持器有许多优点，因此得到了极为广泛的应用。下面以 LF198/298/398 为例，介绍集成采样-保持器的使用方法，其他的采样-保持器使用方法与其类似。

LF198/298/398 是由双极型绝缘栅场效应晶体管组成的采样-保持电路，它具有采样速度快、保持下降速度慢和精度高的优点。LF398 采样-保持器的原理如图 6-19 所示。

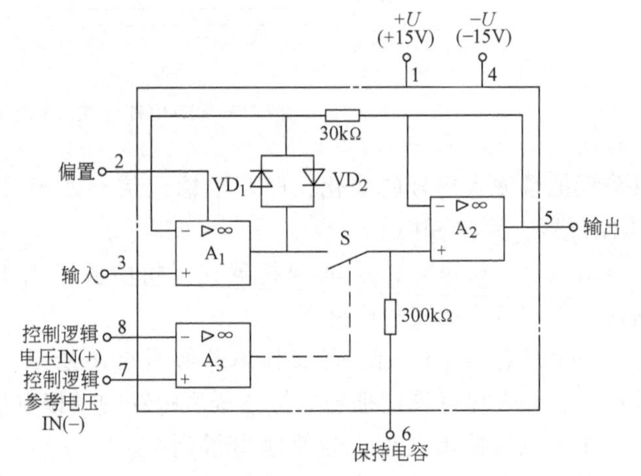

图 6-19 LF398 采样-保持器原理图

由图 6-19 可知，其内部由输入缓冲器、输出驱动器和控制电路 3 部分组成。控制电路中 A_3 主要起到比较器的作用，其中引脚 7 为控制逻辑参考电压输入端，引脚 8 为控制逻辑电压输入端。当输入控制逻辑电平高于参考电压时，A_3 输出一个低电平信号，驱动开关 S 闭合，此时输入信号经 A_1 后输出到 A_2，再由 A_2 的输出端输出，同时向保持电容（接引脚 6）充电；当控制端逻辑电平低于参考电压时，A_3 输出一个高电平信号，使开关 S 断开，从而使非采样时间内保持器仍保持原输入。因此，A_1、A_2 是跟随器，其作用主要是保持电容输入和对输出端进行阻抗变换，以提高采样-保持器的性能。

LF398 芯片引脚图如图 6-20 所示，各引脚功能如下：

U+、*U*−：采样-保持器电源引脚，其工作电源可以在±(5~18) V 之间变化。

调零（偏置）：内部运放偏差调整引脚，可以外接电阻，以调整采样-保持器内部运放的不等位电位差。

IN：模拟量输入。

OUT：模拟量输出。

C_H：外接保持电容引脚。

CON（逻辑）与 REF（逻辑参考）：用来控制采样-保持器的工作方式。

当逻辑端电平高于逻辑参考端电平时，控制逻辑电路 A_3 使开关 S 闭合，电路工作方式为采样方式；当逻辑端电平低于逻辑参考端电平时，开关 S 将断开，电路工作在保持方式。工作时可将电路接成差动形式，也可将逻辑参考端直接接地，单独用逻辑端电平控制。

采样-保持器将保持电容留作外接，是因为采样电容的大小应根据工作要求进行选择。保持电容越小，充电速度越快，但下降速率也越快，保持时间短；保持电容越大，充电速度越慢，但下降速率小，保持时间长。一般保持电容选取范围在几百皮法到 0.1μF 之间。图 6-21 所示为 LF198/298/398 芯片的典型应用。

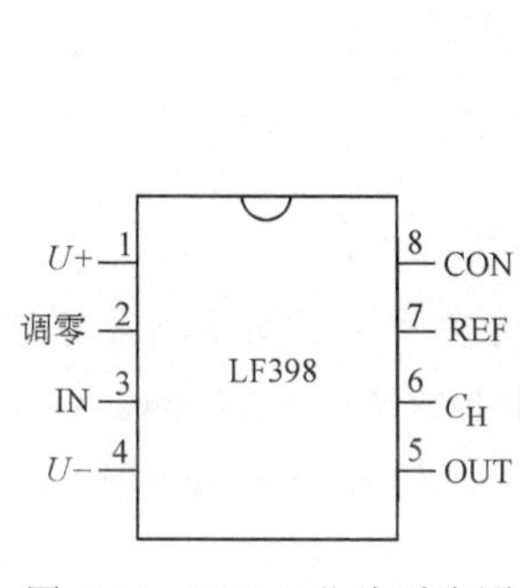

图 6-20 LF398 芯片引脚图

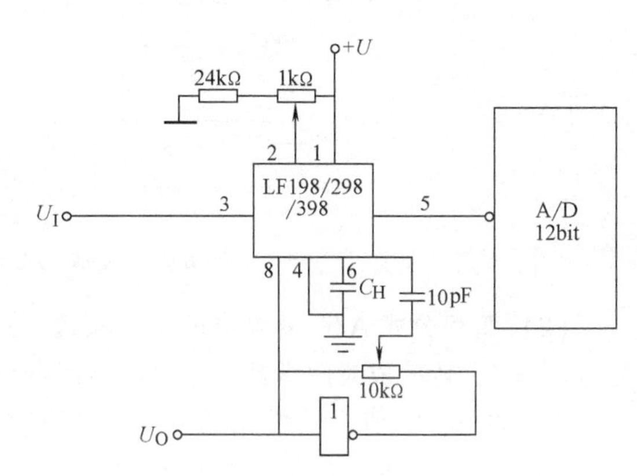

图 6-21 LF198/298/398 芯片典型应用

6.4.4 A/D 转换器

A/D 转换器的作用就是把模拟量变换成计算机能接收的二进制数字信号。A/D 转换的芯片发展很快，种类较多，性能各异，但按其变换原理可分成逐次逼近式、双积分式、并行式、跟踪比较式和 V/F 变换式等。其中，逐次逼近式的精度、速度及价格都适中，应用最广泛；并行式速度快，但价格高；双积分式精度高、抗干扰能力强、价格低，但速度偏低；V/F 变换式的线性度和精度较高，价格也较低，但速度偏低。使用时可根据实际需要选择不同芯片。下面以逐次逼近式和双积分式 A/D 转换器为例，说明 A/D 转换器的工作原理、主要技术指标、常用芯片及其与单片机的接口电路。

1. A/D 转换器的工作原理

(1) 逐次逼近式转换器的工作原理 逐次逼近式转换的基本原理是用一个计量单位使连续量整量化（简称量化），即用计量单位与连续量比较，把连续量变为计量单位的整数倍，略去小于计量单位的连续量部分，这样所得到的整数量即为数字量。显然，计量单位越小，量化的误差也越小。可见，逐次逼近式的转换原理即“逐位比较"。图 6-22 所示为一个 N 位逐次逼近式 A/D 转换器原理图。它由 N 位寄存器、D/A 转换器、比较器和控制逻辑电路等部分组成。N 位寄存器用来存放 N 位二进制数码。当模拟量 V_X 输入比较器后，启动信号通过时序与控制逻辑电路启动 A/D 转换。首先，把 N 位寄存器最高位 D_{N-1} 置“1”，其余位全置“0”，N 位寄存器的内容经 D/A 转换后得到整个量程一半的模拟电压 V_N，V_N 与输

入电压 V_X 比较，若 $V_X>V_N$，则保留 $D_{N-1}=1$；若 $V_X<V_N$，则 D_{N-1} 位清零。然后，时序与控制逻辑电路使 N 位寄存器下一位 D_{N-2} 置“1”，与上次的结果一起经 D/A 转换后与 V_X 比较，重复上述过程，直到判断出 D_0 位取 1 还是 0 为止，此时时序与控制逻辑电路发出转换结束信号 EOC。这样经过 N 次比较后，N 位寄存器的内容就是转换后的数字量数据，在输出允许信号 OE 有效的条件下，此值经输出缓冲器读出。整个转换过程就是一个逐次比较逼近的过程。

常用的逐次逼近式 A/D 转换器有 ADC0809 和 AD574 等。

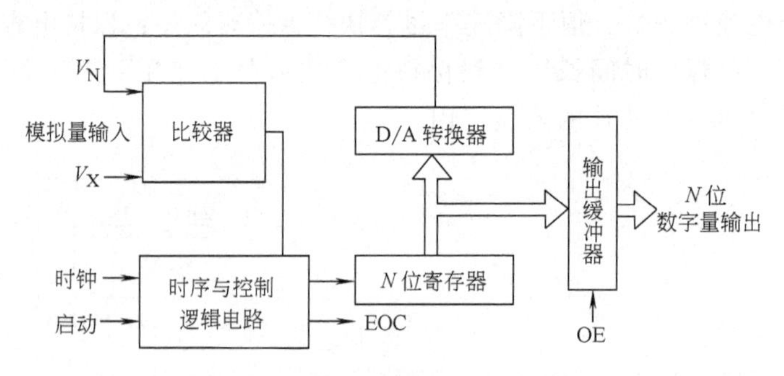

图 6-22 逐次逼近式 A/D 转换器原理

(2) 双积分式 A/D 转换器的工作原理 双积分 A/D 转换采用了间接测量原理，即将被测电压值 V_X 转换成时间常数，通过测量时间常数得到未知电压值。双积分式 A/D 转换器的电路图如图 6-23a 所示，它由电子开关、积分器、比较器、计数器和逻辑控制门等部件组成。

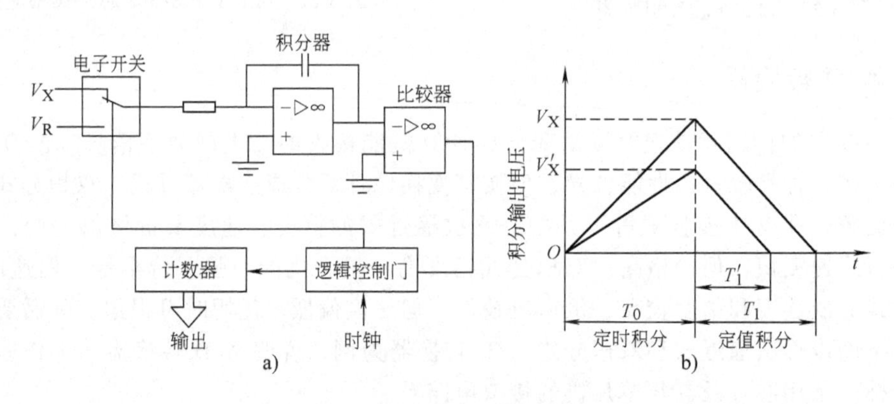

图 6-23 双积分式 A/D 转换器原理

a) 电路图 b) 原理图

V_R—基准电压 V_X、V_X'—被测电压 T_0—定时积分时间 T_1、T_1'—反向积分时间

所谓双积分，就是进行一次 A/D 转换需要两次积分。转换时，逻辑控制门通过电子开关把被测电压 V_X 加到积分器的输入端，积分器从 0 开始，在固定时间 T_0 内对 V_X 积分（称定时积分），积分输出终值与 V_X 成正比。接着，逻辑控制门将电子开关切换到极性与 V_X 相反的基准电压 V_R 上，进行反向积分，由于基准电压 V_R 恒定，所以积分输出将以 T_0 期间积分的值为初值，以恒定的斜率下降（称定值积分），当比较器检测出积分器输出过零时，积分器停止工作。反向积分时间 T_1 与定值积分的初值（或定时积分的终值）成比例关系，故

可通过测量反向积分时间 T_1 计算出被测电压 V_X，即

$$V_X=(T_1/T_0)V_R$$

反向积分时间 T_1 由计数器对时钟脉冲计数得到。图 6-23b 示出了两种不同输入电压（$V_X>V_X'$）的积分情况，显然 V_X'值小，在 T_0 定时积分期间积分器输出终值也就小，而下降斜率相同，故反向积分时间 T_1'也就小。

由于双积分方法的二次积分时间比较长，因此 A/D 转换速度慢，但精度可以做得比较高；对周期变化的干扰信号积分为零，故抗干扰性能也比较好。

2. A/D 转换器的主要技术指标

（1）转换时间和转换速率 转换时间是 A/D 完成一次转换所需要的时间；转换时间的倒数为转换速率。

并行式 A/D 转换器的转换时间为 20~50μs，转换速率为 0.02~0.05MB/s；双极性逐次逼近式转换器的转换时间约为 0.4μs，转换速率为 2.5MB/s。

（2）分辨率 A/D 转换器的分辨率表示输出数字量变化一个相邻数码所需输入电压的变化量，习惯上以二进制位数或 BCD 码位数表示。例如，AD574 A/D 转换器可输出二进制数 12 位，即用 2^{12} 个数进行量化，其分辨率为 1LSB（$1\text{LSB}=1\times2^{-12}\text{V}$），用百分数表示为 $1/2^{12}\times100\%=0.0244\%$。

（3）量化误差 量化过程引起的误差为量化误差，量化误差是由于使用有限数字对模拟量进行量化而引起的误差。理论上规定量化误差为一个单位分辨率的±1/2 LSB，分辨率高的转换器具有较小的量化误差。

（4）转换精度 A/D 转换器的转换精度定义为一个实际 A/D 转换器与一个理想 A/D 转换器在量化值上的差值。可用绝对误差或相对误差表示。

3. 常用 A/D 转换芯片及其与单片机接口电路

（1）12 位 A/D 转换器 AD574

1）AD574 引脚排列及功能。AD574 是一种高性能的快速 12 位逐次逼近式 A/D 转换器，具有三态数据输出锁存器，由模拟芯片和数字芯片混合封装而成，模拟芯片为 12 位快速 A/D 转换器，数字芯片包括高性能比较器、逐次比较逻辑寄存器、时钟电路、逻辑控制电路以及三态输出数据锁存器等。非线性误差小于±1/2 LSB，一次转换时间为 25μs，电源供电为±15V 和+5V。

AD574 各个型号都采用 28 引脚双列直插式封装，引脚图如图 6-24 所示。各引脚功能如下：

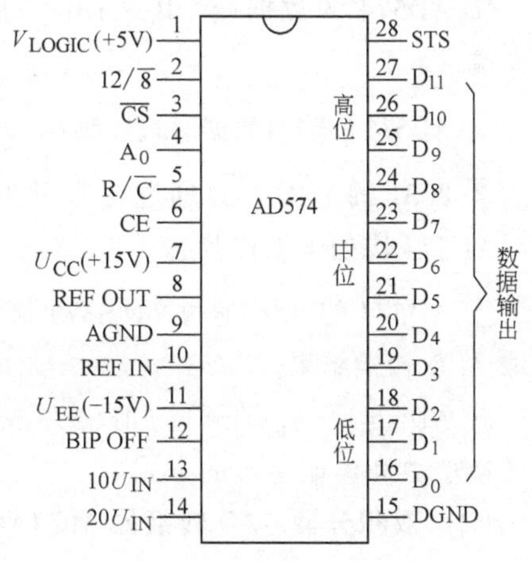

图 6-24 AD574 引脚图

V_{LOGIC}（+5V）：逻辑电源+5V。

$12/\overline{8}$：输出数据形式选择信号，接 V_{LOGIC}（+5V）时，数据按 12 位并行输出；接 DGND 时，数据按 8 位双字节输出。

$\overline{CS}$：片选择信号，低电平有效。

A_0：转换和读字节选择信号。$A_0=0$ 时，启动 A/D 变换，则按 12 位 A/D 方式工作；$A_0=1$ 时，启动 A/D 变换，则按 8 位 A/D 方式工作。

$R/\overline{C}$：启动/读数控制。为 0 时启动，为 1 时读数。

CE：片允许信号，高电平有效。

U_{CC}（+15V）：正电源+15V。

REF OUT：参考输出。

AGND：模拟地。

REF IN：参考输入。

U_{EE}（-15V）：负电源-15V。

BIP OFF：双极性偏置。

$10U_{IN}$：模拟信号输入。单极性为 0～10V，双极性为-5～+5V。

$20U_{IN}$：模拟信号输入。单极性为 0～20V，双极性为-10～+10V。

DGND：数字地。

D_0～D_{11}：12 位数据输出，分 3 组。

STS：转换/完成状态输出。STS=1，表示正处于转换中；STS=0，表示转换完成。

AD574 的逻辑控制信号有 $\overline{CS}$、CE、$R/\overline{C}$、$12/\overline{8}$、A_0，用以 AD574 控制启动和输出。其逻辑真值表见表 6-5。

表 6-5 AD574 逻辑真值表

$\overline{CS}$	CE	$R/\overline{C}$	$12/\overline{8}$	A_0	工作状态
×	0	×	×	×	禁止
1	×	×	×	×	禁止
0	1	0	×	0	启动 12 位转换
0	1	0	×	1	启动 8 位转换
0	1	1	接 1 脚（+5V）	×	12 位并行输出
0	1	1	接 15 脚（0V）	0	高 8 位输出
0	1	1	接 15 脚（0V）	1	低 4 位输出

2）AD574 与单片机接口电路。AD574 与单片机 8031 的接口电路如图 6-25 所示。

图 6-25 所示接线有如下特点：

① AD574 的数据线 DB_0～DB_{11} 高 8 位接于 8031 的 $P_{0.0}$～$P_{0.7}$ 端，低 4 位接于 $P_{0.4}$～$P_{0.7}$ 端。

② AD574 的输出数据形式控制端 $12/\overline{8}$ 接地，可与 8 位单片机兼容，12 位数据分两次传送。

③ 8031 的 $\overline{WR}$、$\overline{RD}$ 通过与非门 74LS00 后，接于 AD574 的 CE 端，无论读或写，CE=1 时，AD574 均处于工作状态。

④ AD574 的 $R/\overline{C}$ 通过 74LS373 接于 8031 的 $P_{0.0}$ 端，则 $P_{0.0}=0$，启动转换器；$P_{0.0}=1$，读取 A/D 转换结果。

⑤ AD574 的 A_0 端通过 74LS373 接于 8031 的 $P_{0.1}$ 端，则通过控制 $P_{0.1}$ 端的状态便可控制转换位数和读取字节的方式。

（2）双积分型 A/D 转换器 MC14433

1）MC14433 的引脚排列及功能。MC14433 的引脚图如图 6-26 所示，各引脚的功能如下：

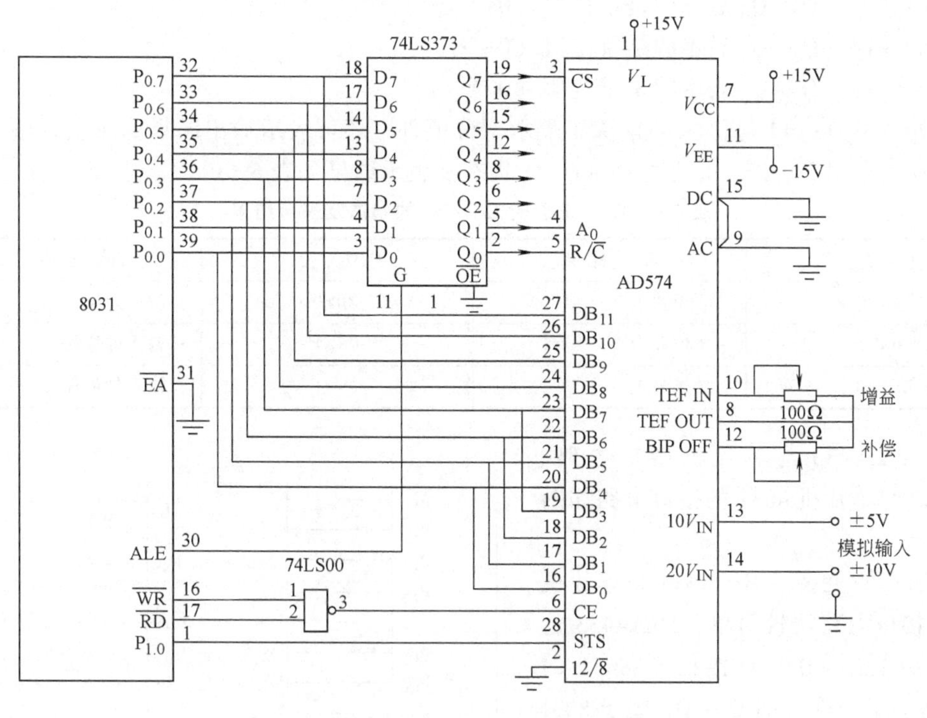

图 6-25　AD574 与单片机 8031 的接口电路

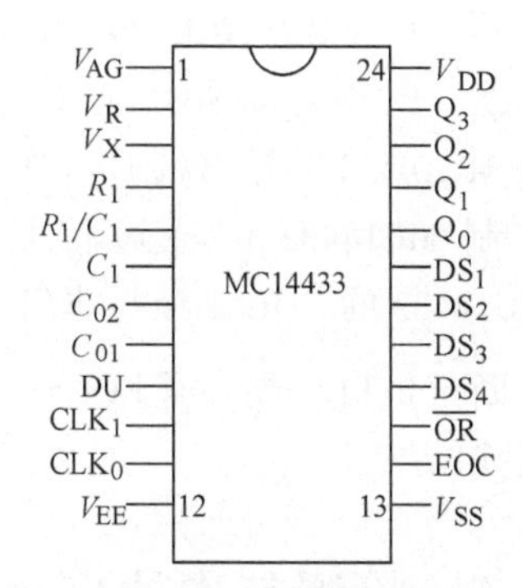

图 6-26　MC14433 的引脚图

V_{DD}：主电源+5V。

V_{EE}：模拟电源−5V。

V_{AG}：模拟地端。

V_{SS}：数字地端。

V_R：基准电压。

V_X：被测电压。

R_1：积分电阻输入端，当 $V_X=2V$ 时，$R_1=470\Omega$；当 $V_X=200mV$ 时，$R_1=27k\Omega$。

C_1：积分电容输入端，C_1 一般取 $0.1\mu F$。

C_{01}、C_{02}：外接补偿电容端，电容取值约 $0.1\mu F$。

R_1/C_1：R_1 与 C_1 的公共端。

CLK_1、CLK_0：外接振荡器时钟调节电阻 R_C，其值一般约为 470kΩ。

EOC：转换结束信号输出端，正脉冲有效。

DU：启动新的转换，若 DU 与 EOC 相连，每当 A/D 转换结束后，自动启动新的转换。

$\overline{OR}$：当 $|V_X|>V_R$ 时，过量程，$\overline{OR}$ 输出低电平。

$DS_4 \sim DS_1$：选择个、十、百、千位，正脉冲有效。

$Q_3 \sim Q_0$：输出千、百、十、个位的值，受 $DS_4 \sim DS_1$ 控制。

$DS_4 \sim DS_1$ 对 $Q_3 \sim Q_0$ 的控制关系如下：

$DS_4=1$ 时，$Q_3 \sim Q_0$ 表示的是个位值（0~9）。

$DS_3=1$ 时，$Q_3 \sim Q_0$ 表示的是十位值（0~9）。

$DS_2=1$ 时，$Q_3 \sim Q_0$ 表示的是百位值（0~9）。

$DS_1=1$ 时，$Q_3 \sim Q_0$ 表示的是千位值（0或1）。

另外，当 $DS_1=1$ 时，$Q_3 \sim Q_0$ 除了表示千位值外，还可表示输出结果的正负、输入信号过量程和欠量程等。DS_1 选通时 $Q_3 \sim Q_0$ 的状态及表示结果见表6-6。

表6-6 DS_1 选通时 $Q_3 \sim Q_0$ 的状态及表示结果

$Q_3Q_2Q_1Q_0$	表示结果	$Q_3Q_2Q_1Q_0$	表示结果
1××0	千位数为0	×0×0	结果为负
0××0	千位数为1	0××1	输入过量程
×1×0	结果为正	1××1	输入欠量程

2）MC14433与单片机接口电路。MC14433与单片机8031的接口电路如图6-27所示。

由图6-27可见，MC14433与单片机8031的接口电路比较简单，MC14433选通控制端 $DS_1 \sim DS_4$ 直接接于8031的 $P_{1.4} \sim P_{1.7}$ 端，输出端 $Q_0 \sim Q_3$ 接于8031的 $P_{1.0} \sim P_{1.3}$ 端。MC14433的EOC与DU相连，可在转换结束后自动启动新一次的转换。BCD码经8031的 $P_{1.0} \sim P_{1.3}$ 端送入MC14433的输出端 $Q_0 \sim Q_3$，$P_{1.4} \sim P_{1.7}$ 控制MC14433的选通信号 $DS_1 \sim DS_4$。MC14433的EOC端经与非门接8031的外中断（$\overline{INT1}$）端，当EOC=1、$\overline{INT1}=0$ 时，8031发出中断申请，可转入中断服务程序，处理转换结果。

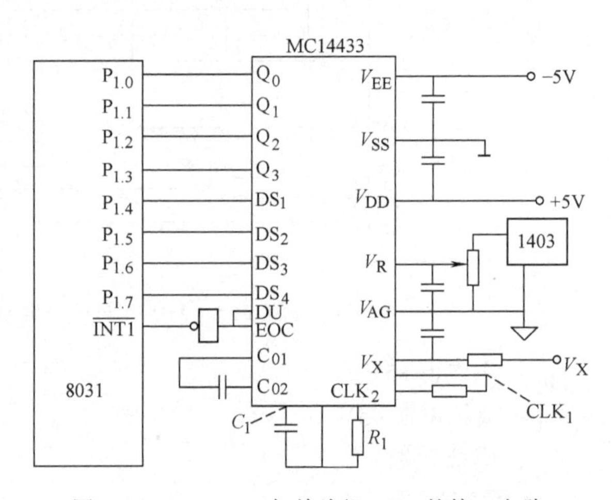

图6-27 MC14433与单片机8031的接口电路

6.5 检测技术的应用

6.5.1 检测技术的含义及其作用和地位

检测（Detection）是利用各种物理、化学效应，选择合适的方法与装置，将生产、科研和生活等各方面的有关信息通过检查与测量的方法赋予定性或定量结果的过程。

随着信息时代的不断发展，从日常生活、生产活动到科学试验，处处都离不开检测。检测技术是现代化领域中发展迅速的技术之一，在促进生产发展和科技进步的广阔领域内发挥着极其重要的作用。主要表现在以下几个方面：

1. 检测技术是产品检验和质量控制的重要手段

借助于检测工具对产品进行质量评价是检测技术重要的应用领域。传统的检测方法只能将产品区分为合格品和废品，起到产品验收和废品剔除的作用，对废品的出现并没有预先防止的能力。在传统检测技术基础上发展起来的在线检测技术使检测和生产加工同时进行，及时、主动地用检测结果对生产过程进行控制，使之适应生产条件的变化或自动地调整到最佳状态。这样，检测的作用已经不只是单纯地检查产品的最终结果，而是要过问和干预造成这些结果的原因，从而进入质量控制的领域。例如，在机械制造行业中，通过对机床的许多静态和动态参数如工件的加工精度、切削速度和床身振动等进行在线检测，从而控制加工质量。

2. 检测技术在大型设备安全经济运行监测中得到广泛应用

电力、石油、化工和机械等行业的一些大型设备通常在高温、高压、高速和大功率状态下运行，保证这些关键设备安全运行在国民经济中具有重大意义。通常，设置故障检测系统对温度、压力、流量、转速、振动和噪声等多种参数进行长期动态监测，及时发现异常情况，加强故障预防，达到早期诊断的目的。这样做可以避免严重的突发事故，保证设备和人员安全，提高经济效益。另外，在日常运行中，这种连续检测可以及时发现设备故障前兆，采取预防性检修。随着计算机技术的发展，这类检测系统已经发展到故障自诊断系统，可以采用计算机来处理检测信息，进行分析、判断，及时诊断出设备故障，并自动报警或采取相应的对策。

3. 检测技术和装置是自动化系统中不可缺少的组成部分

任何生产过程都可以看作是由“物流”和“信息流”组合而成的，反映物流的数量、状态和趋向的信息流则是人们管理和控制物流的依据。人们为了有目的地进行控制，首先必须通过检测获取有关信息，然后才能进行分析、判断，以便实现自动控制。所谓自动化，就是用各种技术工具与方法代替人来完成检测、分析、判断和控制工作。一个自动化系统通常由多个环节组成，分别完成信息获取、信息转换、信息处理、信息传送及信息执行等功能。在实现自动化的过程中，信息的获取与转换是极其重要的组成环节，只有精确及时地将被控对象的各项参数检测出来，并将其转换成易于传送和处理的信号，整个系统才能正常地工作。因此，检测技术是自动化系统中不可缺少的组成部分。

4. 检测技术的完善和发展推动着现代科学技术的进步

现代化检测手段所达到的水平在很大程度上决定了科学研究的深度和广度。检测技术达到的水平越高，提供的信息越丰富、越可靠，科学研究取得突破性进展的可能性就越大。此外，理论研究的一些成果，也必须通过试验来加以验证，这同样离不开必要的检测手段。

从另一方面看，现代化生产和科学技术的发展也不断对检测技术提出新的要求和课题，成为促进检测技术向前发展的动力。科学技术的新发现和新成果不断应用于检测技术中，也有力地促进了检测技术自身的现代化发展。在国防科研中，检测技术应用得更多，许多尖端的检测技术都是因国防工业需要而发展起来的。

生活中，检测技术应用于家用电器，进入了人们的日常生活。例如，自动检测并调节房间的温度、湿度；自动检测衣服的污度和重量，利用模糊技术制作智能洗衣机等。在交通领域，一辆现代汽车中的传感器就有几十种之多，分别用以检测车速、方位、负载、振动、油压、油量、温度和燃烧过程等。

检测技术与现代化生产和科学技术的密切关系，使它成为一门十分活跃的技术学科，几乎渗透到人类的一切活动领域，发挥着越来越大的作用。

近年来，自动控制理论、计算机技术迅速发展，并已应用到生产和生活的各个领域。但是，由于作为“感觉器官”的传感器技术没有与计算机技术协调发展，出现了信息处理功能发达、检测功能不足的局面。目前，许多国家已投入大量人力和物力，发展各类新型传感器。检测技术在国民经济中的地位也日益提高。

6.5.2 检测技术的内容

检测技术的内容较广泛，常见的机电一体化系统检测涉及的内容见表6-7。

表6-7 常见的机电一体化系统检测涉及的内容

被测量类型	被 测 量
物体的成分量	气体、液体、固体的化学成分、浓度、黏度、浊度、透明度、颜色、湿度、密度、酸碱度
状态量	工作机械的运动状态（起停等）、生产设备的异常状态（超温、过载、泄漏、变形、磨损、堵塞和断裂等）
热工量	温度、热量、热流、热分布、压力（压强）、压差、真空度、流量、流速、物位、液位、界面
机械量	直线位移、角位移、速度、加速度、转速、应力、应变、力矩、振动、噪声、重量
几何量	长度、厚度、角度、直径、间距、形状、平行度、同轴度、粗糙度、硬度、材料缺陷
电工量	电压、电流、功率、电阻、阻抗、频率、脉宽、相位、波形、频谱、磁场强度、电场强度、材料的磁性能

1. 检测技术的应用实例

当代的检测系统越来越多地使用计算机或微处理器来控制执行机构的工作。检测技术、计算机技术与执行机构等配合就能构成某些工业控制系统，下面介绍一种使用微型计算机的检测系统在检测温度方面的应用，即脉冲燃烧热水炉温度控制系统。

(1) 系统控制方案 脉冲燃烧热水炉的燃烧原理如图6-28所示，燃气和空气经混合室7混合后，进入燃烧室6。电火花点火，开始燃烧，由于气体膨胀，压力升高，使单向进气阀关闭，推动烟气通过换热管道排出。由于惯性作用，燃烧室6内形成负压，于是又打开单向进气阀门，吸入混合气体，并再次被前次燃烧产生的热量点燃。如此反复燃烧、吸气、再燃烧，周期性持续下去。

本控制系统以8051单片机为核心，实现对热水炉的全自动管理，包括自动供气、自动点火、自动进水、自动出水、温度控制、水箱水位控制、水温连续检测及数字显示；熄火时，能自行启动自保护功能和水温超高、水位超限处理功能，使热水炉在无人情况下安全、可靠地运行。

采用以电磁阀为主要执行机构的开关控制方案，既降低了成本，又有较好的效果。基本思路是：对水温进行定时采样，当温度在低限以下时，进水阀关闭；当水温在低限以上后，允许进水阀开启。温度在高限以下时，正常运行；温度在高限以上时，关闭燃气阀，等待水温回落至正常范围。对于水位，当其在低限以下时，开启进水阀；当水位低于高限，且在正常范围时，正常运行；当水位在高限以上时，关闭进水阀，待水位回落至正常范围，可开启进水阀。这样，只需选择好适当的采样时间、水温和水位控制范围，即可取得预期的控制效果。

(2) 检测部分的工作原理 脉冲燃烧炉控制电路结构框图如图6-29所示，在设计中使用了8051单片机，利用其片内存储器及RAM存储全部程序，并充分利用其I/O接口和定时

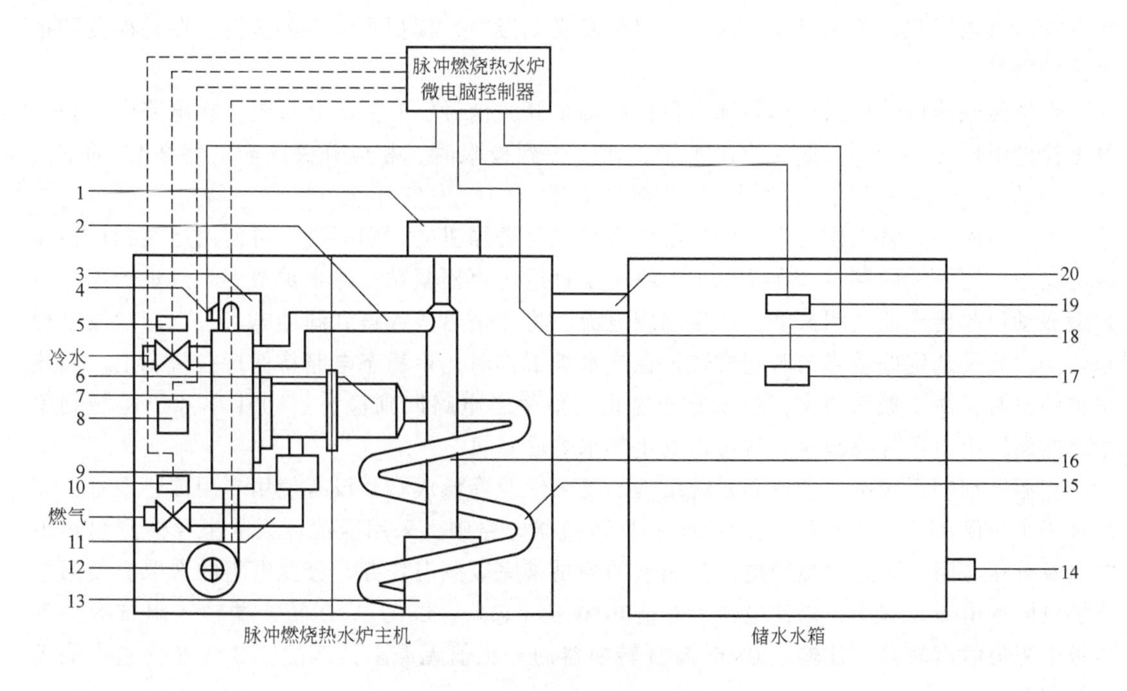

图 6-28　脉冲燃烧热水炉的燃烧原理

1—排气消声器　2—进水管　3—空气去耦室　4—熄火检测器　5—进水电磁阀　6—燃烧室　7—混合室　8—点火器　9—燃气去耦室　10—燃气电磁阀　11—燃气进管　12—风机　13—排烟去耦室　14—出水管　15—尾管　16—传热器　17—低水位检测开关　18—温度传感器　19—高水位检测开关　20—水箱连接管

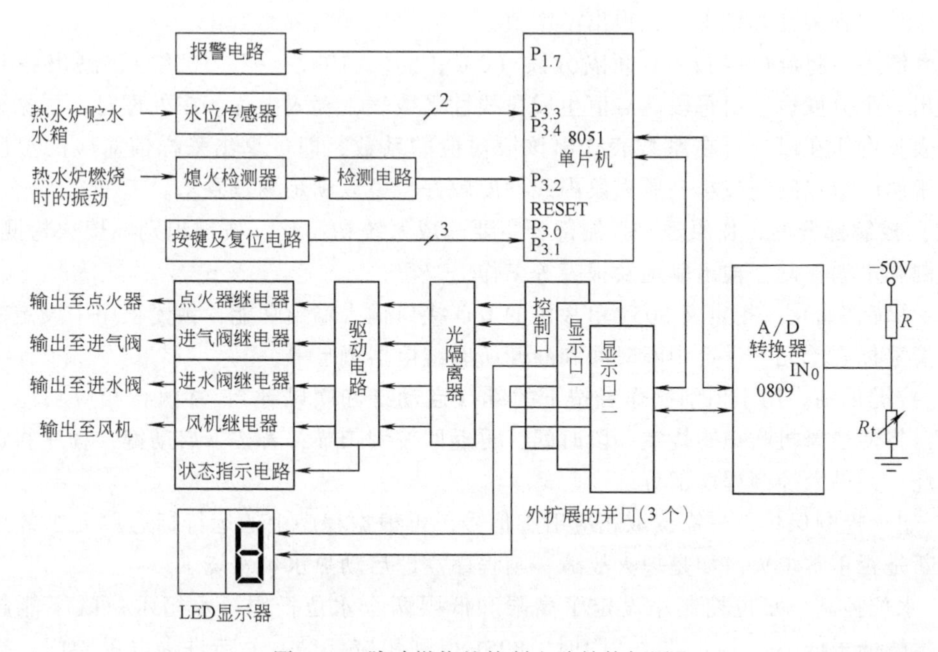

图 6-29　脉冲燃烧炉控制电路结构框图

器等内置功能。外围电路使用了 0809 A/D 转换器，热敏电阻型温度传感器，温度显示 LED

数码管，继电器状态指示发光二极管、报警发光二极管，模拟水位开关按键，振动检测和报警传声器等。

水位传感器可输出水位高限和水位低限两个开关信号，开关闭合有效。在电路中，先通过上拉电阻使开关断开，此时为高电平，而水位到极限时，相应开关闭合。将 8051 的 $P_{3.3}$ 和 $P_{3.4}$ 设置为输入引脚，开关闭合时得到低电平。

熄火检测器是将工作时产生的振动作为系统是否停机的判别标准，可使用运放和单稳连接电路来检测振动的存在。在系统中，将一个普通传声器紧贴在热水炉壁上，热水炉工作时炉壁振动引起传声器线圈振动，产生感应电流，将此信号放大得到脉冲电流，直接触发单稳态电路。只需选定好适当的时间常数，在热水炉工作时，单稳态电路将保持在暂态上。当热水炉停机时，由于振动消失，触发脉冲停止，单稳态电路回到稳态。8051 单片机检测到单稳态电路输出电平为稳态时，就可以判定热水炉已停机。

在温度控制系统中，考虑到系统结构的复杂性及降低成本，没有使用专用传感设备，而是采用了较简单的分压电路。在 0809 A/D 转换器电路中，采用阻抗较大的半导体测温热敏电阻及分压电阻，通过对热敏电阻分压值的测量来完成测温任务。分压电阻的选取应使通过热敏电阻的电流足够小，以使电流引起的热噪声可忽略。0809 A/D 转换器输入阻抗大，且热敏电阻灵敏度较高，使输入 0809 A/D 转换器的分压值无需阻抗匹配，其精度就基本能满足控制要求。

由于电路及热敏电阻的非线性特性，在控制中需要通过一些简单试验得到 A/D 转换与温度的函数关系，建立对应关系表后编程输入 8051 单片机，这样就可以由软件辅助实现精确的温度测量。温度测量由 A/D 转换子程序和温度计算子程序来完成。前者完成数据采集，可通过多次 A/D 转换再求均值来滤除干扰，将所得数据送至相应单元；后者将相应单元数据经过一系列查表计算处理后，得出温度值。

在系统中，将温度表按 5℃ 间隔分段（0℃、5℃、10℃、…、100℃），测出各点采样值，做出一个分度表。由每段端点值生成段线性系数表，存入内存。在处理时，根据采样值在分度表查询所在段，再在系数表查出该段对应的系数，即可算出采样值对应的温度近似值。由于温度节点间隔较小，所以段内线性度较好，可以满足测量要求。

(3) 控制部分的工作原理 控制部分主要完成系统初始化、按键识别、熄火检测保护、水位控制和水温控制、输出驱动及报警等工作。

1）系统初始化。指定义 8051 单片机的 I/O 接口输入输出功能，预置程序中设定的计数单元、清零标志单元，设定中断时间和断开所有继电器触点等。

2）按键识别。用于识别操作者按下的键（启动键和吹风键），并执行相应功能。按下吹风键，将使通风机吹扫燃烧室一段时间，再返回按键扫描；若按下启动键，程序将启动热水炉燃烧，并进入控制程序部分。

3）熄火检测保护。只需读取相应引脚信号，再根据程序中的运行标志单元中的熄火标志来判断是否正常熄火。如是熄火故障，则程序立即启动热水炉燃烧。

4）水位控制。水位控制中设定了高限和低限两个水位极限，水箱水位既不能超过高限，也不能低于低限。水位超过高限时，8051 得到相应信号，关断进水电磁阀门；当水位在低限以下时，立即打开进水电磁阀门，并保持一定延时，使水位上升至合理范围。

5）水温控制。水箱水温既不得高于 90℃ 也不得低于 60℃。水温控制采用开关控制，很容易在切换点因开关来回动作，影响控制效果，造成执行结构频繁动作，使器件寿命下降，影响系统性能。通过设置温度区间（60～65℃，85～90℃），并将其作为电磁开关切换段，即热水炉燃烧，水温升至65℃以上，在水位允许范围内打开进水阀，水温低至60℃时，关闭进水阀，如此反复；当水温高于90℃时，按要求关闭燃气阀门，待水温回落至85℃再启动燃烧，同时按要求配合进水。

6）输出驱动。输出包括继电器控制口及显示单元。驱动选用XC68HC705P9芯片，其I/O接口提供的吸收电流大，可方便地驱动LED。继电器控制用于输出继电器触点，以控制热水炉的运行。在光隔离器的输入端串联发光二极管，用于显示继电器状态，光隔离器的输出端与继电器线圈相连，直接驱动继电器。显示单元可由8051的$P_{1.0}$～$P_{1.6}$输出字模码，$P_{0.5}$、$P_{0.6}$输出数码管选通信号。

7）报警。报警单元由软件产生间歇报警信号，经三极管驱动输出报警，并可伴随发光二极管的闪动。非正常熄火或水温达到90℃时报警，持续5s。

报警和显示可由中断服务程序完成，定时中断时间设计为0.5 ms。中断发生后，程序根据标志单元的标志位判断是否需要报警。若需要报警，只需翻转相应引脚电平即可实现。报警时间的长短及声音的间歇可由相应计数单元决定。处理完报警，程序应及时复位程序控制定时器，防止其复位8051。此外，程序读取显示缓冲单元的高位或低位送显，完成动态显示。

（4）系统特点　脉冲燃烧热水炉采用先进的脉冲燃烧技术，具有结构简单、燃烧强度大和对环境污染小等突出优点，适用于宾馆、招待所、公寓、机关和学校等需要集中供热水的单位。其燃气量仅为普通燃烧炉的70%，推广应用对节约能源、缓解城市燃气供需矛盾十分有利。本控制系统采用8051单片机实现对热水炉的控制，系统运行稳定、硬件资源利用合理。

2. 检测技术的发展方向

检测技术是随着现代科学技术的发展而迅速发展起来的一门学科。现代科学技术的发展也离不开检测技术，而且不断对检测技术提出新的要求。另一方面，现代检测方法和检测系统的出现和不断完善、提高又是科学技术发展的结果。两者是互相促进的。可以说，采用先进的检测技术是科学技术现代化的重要标志之一，也是科学技术现代化必不可少的条件；反过来，检测技术的水平又在一定程度上反映了科学技术的发展水平。现代科学技术的发展，为检测技术的现代化创造了条件，使检测技术达到了一个新的水平，主要表现在以下几个方面：

1）不断提高检测系统的测量精度、量程范围，延长使用寿命，提高可靠性。科学技术的不断发展，对检测系统测量精度的要求也在不断地提高。近年来，人们研制出许多高精度的检测仪器，以满足各种需要，如许多检测系统可以在极其恶劣的环境下连续工作数十万小时。而且，人们正在不断努力进一步提高检测系统的各项性能指标，例如，用直线光栅测量直线位移时，测量范围可达二三十米，而分辨力可达微米级；人们已研制出能测量小至几帕微压和大到几千兆帕高压的压力传感器；开发了能够测出极微弱磁场的磁敏传感器等。

2）应用新技术，扩大检测领域。随着科学技术的发展，检测技术应用的领域不断扩大。可以说，它涉及了所有几何量和物理量的测量，如力、位移、速度、硬度、流量、流速、时间、频率、温度、热量、电量、噪声、超声、光度、光谱、色度、激光、电学和磁学等。检测技术不仅广泛应用于机械工程中机械量的测试，而且还应用于生物工程之中，如目前已经研制出用于将检测分析物的生物分子或细胞的结果转换成电信号的换能器，用以探测生物的奥秘。

目前，检测领域已扩大到整个社会的各个方面，不仅包括工程、海洋开发和宇宙航行等尖端科学技术和新兴工业领域，而且已涉及医疗、环境污染监测、危险品和毒品的侦察和安全监测等方面，并且已渗入到人类的日常生活设施之中。

3）发展集成化、功能化的传感器。随着半导体集成电路技术的发展，电子元器件的高度集成化向传感器领域渗透，使传感器向着精确度高、灵敏度高、测量范围大而体积小的方向发展。人们将传感元件与信号处理电路制作在同一块硅片上，从而研制出体积更小、性能更好、功能更强的传感器。微电子技术的发展使得有可能把某些电路乃至微处理器和传感、测量部分做成一个整体，使传感器本身具有检测、放大、判断和一定的信号处理功能。例如，高精度的PN结测温集成电路；将排成阵列的上千万个光敏元件及扫描放大电路制作在一块芯片上，制成彩色CCD数码照相机和摄像机。并且还将在光、磁、温度和压力等领域开发新型的集成度很高的传感器。可以说，传感器的小型化与智能化已经成为当代科学技术发展的标志，也是检测技术发展的趋势。

4）采用微机技术，使检测技术智能化。检测系统正迅速地由模拟式、数字式向智能化方向发展，从而扩展了功能，提高了精度和可靠性，目前研制的检测系统大多都带有微处理器。另外，带有微处理器的各种智能化仪表应用广泛，这类仪表选用微处理器作控制单元，利用计算机可编程的特点，使仪表内的各个环节自动地协调工作，并且具有数据处理和故障诊断功能，把检测技术自动化推进到一个新水平。

5）发展网络化传感器及检测系统。随着微电子技术的发展，已可以将十分复杂的信号处理和控制电路集成到单块芯片中。传感器的输出不再是模拟量，而是符合某种协议格式（可即插即用）的数字信号，从而可以通过企业内部网络，也可以通过互联网，实现数据交换和共享。人们可以远在千里之外，可以随时随地浏览现场工况，实现远程调试、远程故障诊断、远程数据采集和实时操作，从而构成网络化的检测系统。

总之，检测技术已经成为自动控制系统中一个重要组成部分。众所周知，宇宙空间站的建立、航天飞机的发射和返回、人造地球卫星的发射和回收，都是自动控制技术的重要成果。生产过程自动化已经成为当今工业生产实现高精度、高效率的重要手段，而一切自动控制过程都离不开自动检测技术。利用检测得到的信息，自动调整整个运行状态，使生产、控制过程在预定的理想状态下进行，实现“以信息流控制物质流和能量流"的自动控制过程。检测技术的蓬勃发展适应国民经济发展的迫切需要，是一门充满希望和活力的新兴技术，取得的进展已十分瞩目，今后还将有更大的飞跃。

复习思考题

1. 简述传感器的组成及分类。
2. 传感器的静态特性和动态特性各是什么？
3. 半导体多路开关的特点是什么？
4. A/D转换器的作用是什么？阐述其工作原理。
5. 简述检测技术的含义及其作用。

第7章 机电一体化系统的分析与设计

机电一体化技术是机械与电子有机结合的一种新技术，是在信息论、控制论和系统论基础上建立起来的一种综合技术。机电一体化系统也是一种自动控制系统，可以利用自动控制理论的相关方法对机电一体化系统进行分析和设计。

一个完整的机电一体化系统通常包括控制装置、动力部分、执行机构、传动系统、测试传感部分以及被控对象。其中，控制装置在机电一体化系统中有着很重要的作用，用于解决提高产品精度、提高加工效率和提高设备利用率等几个主要问题。

在对机电一体化系统进行分析和设计时，通过建立系统的数学模型，运用自动控制理论，分析系统的稳定性、静/动态性能指标、抗干扰能力、可靠性程度，对系统进行优化设计。

7.1 各单元部件特性分析

在对控制系统进行分析和设计时，必须要知道系统的数学模型，这就要使用自动控制理论的相关知识和方法，下面对自动控制理论的一些基础知识进行简单介绍。

7.1.1 自动控制理论基础

所谓自动控制，就是采用控制装置，使被控对象的某个工作状态或参数（即被控量）能够在一定的精度范围内按照给定的规律变化。

对被控对象的工作状态或参数进行自动控制的系统称为自动控制系统。自动控制系统一般由控制装置和被控对象组成。

1. 自动控制系统的基本控制方式

开环控制和闭环控制是自动控制系统的基本控制方式。

(1) 开环控制 开环控制是指控制装置与被控对象之间只有顺向作用，而没有反向联系的控制过程，按这种方式组成的系统称为开环控制系统，其特点是输出量不会对系统的控制作用发生影响。开环控制系统的示意框图如图 7-1 所示。

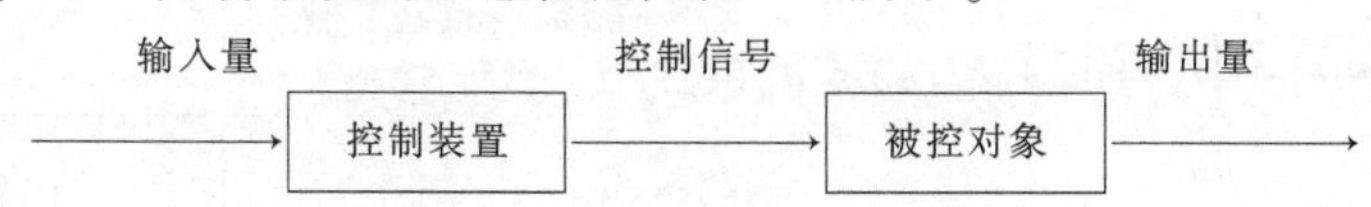

图 7-1 开环控制系统示意框图

(2) 闭环控制 闭环控制是指控制装置与被控对象之间既有顺向作用，又有反馈作用的控制过程，按这种方式组成的系统称为闭环控制系统，其特点是输出量将通过反馈回路引回到系统的输入端，对系统的控制作用产生影响。

输出量引回到输入端后，要与输入量进行比较，按照比较方式的不同，分为正反馈和负反馈两种形式：正反馈是将引回的输出量与输入量相加后送入控制装置产生相应的控制信号，再作用于被控对象，这样的控制系统称为正反馈闭环控制系统，如图 7-2 所示；负反馈是将输入量与引回的输出量相减后送入控制装置产生相应的控制信号，再作用于被控对象，这样的控制系统称为负反馈闭环控制系统，如图 7-3 所示。

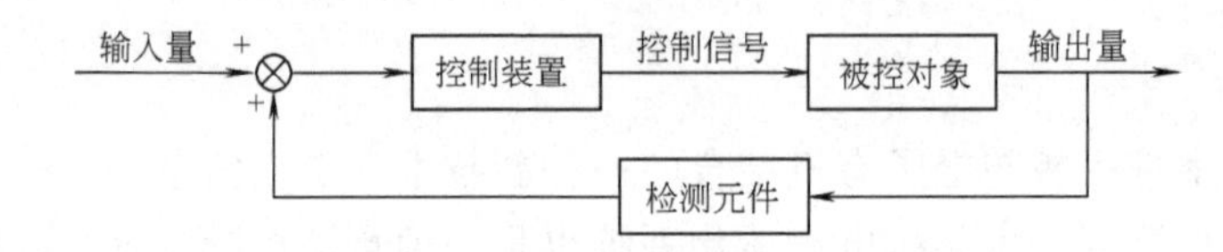

图 7-2 正反馈闭环控制系统示意框图

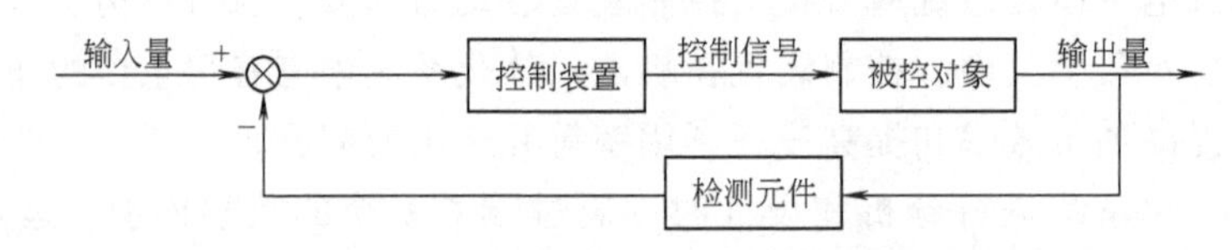

图 7-3 负反馈闭环控制系统示意框图

在负反馈闭环控制系统中，输入量与反馈信号之差称为偏差信号。偏差信号送入控制装置，使系统的输出量趋向于给定值。负反馈闭环控制系统是一种针对偏差进行控制的系统，具有自动修正被控量偏离给定值的作用，在控制系统中被广泛采用。

2. 控制系统的数学模型

控制系统的数学模型是描述系统内部各物理量（或变量）之间关系的数学表达式。在静态条件下（即变量各阶导数为零），描述变量之间关系的代数方程称为静态模型；描述变量各阶导数之间关系的微分方程称为动态模型。

控制系统的数学模型有多种形式，在时域中常用的数学模型有微分方程、差分方程和状态方程；在复域中常用的数学模型有传递函数、结构图；在频域中常用的数学模型有频率特性等。

(1) 微分方程 在建立控制系统的微分方程时，首先要确定系统的输入量和输出量，然后列写描述系统内各变量之间关系的一组微分方程，消去中间变量，求出描述系统输入量与输出量之间关系的微分方程。下面通过一个例子说明建立微分方程的步骤和方法。

例 7-1 图 7-4 所示是由电阻 R、电感 L 和电容 C 组成的无源网络，试列写以 $u_R(t)$ 为输入量、$u_C(t)$ 为输出量的网络微分方程。

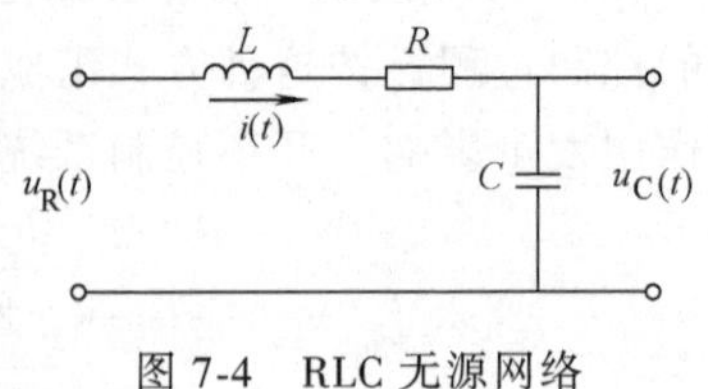

图 7-4 RLC 无源网络

解 设回路电流为 $i(t)$，由基尔霍夫定律可写出

$$L\frac{\mathrm{d}i(t)}{\mathrm{d}t}+\frac{1}{C}\int i(t)\,\mathrm{d}t+Ri(t)=u_R(t)$$

$$u_C(t)=\frac{1}{C}\int i(t)\,\mathrm{d}t$$

消去中间变量 $i(t)$，得到无源网络的微分方程为

$$LC\frac{\mathrm{d}^2u_{\mathrm{C}}(t)}{\mathrm{d}t^2}+RC\frac{\mathrm{d}u_{\mathrm{C}}(t)}{\mathrm{d}t}+u_{\mathrm{C}}(t)=u_{\mathrm{R}}(t)$$

(2）传递函数　控制系统的微分方程是在时域描述系统动态性能的数学模型，根据给定外作用及初始条件，求解微分方程可以得到系统的输出响应。但是，当系统的结构或某个参数变化时，系统的微分方程也会发生变化，就要重新列写并求解微分方程，不便于对系统进行分析和设计。

用拉氏变换求解线性定常系统的微分方程，可以得到控制系统在复域中的数学模型——传递函数。所谓线性定常系统，是指系统的微分方程为线性，且各项系数为常数。

线性定常系统的传递函数，是在零初始条件下，系统输出量的拉氏变换与输入量的拉氏变换之比。

设线性定常系统的微分方程一般式为

$$a_0\frac{\mathrm{d}^n c(t)}{\mathrm{d}t^n}+a_1\frac{\mathrm{d}^{n-1}c(t)}{\mathrm{d}t^{n-1}}+\cdots+a_{n-1}\frac{\mathrm{d}c(t)}{\mathrm{d}t}+a_n c(t)$$
$$=b_0\frac{\mathrm{d}^m r(t)}{\mathrm{d}t^m}+b_1\frac{\mathrm{d}^{m-1}r(t)}{\mathrm{d}t^{m-1}}+\cdots+b_{m-1}\frac{\mathrm{d}r(t)}{\mathrm{d}t}+b_m r(t)$$

设初始值为零，对上式两边进行拉氏变换，得

$$[a_0s^n+a_1s^{n-1}+\cdots+a_{n-1}s+a_n]C(s)=[b_0s^m+b_1s^{m-1}+\cdots+b_{m-1}s+b_m]R(s)$$

则系统的传递函数 $G(s)$ 为

$$G(s)=\frac{C(s)}{R(s)}=\frac{b_0s^m+\cdots+b_m}{a_0s^n+\cdots+a_n} \tag{7-1}$$

系统的传递函数还可以写成零极点形式，即

$$G(s)=\frac{C(s)}{R(s)}=\frac{b_0(s-z_1)(s-z_2)\cdots(s-z_m)}{a_0(s-p_1)(s-p_2)\cdots(s-p_n)} \tag{7-2}$$

式中　z_1、z_2、…、z_m——系统的零点；

p_1、p_2、…、p_n——系统的极点。

在例7-1中，我们对无源网络的微分方程两边进行拉氏变换，可得无源网络的传递函数为

$$G(s)=\frac{C(s)}{R(s)}=\frac{1}{LCs^2+RCs+1}$$

(3）结构图　控制系统的结构图是用于描述系统各元器件之间信号传递关系的数学图形。任何一个控制系统都是由多个元器件组成的，将每一个元器件用一个方框表示，方框内标明元器件的传递函数，元器件之间的信号传递关系用方框之间的连接线表示，表示元器件的方框和表示信号传递关系的连接线就构成了系统的结构图。控制系统的结构图包含方框、信号线、引出点和比较点4个基本单元。

1）方框。方框（环节）表示对信号进行的数学变换。方框中写入元器件或系统的传递函数，如图7-5a所示。方框的输出变量等于输入变量与传递函数的乘积。

2）信号线。带有箭头的直线，箭头表示信号的流向，在直线旁标记信号的时间函数或

对象函数，如图 7-5b 所示。

3）引出点。引出点（测量点）表示信号引出或测量的位置。从同一位置引出的信号在数值和性质上完全相同，如图 7-5c 所示。

4）比较点。比较点（综合点）表示对两个以上的信号进行加减运算，“+”号表示相加，“-”号表示相减，“+”号可以省略不写，如图 7-5d 所示。

(4) 结构图的等效 根据控制系统的每个元器件的传递函数以及各个元器件之间的信号传递关系，我们可以画出系统的结构图。通常情况下，控制系统的结构图比较复杂，为了使结构图简化，我们需要对结构图进行相关的运算和变换。

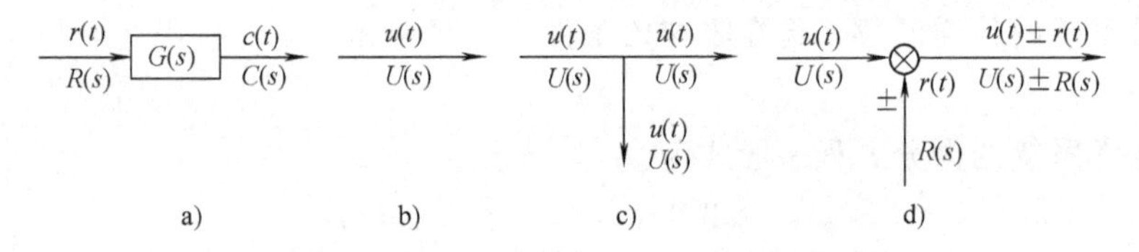

图 7-5 结构图的基本组成单元

a）方框 b）信号线 c）引出点 d）比较点

在控制系统结构图中，一般有串联、并联和反馈连接 3 种，我们可以对这 3 种连接方式进行一定的运算，用一个等效方框来取代这 3 种连接。

1）串联方框的等效。传递函数分别为 $G_1(s)$ 和 $G_2(s)$ 的两个方框，以串联方式连接，如图 7-6a 所示，可以等效为一个方框，其传递函数为 $G(s)=G_1(s)G_2(s)$，如图 7-6b 所示。

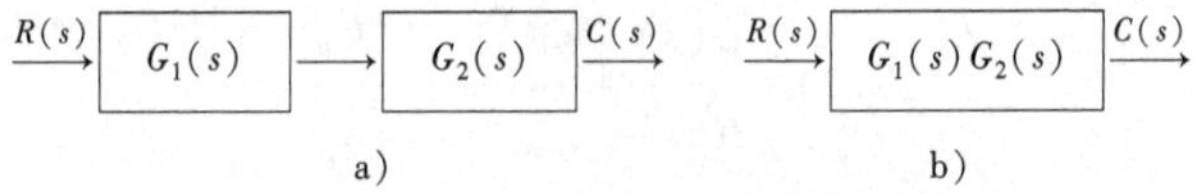

$R(s)$ → $G_1(s)$ → $G_2(s)$ → $C(s)$　　$R(s)$ → $G_1(s)G_2(s)$ → $C(s)$

a)　　b)

图 7-6 串联方框的等效

a）两个方框串联 b）两个方框串联的等效

2）并联方框的等效。传递函数分别为 $G_1(s)$ 和 $G_2(s)$ 的两个方框，以并联方式连接，如图 7-7a 所示，可以等效为一个方框，其传递函数为 $G(s)=G_1(s)\pm G_2(s)$，如图 7-7b 所示。

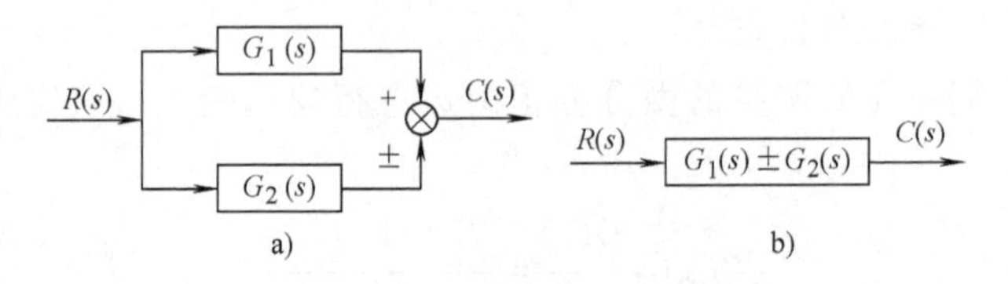

图 7-7 并联方框的等效

a）两个方框并联 b）两个方框并联的等效

3）反馈连接的等效。传递函数分别为 $G(s)$ 和 $H(s)$ 的两个方框，采用反馈连接，如图 7-8a 所示，可以等效为一个方框，其传递函数为 $\dfrac{G(s)}{1\pm G(s)H(s)}$，如图 7-8b 所示。

4）综合点和引出点的移动。

① 综合点的移动。综合点的移动有前移和后移两种等效结构。移动时应保持移动前后综合点后的各信号保持不变。综合点前移的等效结构如图 7-9 所示，综合点后移的等效结构如图 7-10 所示。

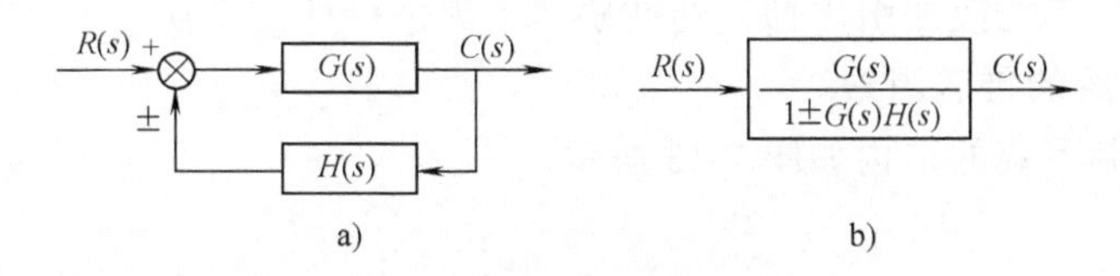

图 7-8 反馈连接的等效

a）两个方框反馈连接 b）两个方框反馈连接的等效

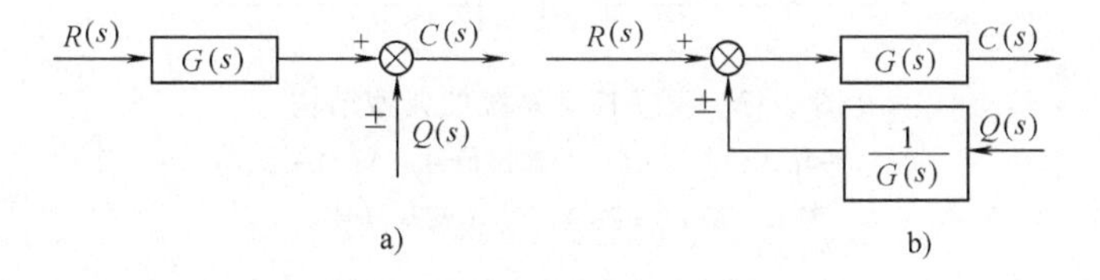

图 7-9 综合点的前移

a）综合点移动前 b）综合点移动后

② 引出点的移动。引出点的移动有前移和后移两种等效结构。移动时应保持移动前后引出的信号保持不变。引出点前移的等效结构如图 7-11 所示，引出点后移的等效结构如图 7-12 所示。

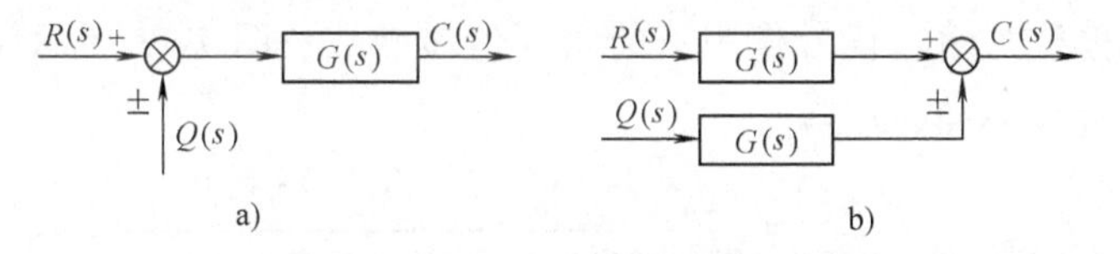

图 7-10 综合点的后移

a）综合点移动前 b）综合点移动后

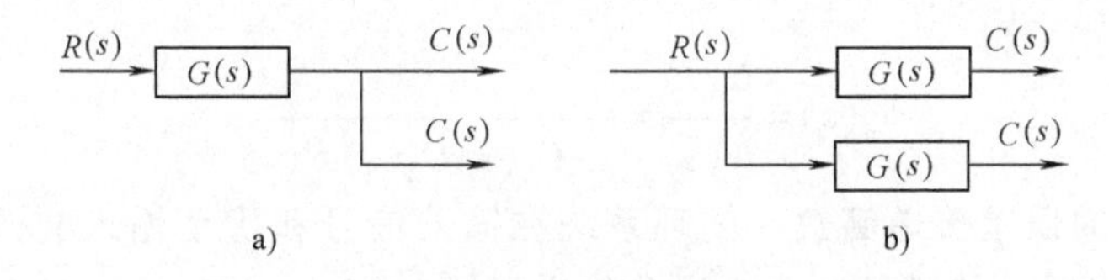

图 7-11 引出点的前移

a）引出点移动前 b）引出点移动后

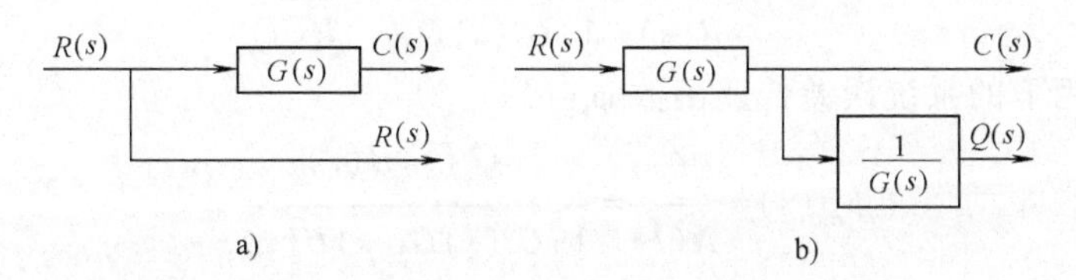

图 7-12 引出点的后移

a）引出点移动前 b）引出点移动后

③ 相邻引出点之间的移动。若干个引出点相邻，表明同一信号被输送到不同的位置，

引出点之间变换位置不会改变引出信号的性质，不需进行任何变换。

3. 反馈控制系统的传递函数

典型的反馈控制系统的结构如图 7-13 所示。

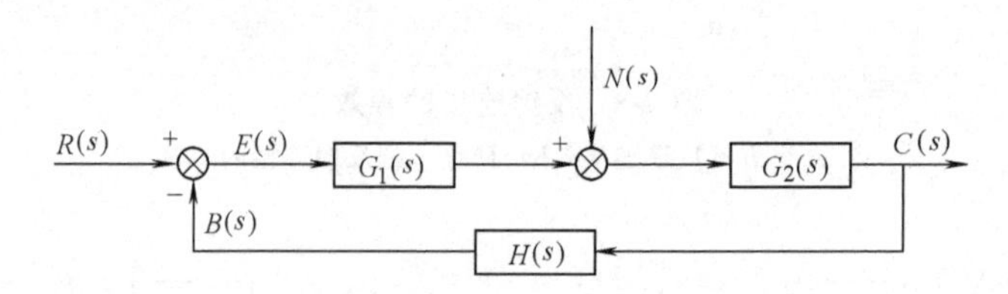

图 7-13　反馈控制系统的典型结构

$R(s)$—输入信号　$C(s)$—输出信号　$N(s)$—扰动输入　$E(s)$—误差信号（偏差信号）

(1) 闭环系统的开环传递函数　所谓闭环系统的开环传递函数，是指将闭环系统的反馈回路断开，系统前向通道传递函数与反馈通道传递函数的乘积。图 7-13 所示闭环系统的开环传递函数 $W(s)$ 为

$$W(s)=\frac{B(s)}{R(s)}=G_1(s)G_2(s)H(s)$$

(2) 输入信号作用下的闭环传递函数　令扰动输入 $N(s)=0$，系统输出信号 $C(s)$ 与输入信号 $R(s)$ 的比值称为输入信号作用下的闭环传递函数。图 7-13 所示闭环系统在输入信号作用下的闭环传递函数 $\phi(s)$ 为

$$\phi(s)=\frac{C(s)}{R(s)}=\frac{G_1(s)G_2(s)}{1+W(s)}=\frac{G_1(s)G_2(s)}{1+G_1(s)G_2(s)H(s)}$$

(3) 扰动作用下的闭环传递函数　令输入信号 $R(s)=0$，系统输出信号 $C(s)$ 与扰动输入 $N(s)$ 的比值称为扰动作用下的闭环传递函数。图 7-13 所示闭环系统在扰动作用下的闭环传递函数 $\phi_n(s)$ 为

$$\phi_n(s)=\frac{C(s)}{N(s)}=\frac{G_2(s)}{1+G_1(s)G_2(s)H(s)}$$

(4) 闭环系统的误差传递函数　闭环系统在输入信号和扰动输入共同作用时，以误差信号 $E(s)$ 作为输出量的传递函数称为误差传递函数。

1）$R(s)$ 作用下的系统误差传递函数 $\phi_e(s)$ 为

$$\phi_e(s)=\frac{E(s)}{R(s)}=\frac{1}{1+G_1(s)G_2(s)H(s)}$$

2）$N(s)$ 作用下的系统误差传递函数 $\phi_{en}(s)$ 为

$$\phi_{en}(s)=\frac{E(s)}{N(s)}=\frac{-G_2(s)H(s)}{1+G_1(s)G_2(s)H(s)}$$

3）系统的总误差 $E(s)$ 为

$$E(s)=\phi_e(s)R(s)+\phi_{en}(s)N(s)$$

4. 典型环节的传递函数

一个控制系统由多个环节组成，组成控制系统的典型环节有比例环节、惯性环节、积分环节、微分环节、振荡环节和纯滞后环节6种。

（1）比例环节　比例环节的输出量和输入量之间为一种固定的比例关系，输出量 $c(t)$ 和输入量 $r(t)$ 满足以下表达式，即

$$c(t)=Kr(t)$$

比例环节的传递函数 $G(s)$ 为

$$G(s)=\frac{C(s)}{R(s)}=K$$

式中　K——比例环节的放大系数。

（2）惯性环节　惯性环节的输出量 $c(t)$ 和输入量 $r(t)$ 之间满足以下表达式，即

$$T\frac{\mathrm{d}c(t)}{\mathrm{d}t}+c(t)=Kr(t)$$

惯性环节的传递函数 $G(s)$ 为

$$G(s)=\frac{C(s)}{R(s)}=\frac{K}{Ts+1}$$

式中　T——时间常数；

K——比例常数。

（3）积分环节　积分环节的动态方程为

$$\frac{\mathrm{d}c(t)}{\mathrm{d}t}=Kr(t)$$

或

$$c(t)=K\int r(t)\mathrm{d}t$$

积分环节的传递函数 $G(s)$ 为

$$G(s)=\frac{C(s)}{R(s)}=\frac{K}{s}=\frac{1}{Ts}$$

式中　T——积分时间常数，$T=\frac{1}{K}$。

（4）微分环节　微分环节的动态方程为

$$c(t)=T\frac{\mathrm{d}r(t)}{\mathrm{d}t}$$

微分环节的传递函数 $G(s)$ 为

$$G(s)=\frac{C(s)}{R(s)}=Ts$$

式中　T——微分时间常数。

（5）振荡环节　振荡环节的微分方程为

$$T^2\frac{\mathrm{d}^2c(t)}{\mathrm{d}t^2}+2\zeta T\frac{\mathrm{d}c(t)}{\mathrm{d}t}+c(t)=Kr(t)$$

振荡环节的传递函数 $G(s)$ 为

$$G(s)=\frac{C(s)}{R(s)}=\frac{K}{T^2s^2+2\xi Ts+1}$$

式中 T——时间常数；

ξ——阻尼系数。

（6）纯滞后环节 纯滞后环节的输出量比输入量要滞后一段时间，满足以下关系式

$$c(t)=r(t-T)$$

纯滞后环节的传递函数 $G(s)$ 为

$$G(s)=\frac{C(s)}{R(s)}=\mathrm{e}^{-Ts}$$

式中 T——滞后时间。

7.1.2 机电一体化系统中的常用元器件

机电一体化系统是由各种元器件组成的。要对机电一体化系统进行分析和设计，就要建立系统的数学模型。那么，首先我们需要了解各种元器件的数学模型及其特性。

1. 晶闸管触发-整流装置

晶闸管触发-整流装置广泛应用于直流调速系统中，用于将交流电转换成电压可调的直流电，给电动机供电。晶闸管触发-整流装置的示意图如图 7-14 所示。

触发装置 GT 的控制电压 U_c 可以改变其输出的移位脉冲的相位，从而改变晶闸管的输出电压 U_d，输出电压 U_d 与控制电压 U_c 成比例关系。由于晶闸管存在失控时间，我们可将晶闸管触发-整流装置看成是一个纯滞后环节，则

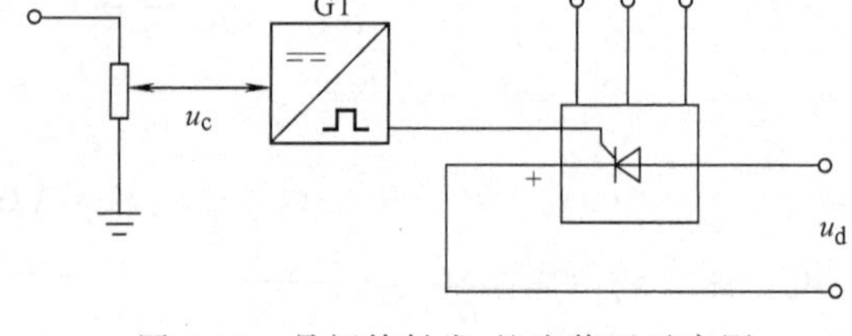

图 7-14 晶闸管触发-整流装置示意图

$$u_d=K_s u_c(t-T_s)$$

式中 K_s——晶闸管触发-整流装置的放大系数；

T_s——晶闸管的失控时间。

对上式进行拉氏变换，得

$$\frac{U_d(s)}{U_c(s)}=K_s\mathrm{e}^{-T_s s}$$

将 $\mathrm{e}^{-T_s s}$ 按泰勒级数展开，得

$$\frac{U_d(s)}{U_c(s)}=K_s\mathrm{e}^{-T_s s}=\frac{K_s}{\mathrm{e}^{T_s s}}=\frac{K_s}{1+T_s s+\frac{1}{2!}T_s^2s^2+\frac{1}{3!}T_s^3s^3+\cdots}$$

由于晶闸管的失控时间很短，故其传递函数可近似为

$$\frac{U_d(s)}{U_c(s)}\approx\frac{K_s}{T_s s+1}$$

我们将晶闸管触发-整流装置近似看成一阶惯性环节。

2. 额定励磁下的直流电动机

直流电动机广泛应用于直流调速系统中，一般采用调压调速，其励磁电压为额定值，改变加在电枢回路上的电压可改变电动机的转速。直流电动机的等效电路如图7-15所示。

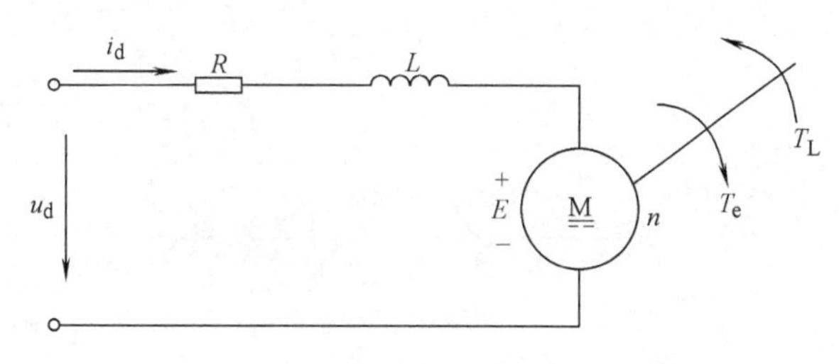

图7-15 直流电动机的等效电路图

u_d—电枢电压 i_d—电枢电流 R—电枢回路电阻 L—电枢回路电感 E—电枢感应电动势 n—电动机转速 T_e—电磁转矩 T_L—负载转矩

由图7-15可列出的微分方程为

$$u_d = Ri_d + L\frac{di_d}{dt} + E$$

$$E = C_e n$$

$$T_e - T_L = \frac{GD^2}{375}\frac{dn}{dt}$$

$$T_e = C_m i_d$$

式中 GD^2——电力拖动系统运动部分折算到电动机轴上的惯性轮力矩（$N \cdot m^2$）；

C_e——电动机额定励磁下的电动势转速比［V/(r/min)］；

C_m——电动机额定励磁下的转矩电流比（N·m/A）。

令

$$T_L = \frac{L}{R}$$

$$T_m = \frac{GD^2 R}{375 C_e C_m}$$

式中 T_L——电枢回路电磁时间常数/(s)；

T_m——电路拖动系统机电时间常数（s）。

代入微分方程，并整理得

$$u_d - E = R\left(i_d + T_L\frac{di_d}{dt}\right)$$

$$i_d - i_{dL} = \frac{T_m}{R}\frac{dE}{dt}$$

式中 i_{dL}——负载电流，$i_{dL} = \dfrac{T_L}{C_m}$。

在零初始条件下，对两式进行拉式变换，得

$$\frac{I_d(s)}{U_d(s) - E(s)} = \frac{\frac{1}{R}}{T_L s + 1} \tag{7-3}$$

$$\frac{E(s)}{I_d(s)-I_{dL}(s)}=\frac{R}{T_m s} \tag{7-4}$$

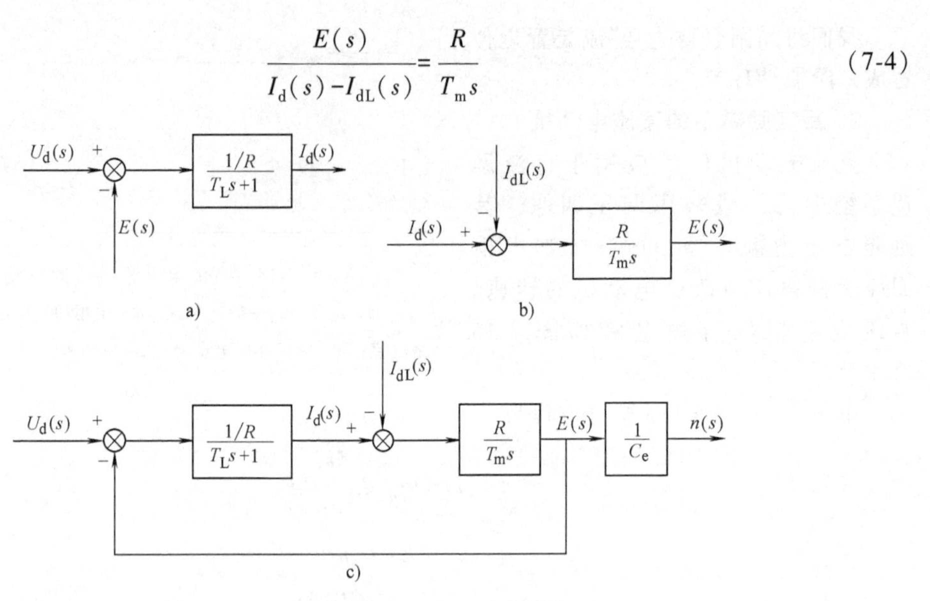

图 7-16 额定励磁下直流电动机动态结构图

由式（7-3）得到结构图如图 7-16a 所示，由式（7-4）得到结构图如图 7-16b 所示。将图 7-16a 和图 7-16b 合并，得到直流电动机的动态结构图，如图 7-16c 所示。

由图 7-16c 可见，直流电动机的模型是一个负反馈系统。当负载 $I_{dL}(s)=0$ 时，电动机的动态结构图如图 7-17 所示。

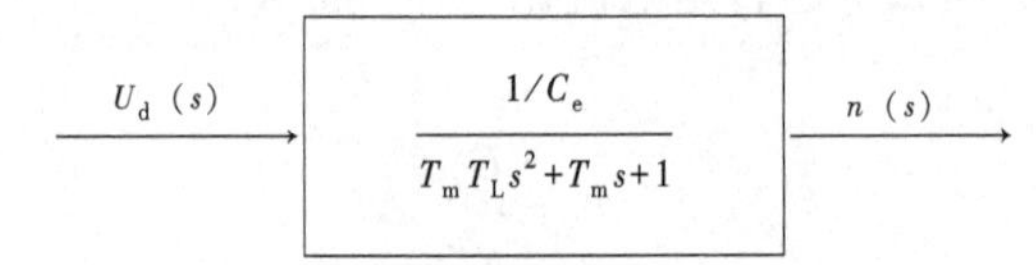

图 7-17 负载为零时直流电动机动态结构图

3. 脉宽调制变换器

脉宽调制变换器（PWM 变换器）也是直流调速系统中被广泛采用的部件，其作用是将电压不可调的直流电转换成电压可调的直流电，且性能要优于晶闸管整流装置。脉宽调制变换器的结构示意图如图 7-18 所示。

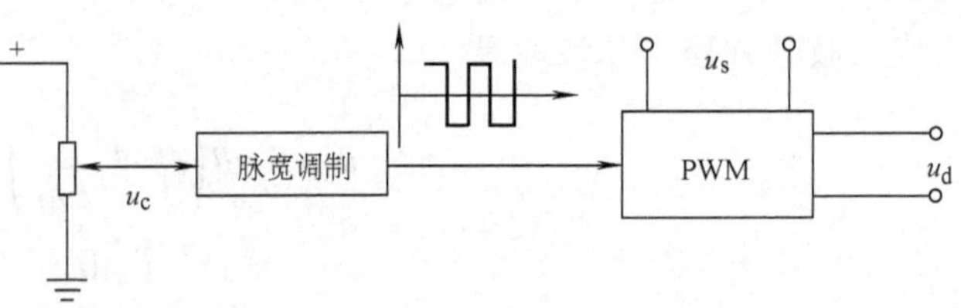

图 7-18 脉宽调制变换器的结构示意图

u_c—控制电压 u_s—电压不可调的直流电压

u_d—PWM 输出的可调的直流电压

控制电压 u_c 作用于脉宽调制变换器，控制脉宽调制变换器的输出脉冲宽度。输出脉冲作用于 PWM，使 PWM 不断地在关断与导通两种状态之间切换，从而改变输出电压 u_d 的大小，u_d 与 u_c 为比例关系。有一点要注意，u_c 改变后，u_d 要经过一定延时才会改变，所以我们将脉宽调制变换器看成是一个滞后环节。与晶闸管整流装置传递函数的近似处理一样，通常将脉宽调制变换器看成一个一阶惯性环节，其传递函数 $G_{PWM}(s)$ 为

$$G_{PWM}(s)=\frac{K_{PWM}}{Ts+1}$$

式中 K_{PWM}——脉宽调制变换器的放大系数，$K_{PWM}=\frac{u_d}{u_c}$；

T——PWM 的开关周期。

4. 晶闸管交流调压器和触发装置

晶闸管交流调压器主要应用于交流调速系统中，用以改变交流电动机的工作电压，从而改变交流电动机的转速，其作用是将电压不可调的交流电转换成电压可调的交流电。晶闸管交流调压器和触发装置的工作原理如图 7-19 所示。

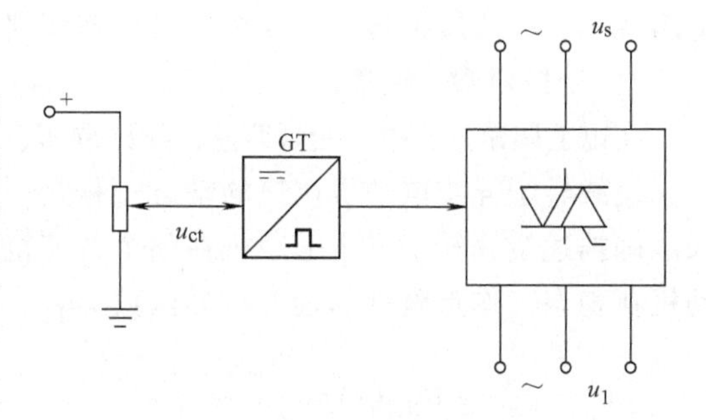

图 7-19 晶闸管交流调压器和触发装置的工作原理示意图

控制电压 u_{ct} 作用于触发装置 GT，通过改变触发装置的相位来改变交流调压器输出的交流电压 u_1。输出交流电压 u_1 与控制电压 u_{ct} 成比例关系，而且控制电压改变后，要经过一段延时，输出电压 u_1 才会相应地发生变化，所以我们可将晶闸管交流调压器和触发装置近似看成是一个一阶惯性环节，其传递函数 $G_{GTV}(s)$ 为

$$G_{GTV}(s)=\frac{K_s}{T_s s+1}$$

式中 K_s——晶闸管交流调压器和触发装置的放大系数；

T_s——晶闸管交流调压器和触发装置的延迟时间。

5. 交流电动机

随着半导体变流技术的发展，交流电动机在控制系统中的应用已越来越广泛。交流电动机由定子和转子两部分组成，在定子线圈中通入对称交流电，会在交流电动机内部产生一个旋转的磁场，若旋转磁场转速为 n_0，则

$$n_0=\frac{60f_1}{p}$$

式中 f_1——定子电流频率；

p——定子磁极对数。

旋转磁场的转速称为同步转速。在旋转磁场的作用下，转子中会产生感应电流，感应电流与旋转磁场相互作用又会产生电磁转矩，使转子沿旋转磁场的转动方向转动。在带动负载工作时，转子转速小于同步转速，通常用转差率来衡量转子转速的大小。交流电动机的同步转速、转子转速之差与同步转速的比值称为转差率。设转子转速为 n，则转差率 s 为

$$s=\frac{n_0-n}{n_0}$$

$$n=(1-s)n_0=\frac{60f_1(1-s)}{p} \tag{7-5}$$

各式中 n_0——交流电动机的同步转速；

n——交流电动机的转子转速。

由式（7-5）可知，调节交流电动机的转速有3类方法：

1）改变定子电流频率 f_1 调速，变频调速就属于这一类调速。

2）改变转差率 s 调速，降压调速、电磁转差离合器调速、绕线转子异步电动机转子串电阻调速、绕线转子异步电动机串级调速都属于这一类调速。

3）变极对数 p 调速。

在以上调速方法中，变频调速、降压调速、绕线转子异步电动机串级调速使用比较广泛。

绕线转子异步电动机调速的动态过程是一组非线性的微分方程，不可能用一个传递函数来准确描述绕线转子异步电动机在整个调速范围内的I/O关系，下面仅介绍绕线转子异步电动机在稳态工作点附近的近似传递函数 $G_{\mathrm{MA}}(s)$，即

$$G_{\mathrm{MA}}(s)=\frac{K_{\mathrm{MA}}}{T_{\mathrm{m}}s+1}$$

式中 K_{MA}——绕线转子异步电动机的放大系数；

T_{m}——绕线转子异步电动机的机电时间常数。

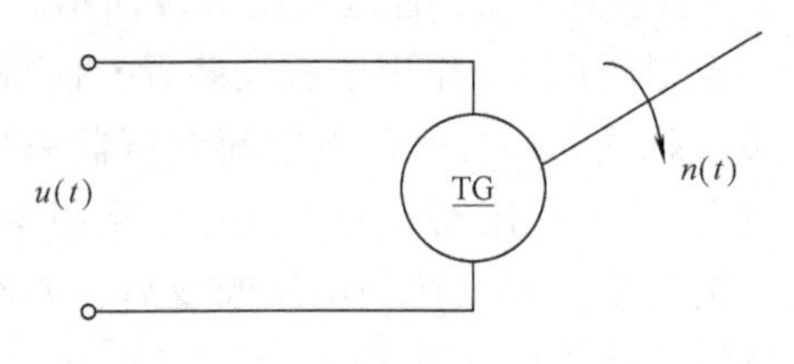

图7-20 直流测速发电机的示意图

6. 速度检测器

在机电一体化系统中，常用作速度检测器的装置是直流测速发电机和交流测速发电机。

（1）直流测速发电机 直流测速发电机的示意图如图7-20所示。

输入信号为被测转速 $n(t)$，输出信号是直流电压 $u(t)$，两者成比例关系，即

$$u(t)=K_{\mathrm{v}}n(t)$$

式中 K_{v}——直流测速发电机的放大系数。

求拉氏变换，得

$$U(s)=K_{\mathrm{v}}N(s)$$

所以直流测速发电机的传递函数 $H_{\mathrm{v}}(s)$ 为

$$H_{\mathrm{v}}(s)=\frac{U(s)}{N(s)}=K_{\mathrm{v}}$$

（2）交流测速发电机 交流测速发电机的示意图如图7-21所示。

输入信号是被测转速 $n(t)$，输出信号为交流电压 $u(t)$，两者成比例关系，同样，我们可以得到交流测速发电机的传递函数 $H_{\mathrm{v}}(s)$ 为

$$H_{\mathrm{v}}(s)=\frac{U(s)}{N(s)}=K_{\mathrm{v}}$$

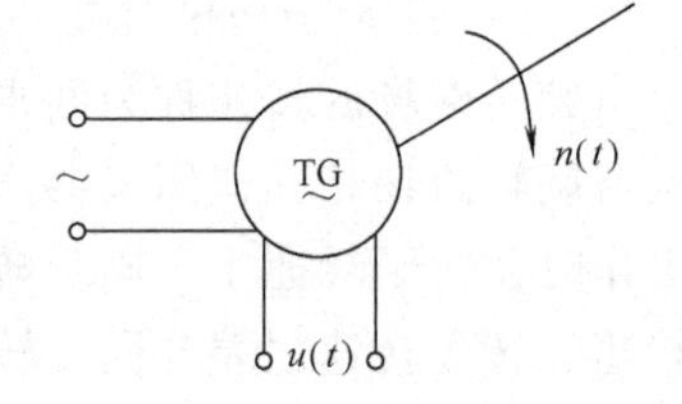

图7-21 交流测速发电机的示意图

式中 K_{v}——交流测速发电机的放大系数。

需要说明的是，在控制系统中控制信号通常都是直流信号，所以交流测速发电机的输出信号需要经过滤波，变换成直流信号再引入到控制系统的输入端。加入滤波电路后，输出的直流电压在时间上相对于交流

电压有一个延迟时间，这个延迟时间比较短，我们可将带滤波电路的交流测速反馈电路看作是一个一阶惯性环节，其传递函数 $H_{FBS}(s)$ 为

$$H_{FBS}(s)=\frac{K_v}{T_{on}s+1}$$

式中 K_v——交流测速发电机的放大系数；

T_{on}——交流测速延迟时间。

7. 位置检测器

在机电一体化系统中，除了对速度进行控制外，通常还要对位置进行控制，那么就需要利用位置检测器将位置信号转换成电压信号引入控制系统的输入端。

位置检测器的输入信号是角位移或线位移，而输出是电压信号，两者成比例关系，可将位置检测器看成是一个比例环节，其传递函数 $H_p(s)$ 为

$$H_p(s)=K_p$$

式中 K_p——位置检测器的放大系数。

8. 机械传动装置

在机电一体化系统中，机械传动装置用于改变不同运动部件之间的运动速度。若机械传动装置的输入速度为 n_1，输出速度为 n_2，减速比为 i，在不考虑机械传动装置的转动惯量、阻尼系数、弹性变形和传动间隙的情况下，我们可将机械传动装置看成是一个比例环节，即

$$\frac{n_1(t)}{i}=n_2(t)$$

则机械传动装置的传递函数 $G_i(s)$ 为

$$G_i(s)=\frac{N_2(s)}{N_1(s)}=\frac{1}{i}=K_i$$

式中 K_i——机械传动装置的放大系数。

7.1.3 典型的机电一体化系统

一个典型的机电一体化系统通常要对速度和位置同时进行控制，下面通过一个速度、位置双闭环直流伺服系统了解一下典型机电一体化系统的结构，其原理图如图 7-22 所示。

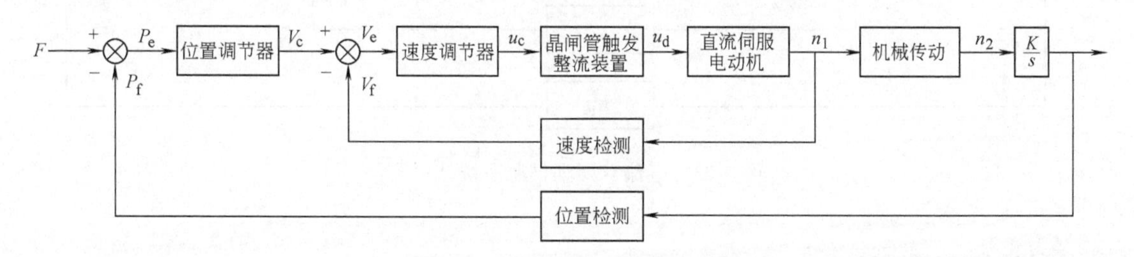

图 7-22 直流双闭环伺服系统原理图

1. 校正环节

校正环节即调节器，一般采用比例调节器或比例积分调节器，若位置调节器和速度调节器均采用比例调节器，设其放大系数分别为 K_1、K_2，则位置调节器的传递函数 $G_1(s)$ 为

$$G_1(s)=K_1$$

速度调节器的传递函数 $G_2(s)$ 为

$$G_2(s)=K_2$$

2. 检测环节

在闭环控制系统中，检测环节起到两个作用：一是检测出被测信号的大小；二是把被测信号转换成可与给定信号进行比较的物理量。通常，检测环节可看作一个比例环节，则速度检测环节的传递函数 $H_v(s)$ 为

$$H_v(s)=K_v$$

位置检测环节的传递函数 $H_p(s)$ 为

$$H_p(s)=K_p$$

3. 晶闸管触发-整流装置

设晶闸管触发-整流装置的放大系数为 K_s，失控时间为 T_s，则其传递函数 $G_s(s)$ 为

$$G_s(s)=\frac{K_s}{T_s s+1}$$

4. 直流伺服电动机

设直流伺服电动机的电磁时间常数为 T_L，机电时间常数为 T_m，则直流伺服电动机的传递函数 $G_d(s)$ 为

$$G_d(s)=\frac{K_d}{T_L T_m s^2+T_m s+1}$$

5. 机械传动装置

机械传动装置可看作一个比例环节，若减速比为 i，则其传递函数 $G_i(s)$ 为

$$G_i(s)=\frac{1}{i}=K_i$$

由各环节的传递函数，我们可得到直流双闭环伺服系统的结构图如图 7-23 所示。

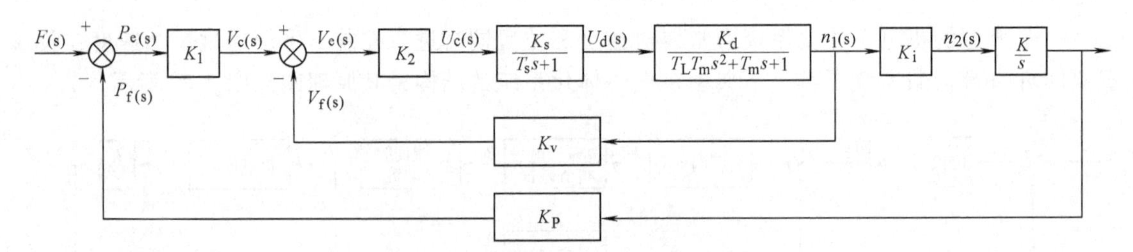

图 7-23 直流双闭环伺服系统结构图

7.2 机电有机结合的稳态分析

机电一体化系统也是一种控制系统，评价控制系统的控制性能应包含“稳、准、快”3个方面。“稳”指的是稳定性，是控制系统的重要特性之一，也是系统能够工作的前提条件，分析系统的稳定性是机电一体化系统设计中必须要做的工作。“准”指的是准确性，即

控制系统的控制精度，当系统处于稳态运行时，系统的输出量能够以一定的精度复现输入量，两者之间的误差越小越好。评价系统的控制稳态性能的技术指标是稳态误差。通常情况下，一个控制系统由于系统结构、输入作用的类型、输入函数的形态不同，以及不可避免地存在多种非线性因素，总会存在一定的稳态误差，有效地控制系统的稳态误差在保持一定范围内是控制系统的重要任务之一。“快”指的是快速性，是指控制系统在输入信号改变后，系统由一种平衡状态过渡到另一种平衡状态的快慢程度，在一些控制要求较高的机电一体化系统设计中，常对系统的快速性有要求。本节将重点讨论系统的稳定性和稳态误差。

7.2.1 稳定性及稳定判据

1. 稳定的概念

如果系统受到外界干扰，不论它的初始偏差有多大，当干扰消失后，系统都能以足够的精确度恢复到初始平衡状态，这种系统叫作稳定系统。

2. 稳定判据

(1) 系统的特征方程 设系统的传递函数 $G(s)$ 为

$$G(s)=\frac{C(s)}{R(s)}=\frac{b_0s^m+b_1s^{m-1}+\cdots+b_m}{a_0s^n+a_1s^{n-1}+\cdots+a_n}$$

则 $D(s)=a_0s^n+a_1s^{n-1}+\cdots+a_n=0$ 称为系统的特征方程。

根据系统的特征方程可以构建劳斯表，在构建劳斯表时必须要使 $a_0>0$，见表 7-1。

表 7-1 劳斯表

s^n	a_0	a_2	a_4	a_6	…
s^{n-1}	a_1	a_3	a_5	a_7	…
s^{n-2}	$c_{13}=\frac{a_1a_2-a_0a_3}{a_1}$	$c_{23}=\frac{a_1a_4-a_0a_5}{a_1}$	$c_{33}=\frac{a_1a_6-a_0a_7}{a_1}$	c_{43}	…
s^{n-3}	$c_{14}=\frac{c_{13}a_3-a_1c_{23}}{c_{13}}$	$c_{24}=\frac{c_{13}a_5-a_1c_{33}}{c_{13}}$	$c_{34}=\frac{c_{13}a_7-a_1c_{43}}{c_{13}}$	c_{45}	…
s^{n-4}	$c_{15}=\frac{c_{14}a_{23}-c_{13}c_{24}}{c_{14}}$	$c_{25}=\frac{c_{14}a_{33}-c_{13}c_{34}}{c_{14}}$	$c_{35}=\frac{c_{14}a_{43}-c_{13}c_{44}}{c_{14}}$	c_{46}	…
⋮	⋮	⋮	⋮	⋮	⋮
s^2	$c_{1,n-1}$				
s^1	$c_{1,n}$				
s^0	$c_{1,n+1}=a_n$				

(2) 劳斯稳定判据 系统稳定的充要条件是：劳斯表中第一列所有元素的值均大于零。如果第一列中出现小于零的元素，则系统不稳定。

例 7-2 设系统的特征方程为

$$s^4+2s^3+3s^2+4s+5=0$$

试用劳斯稳定判据判断系统的稳定性。

解 劳斯表见表 7-2。

表 7-2 例 7-2 的劳斯表

s^4	1	3	5
s^3	2	4	0
s^2	$\frac{(2\times3)-(1\times4)}{2}=1$	5	—
s^1	$\frac{(1\times4)-(2\times5)}{1}=-6$	—	—
s^0	5	—	—

由表 7-2 可见，第一列中有小于零的元素，故系统不稳定。

7.2.2 稳态误差的定义及分类

1. 稳态误差的定义

一个典型的负反馈控制系统的结构图如图 7-24 所示。

系统的输入信号 $r(t)$ 与反馈信号 $b(t)$ 的差值 $e(t)$ 定义为系统误差。

所谓稳态误差，是指时间趋于无穷大时系统的误差值，即

$$e_{ss}=\lim_{t\to\infty}e(t)$$

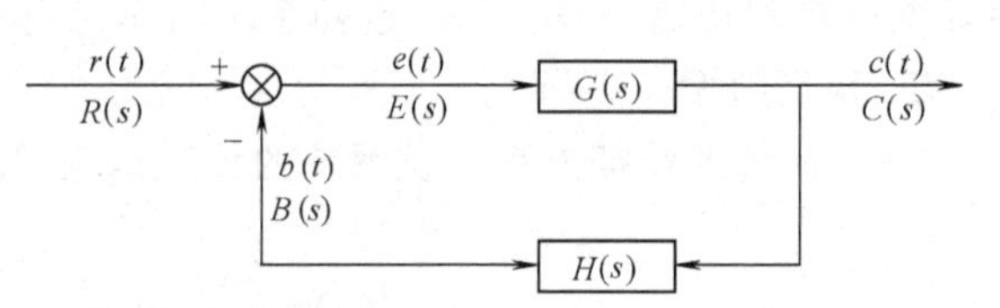

图 7-24 典型的负反馈控制系统的结构图

对上式求拉氏变换，可得稳态误差在复域中的形式为

$$e_{ss}=\lim_{s\to0}sE(s)$$

2. 稳态误差的分类

按照误差来源的不同，稳态误差可分为检测误差、原理误差和扰动误差 3 类。

1）检测误差。由检测元器件的检测精度引起的稳态误差称为检测误差。

2）原理误差。由系统的自身结构形式、系统特征参数和输入信号的形式引起的稳态误差称为原理误差。

3）扰动误差。由作用于系统的各种扰动信号引起的稳态误差称为扰动误差。

7.2.3 稳态误差的分析

1. 检测误差

检测误差是由检测元器件的检测精度引起的，这一部分误差通常作用于控制系统的反馈回路上，系统无法克服。检测误差是稳态误差的主要部分，在选择检测元器件时应尽量保证检测元器件的检测精度高于控制系统的控制精度一个数量级。

2. 原理误差

原理误差与系统的结构、系统的特征参数和输入信号的形式有关。

(1) 系统类型 机电一体化系统多数属于Ⅰ型系统和Ⅱ型系统，Ⅲ型及Ⅲ型以上的系统几乎不采用，判断系统类型要依据系统的开环传递函数。

如果一个负反馈控制系统的开环传递函数 $W(s)$ 具有如下特征，即

$$W(s)=\frac{KN(s)}{sD(s)}$$

式中　　K——开环放大系数；

$N(s)$、$D(s)$——常数项为1的多项式。

那么这个系统属于Ⅰ型系统。

如果一个负反馈控制系统的开环传递函数 $W(s)$ 具有如下特征，即

$$W(s)=\frac{KN(s)}{s^2D(s)}$$

那么这个系统属于Ⅱ型系统。

在控制系统中，选用不同的调节器可以改变系统的结构类型。

（2）典型输入信号

1）阶跃输入。阶跃输入如图7-25a所示，其表达式形式为

$$r(t)=R\cdot 1(t)$$

阶跃输入表达式的拉氏变换为

$$R(s)=\frac{R}{s}$$

2）斜坡输入。斜坡输入如图7-25b所示，其表达式形式为

$$r(t)=Rt$$

斜坡输入表达式的拉氏变换为

$$R(s)=\frac{R}{s^2}$$

3）加速度输入。加速度输入（抛物线输入）如图7-25c所示，其表达式形式为

$$r(t)=Rt^2$$

加速度输入表达式的拉氏变换为

$$R(s)=\frac{R}{s^3}$$

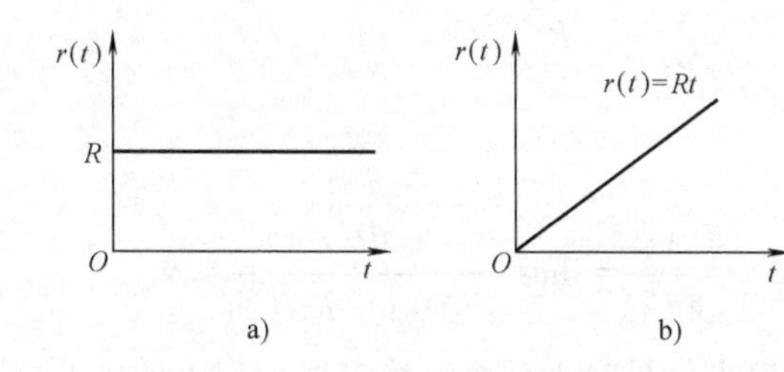

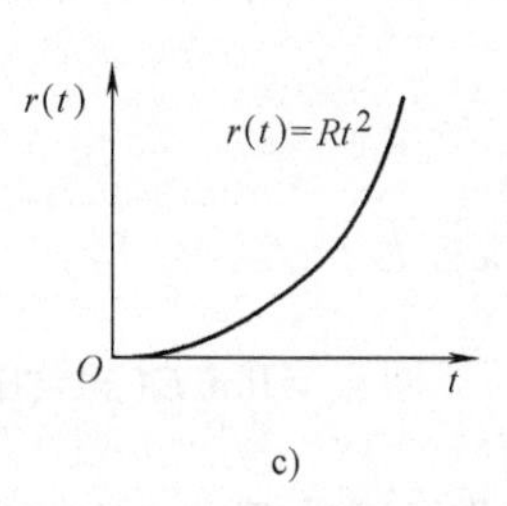

图7-25　典型输入信号

a）阶跃输入　b）斜坡输入　c）加速度输入

（3）原理误差的求解　一个典型的负反馈系统的结构示意图如图7-26所示。

系统的开环传递函数 $W(s)$ 为

$$W(s)=G(s)H(s)$$

系统的误差传递函数 $\phi_e(s)$ 为

$$\phi_e(s)=\frac{E(s)}{R(s)}=\frac{1}{1+G(s)H(s)}=\frac{1}{1+W(s)}$$

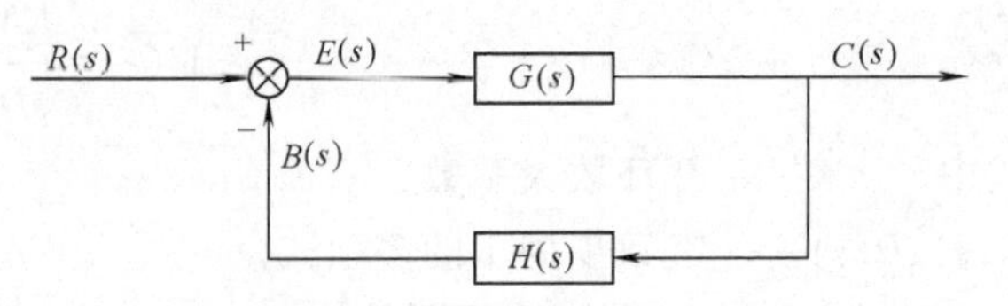

图 7-26 负反馈系统的结构示意图

则

$$E(s)=R(s)\phi_e(s)=\frac{R(s)}{1+W(s)}$$

由稳态误差的定义可求出原理误差为

$$e_{ss}=\lim_{s\to 0}sE(s)=\lim_{s\to 0}\frac{sR(s)}{1+W(s)}$$

(4) Ⅰ型系统在不同输入信号作用下的原理误差 Ⅰ型系统的开环传递函数 $W(s)$ 可写成如下形式，即

$$W(s)=\frac{KN(s)}{sD(s)}$$

1）阶跃输入。阶跃输入的拉氏变换为

$$R(s)=\frac{R}{s}$$

原理误差 e_{ss} 为

$$e_{ss}=\lim_{s\to 0}sE(s)=\lim_{s\to 0}s\frac{R(s)}{1+W(s)}=\lim_{s\to 0}s\frac{R}{s}\frac{sD(s)}{sD(s)+KN(s)}=0$$

2）斜坡输入。斜坡输入的拉式变换为

$$R(s)=\frac{R}{s^2}$$

原理误差 e_{ss} 为

$$e_{ss}=\lim_{s\to 0}sE(s)=\lim_{s\to 0}s\frac{R(s)}{1+W(s)}=\lim_{s\to 0}s\frac{R}{s^2}\frac{sD(s)}{sD(s)+KN(s)}=\frac{R}{K}$$

3）加速度输入。加速度输入的拉氏变换为

$$R(s)=\frac{R}{s^3}$$

原理误差 e_{ss} 为

$$e_{ss}=\lim_{s\to 0}sE(s)=\lim_{s\to 0}s\frac{R(s)}{1+W(s)}=\lim_{s\to 0}s\frac{R}{s^3}\frac{sD(s)}{sD(s)+KN(s)}=\infty$$

从上面的分析可以看出，在不同输入信号对Ⅰ型系统稳态原理误差的影响中，阶跃输入作用下的稳态原理误差最小，而在加速度输入作用下，Ⅰ型系统是个不稳定的系统。

(5) Ⅱ型系统在不同输入信号作用下的原理误差 Ⅱ型系统的开环传递函数 $W(s)$ 可写成如下形式，即

$$W(s)=\frac{KN(s)}{s^2D(s)}$$

参照Ⅰ型系统的原理误差求解方法，可以依次得到Ⅱ型系统在不同输入信号作用下的原理误差。

阶跃输入作用下的原理误差 e_{ss} 为

$$e_{ss}=0$$

斜坡输入作用下的原理误差 e_{ss} 为

$$e_{ss}=0$$

加速度输入作用下的原理误差 e_{ss} 为

$$e_{ss}=\frac{R}{K}$$

可以看出，不同输入信号对Ⅱ型系统的原理误差也会产生不同影响，而且Ⅱ型系统的稳态性能优于Ⅰ型系统。我们把在阶跃输入作用下没有原理误差的系统称为无差系统，而把在阶跃输入作用下具有原理误差的系统称为有差系统。

(6) 稳态品质因素 在控制系统中，常使用稳态品质因素来具体描述系统的稳态性能，包括速度品质因素和加速度品质因素。

1）速度品质因素 K_v。系统的斜坡输入信号的斜率与斜坡输入信号作用下稳态原理误差之比，即

$$K_v=\frac{R}{e_{ss}}=\frac{R}{\lim\limits_{s\to0}s\frac{R}{s^2}\frac{1}{1+W(s)}}=\lim_{s\to0}s[1+W(s)]$$

2）加速度品质因素 K_a。系统的加速度输入信号的加速度与加速度输入信号作用下稳态原理误差的比值，即

$$K_a=\frac{R}{e_{ss}}=\frac{R}{\lim\limits_{s\to0}s\frac{R}{s^3}\frac{1}{1+W(s)}}=\lim_{s\to0}s^2[1+W(s)]$$

根据上式求出Ⅰ型系统的稳态品质因素为

$$K_v=K \qquad K_a=0$$

Ⅱ型系统的稳态品质因素为

$$K_v=\infty \qquad K_a=K$$

稳态品质因素越大，说明系统的稳态原理误差越小，系统的稳态性能越好。

3. 扰动误差

控制系统在工作的时候，不仅受给定输入信号的作用，而且还有各种干扰信号的作用。常见的干扰信号有以下 3 类：

1）负载扰动。

2）系统参数扰动。包括元器件参数变化和电源电压波动等引起的扰动。

3）噪声扰动。通常是由检测装置经反馈回路引入系统中的各种频率的噪声信号。

在上述 3 类扰动中，噪声干扰的成分最为复杂，一般来讲，高频的噪声信号出于与系统的通频带不重叠，可被系统完全滤除，但如果噪声信号的频率较低，就需要依靠降低系统的通频带来消除或抑制噪声干扰引起的稳态误差，这样就牺牲了系统的快速性和动态精度。改

变系统的控制结构不是消除和抑制噪声干扰引起的稳态误差的最佳方法，只有选择高质量的检测装置才能从根本上解决这一问题。负载扰动和系统参数扰动均作用在负反馈控制系统的前向通道上，尽管扰动的形式不同，作用点也不同，但这些扰动的影响是相似的，选择不同的系统结构可以消除或抑制这两类扰动引起的稳态误差。

下面对一个作用在负反馈控制系统前向通道上的单位阶跃输入扰动信号引起的稳态误差进行分析，来看看不同结构的控制系统的抗干扰性能。反馈控制系统前向通道上扰动作用的影响如图 7-27 所示。

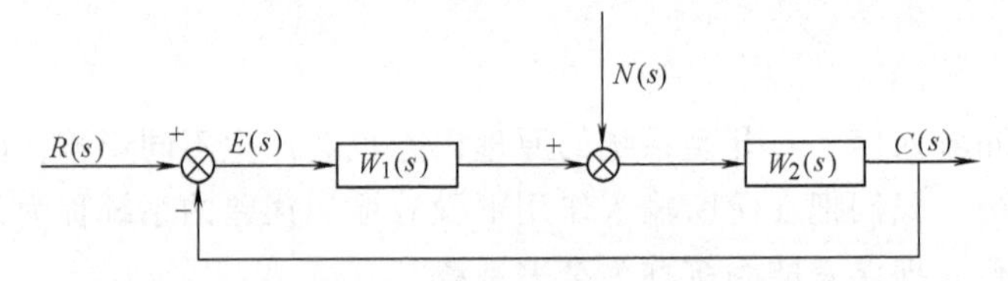

图 7-27　反馈控制系统前向通道上扰动作用的影响

由图 7-27 可得到扰动作用下系统的结构图如图 7-28 所示。

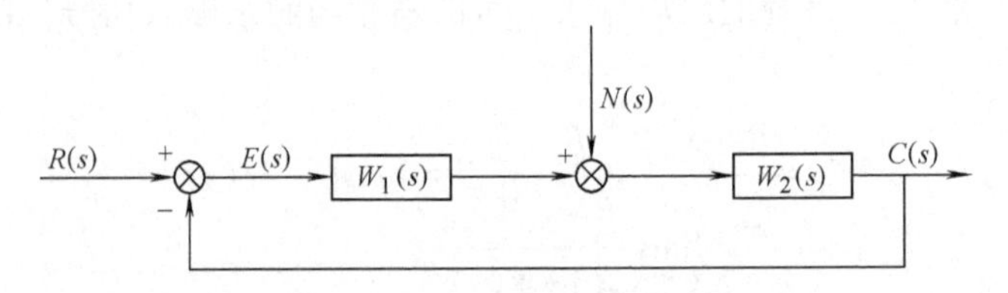

图 7-28　扰动作用下系统的结构图

由于扰动信号为单位阶跃信号，其拉氏变换为

$$N(s)=\frac{1}{s}$$

扰动误差传递函数 $\phi_{en}(s)$ 为

$$\phi_{en}(s)=\frac{E(s)}{N(s)}=\frac{-W_2(s)}{1+W_1(s)W_2(s)}$$

对于Ⅰ型系统，其传递函数为

$$W_1(s)=\frac{K_1N_1(s)}{sD_1(s)}\qquad W_2(s)=\frac{K_2N_2(s)}{sD_2(s)}$$

扰动作用下的稳态误差 e_{ss} 为

$$e_{ss}=\lim_{s\to 0}sE(s)=\lim_{s\to 0}sN(s)\frac{-W_2(s)}{1+W_1(s)W_2(s)}=\lim_{s\to 0}s\frac{1}{s}\frac{-\dfrac{K_2N_2(s)}{sD_2(s)}}{1+\dfrac{K_1K_2N_1(s)N_2(s)}{s^2D_1(s)D_2(s)}}=-\frac{1}{K_1}$$

对于Ⅱ型系统，其传递函数为

$$W_1(s)=\frac{K_1N_1(s)}{s^2D_1(s)}\qquad W_2(s)=\frac{K_2N_2(s)}{s^2D_2(s)}$$

则扰动作用下的稳态误差 e_{ss} 为

$$e_{ss}=\lim_{s\to 0}sE(s)=\lim_{s\to 0}sN(s)\frac{-W_2(s)}{1+W_1(s)W_2(s)}=\lim_{s\to 0}s\frac{1}{s}\frac{-\dfrac{K_2N_2(s)}{s^2D_2(s)}}{1+\dfrac{K_1K_2N_1(s)N_2(s)}{s^4D_1(s)D_2(s)}}=0$$

由上面的分析可以看出：在抵抗前向通道上的扰动能力方面，Ⅱ型系统要优于Ⅰ型系统。

7.2.4 机电一体化的稳态性能实例分析

下面以一个典型的速度负反馈直流调速系统为例说明一下机电一体化系统的原理误差、扰动误差的分析过程。该系统的原理图如图7-29所示。

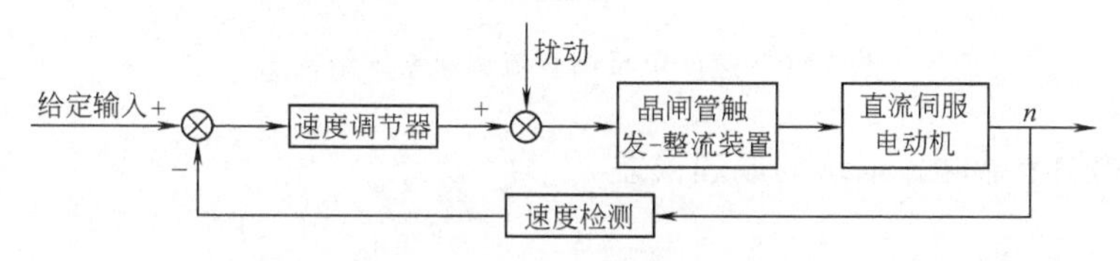

图7-29 速度负反馈直流调速系统原理图

若作用于系统的给定输入为单位阶跃信号，扰动输入为单位斜坡信号，分析系统速度调节器分别采用比例调节器和比例积分调节器的稳态原理误差和扰动误差。

给定输入为单位阶跃信号，其拉氏变换为

$$R(s)=\frac{1}{s}$$

扰动输入为单位斜坡信号，其拉氏变换为

$$N(s)=\frac{1}{s^2}$$

当采用比例调节器时，速度调节器的传递函数 $G_v(s)$ 为

$$G_v(s)=K$$

当采用比例积分调节器时，速度调节器的传递函数 $G_a(s)$ 为

$$G_a(s)=\frac{K(1+Ts)}{Ts}$$

晶闸管触发-整流装置可看作一个一阶惯性环节，其传递函数 $G_s(s)$ 为

$$G_s(s)=\frac{K_s}{T_ss+1}$$

直流伺服电动机的传递函数 $G_d(s)$ 为

$$G_d(s)=\frac{K_d}{T_mT_Ls^2+T_ms+1}$$

速度检测可看成是一个比例环节，其传递函数 $H_v(s)$ 为

$$H_v(s)=K_v$$

由系统各部件的传递函数，可得系统的结构图如图 7-30 所示。

给定输入作用下的误差传递函数 $\phi_e(s)$ 为

$$\phi_e(s)=\frac{E(s)}{R(s)}=\frac{1}{1+G_v(s)G_s(s)G_d(s)H_v(s)}$$

则系统的原理误差 e_{ss} 为

$$e_{ss}=\lim_{s\to 0}sE(s)=\lim_{s\to 0}\frac{sR(s)}{1+G_v(s)G_s(s)G_d(s)H_v(s)}$$

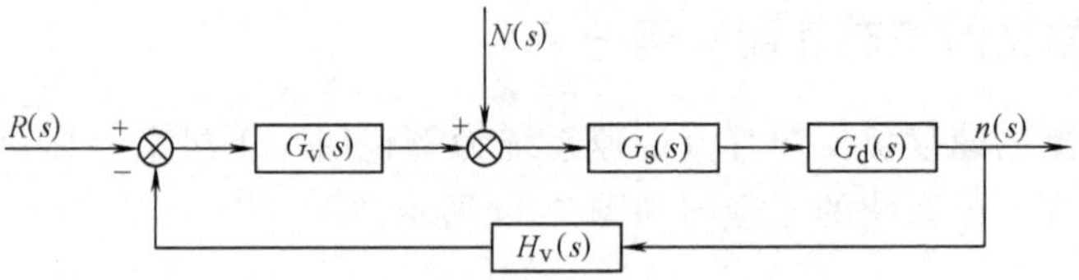

图 7-30　速度负反馈直流调速系统结构图

当采用比例调节器时，系统的原理误差 e_{ss} 为

$$e_{ss}=\lim_{s\to 0}s\frac{1}{s}\frac{1}{1+\frac{KK_vK_s}{T_ss+1}\frac{K_d}{T_mT_Ls^2+T_ms+1}}=\frac{1}{1+KK_vK_sK_d}$$

当采用比例积分调节器时，系统的原理误差 e_{ss} 为

$$e_{ss}=\lim_{s\to 0}s\frac{1}{s}\frac{1}{1+\frac{KK_v(1+Ts)}{Ts}\frac{K_s}{T_ss+1}\frac{K_d}{T_mT_Ls^2+T_ms+1}}=0$$

扰动输入作用下的误差传递函数 $\phi_{en}(s)$ 为

$$\phi_{en}(s)=\frac{E(s)}{N(s)}=\frac{-G_s(s)G_d(s)}{1+G_v(s)G_s(s)G_d(s)H_v(s)}$$

则系统的扰动误差 e_{sn} 为

$$e_{sn}=\lim_{s\to 0}sE(s)=\lim_{s\to 0}\frac{-sN(s)G_s(s)G_d(s)}{1+G_v(s)G_s(s)G_d(s)H_v(s)}$$

当采用比例调节器时，系统的扰动误差 e_{sn} 为

$$e_{sn}=\lim_{s\to 0}s\frac{1}{s^2}\frac{-\frac{K_s}{T_ss+1}\frac{K_d}{T_mT_Ls^2+T_ms+1}}{1+\frac{KK_vK_s}{T_ss+1}\frac{K_d}{T_mT_Ls^2+T_ms+1}}=\infty$$

当采用比例积分调节器时，系统的扰动误差 e_{sn} 为

$$e_{sn}=\lim_{s\to 0} s\frac{1}{s^2}\frac{-\dfrac{K_s}{T_s s+1}\dfrac{K_d}{T_m T_L s^2+T_m s+1}}{1+\dfrac{K_v K(Ts+1)}{Ts}\dfrac{K_s}{T_s s+1}\dfrac{K_d}{T_m T_L s^2+T_m s+1}}=-\frac{T}{K_v K}$$

由上面这一个例子不难看出，稳态误差不仅受输入信号的影响，而且还与系统的结构有关。当系统的稳态误差不能满足要求时，改变系统的结构（主要是采用不同的调节器）可以提高系统的稳态性能。

7.3 机电有机结合的动态分析

通过对控制系统进行时域分析，可以对系统的稳定性做出判断，并且对系统的稳态性能指标进行分析，但这种分析方法有其局限性，具体表现在以下几个方面：

1）对系统的分析依赖于系统的结构、参数和输入信号，当系统结构、参数和输入信号发生变化时，就需要对系统进行重新分析。

2）采用时域分析法对系统进行稳态分析时，系统内部的各种信号都没有发生变化，实际上，一个系统在工作的大部分时间里，其内部各种信号都是在不断变化的，时域分析法不适用于分析系统的动态性能。

3）难以研究系统参数和结构变化对系统性能的影响。

4）对系统的分析依赖于系统的微分方程，当系统比较复杂时，微分方程的求解困难，甚至无法求出，这也会对系统的时域分析造成困难。

在对控制系统进行动态分析时，通常采用频域分析法分析系统的频率特性。频率特性是系统的一种数学模型，与系统的动态性能指标有着明确的对应关系。频域分析法不必直接求解系统的微分方程，可根据系统的开环频率特性分析闭环的稳定性、稳态性能和动态性能。

7.3.1 控制系统的频率特性

1. 频率特性

一个系统在正弦输入信号作用下，系统各部件内的信号以及被控对象最终都近似以正弦形式做稳态振荡。振荡的频率和输入信号相同，但振幅和相位不同于输入信号。

设输入信号的频率为 ω，则可测得系统的一系列稳态输入和输出的振幅 A_1、A_2，以及输出对输入的相位差。

以角频率 ω 为横坐标，分别以输出对输入的振幅比 $\frac{A_2}{A_1}=A$ 和相位差 φ 为纵坐标，可得到幅频特性曲线 $A(\omega)$ 和相频特性曲线 $\varphi(\omega)$，$A(\omega)$ 和 $\varphi(\omega)$ 统称为频率特性曲线（图 7-31）。

2. 频域性能指标

频域性能指标包括零频幅比、峰值、频带和相频宽。

1）零频幅比。角频率 $\omega=0$ 时的振幅比。零频幅比反映了系统在常值输入下的稳态输出，$A(0)=1$ 表明系统在常值输入作用下的稳态误差为 0，所以 $A(0)$ 越接近于 1，系统的稳态精度越高。

2）峰值。指幅频特性的最大值。峰值 A_m 大，表明系统对某些频率的正弦信号反映强烈，意味着系统的平稳性较差。一般希望 $A_m<1.5A(0)$。

3）频带。指幅频特性上幅值 A 衰减到 $0.707A(0)$ 时的角频率。频带 ω_b 越大，表明系统的频带宽，系统跟踪、复现快速变化的输入信号的能力强、振幅失真小、快速性好；ω_b 越小，表明系统的频带窄，系统反应迟钝、失真大、快速性差。

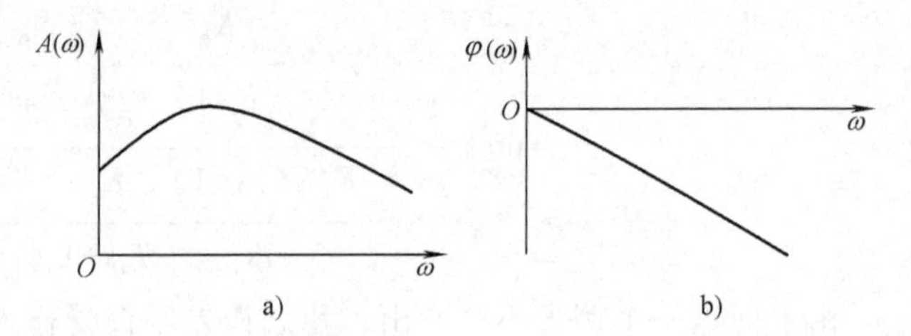

图 7-31 控制系统的频率特性曲线

a）幅频特性曲线 b）相频特性曲线

4）相频宽。相频特性 $\varphi(\omega)$ 等于 $-\pi/2$ 时对应的频率。相频宽 $\omega_{b\varphi}$ 越大，说明系统的快速性好。相频 $\varphi(\omega)$ 为负值，表明系统的稳态输出在相位上落后于输入。

3. 频率特性的数学表达式

如果一个系统的传递函数为

$$\phi(s)=\frac{C(s)}{R(s)}=\frac{b_0s^m+b_1s^{m-1}+\cdots+b_m}{a_0s^n+a_1s^{n-1}+\cdots+a_n}$$

以纯虚变量 jω 取代传递函数中的复变量 s，得到模幅式表示的频率特性为

$$\phi(s)\bigg|_{s=j\omega}=\phi(j\omega)=A(\omega)e^{j\varphi(\omega)}$$

求取上式的幅值和相角，得到系统的幅频表达式为

$$A(\omega)=|\phi(j\omega)|$$

相频表达式为

$$\varphi(\omega)=\angle\phi(j\omega)$$

4. 典型环节对数幅相特性曲线

在频域分析中，通常采用对数幅相特性描述系统的频率特性。对数幅相特性采用特殊的单面对数坐标，纵坐标采用对数幅频 $20\lg A(\omega)$ 和相频 $\varphi(\omega)$ 取等分刻度。其中，对数幅频是将幅频 $A(\omega)$ 取对数后乘以 20。对数幅频的单位为分贝（符号为 dB），相频的单位为弧度（符号为 rad）。横坐标采用角频率的对数刻度，单位为弧度/秒（符号为 rad/s）。

（1）比例环节 传递函数 $G(s)$ 为

$$G(s)=K(K>0)$$

频率特性为

$$G(j\omega)=K$$

对数幅频特性为

$$L(\omega)=20\lg K$$

对数相频特性为

$$\varphi(\omega)=0$$

比例环节的对数幅相特性曲线如图 7-32 所示。

（2）积分环节 传递函数 $G(s)$ 为

$$G(s)=\frac{1}{s}$$

频率特性为

$$G(\mathrm{j}\omega)=\frac{1}{\mathrm{j}\omega}$$

对数幅频特性为

$$L(\omega)=-20\lg\omega$$

对数相频特性为

$$\varphi(\omega)=-90°$$

积分环节的对数幅相特性曲线如图 7-33 所示。

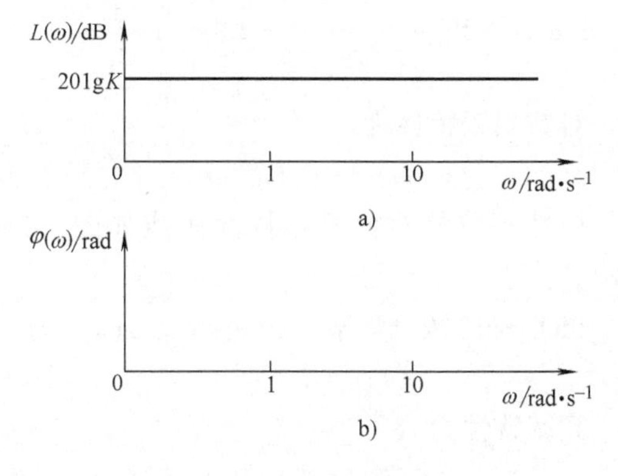

图 7-32 比例环节的对数幅相特性曲线

a）对数幅频特性曲线 b）对数相频特性曲线

(3) 微分环节 传递函数 $G(s)$ 为

$$G(s)=s$$

频率特性为

$$G(\mathrm{j}\omega)=\mathrm{j}\omega$$

对数幅频特性为

$$L(\omega)=20\lg\omega$$

对数相频特性为

$$\varphi(\omega)=90°$$

微分环节的对数幅相特性曲线如图 7-34 所示。

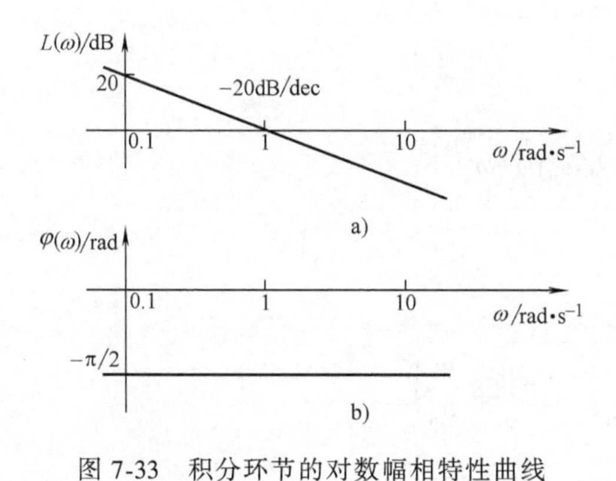

图 7-33 积分环节的对数幅相特性曲线

a）对数幅频特性曲线 b）对数相频特性曲线

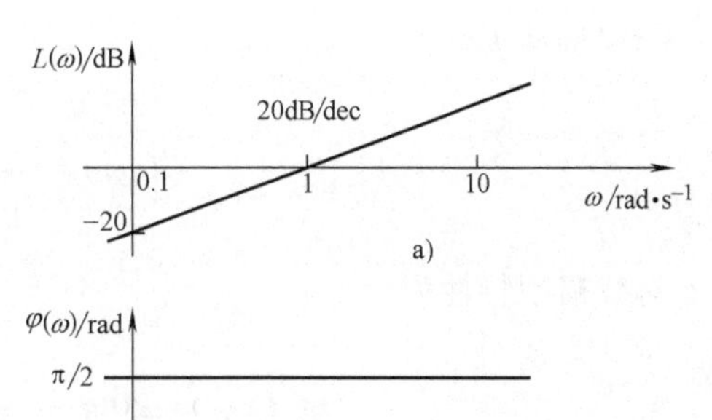

图 7-34 微分环节的对数幅相特性曲线

a）对数幅频特性曲线 b）对数相频特性曲线

(4) 惯性环节 传递函数 $G(s)$ 为

$$G(s)=\frac{1}{Ts+1}$$

频率特性为

$$G(\mathrm{j}\omega)=\frac{1}{T\mathrm{j}\omega+1}$$

对数幅频特性为

$$L(\omega)=20\lg\frac{1}{\sqrt{1+T^2\omega^2}}=-20\lg\sqrt{1+T^2\omega^2}$$

对数相频特性为

$$\varphi(\omega)=-\arctan T\omega$$

惯性环节的对数幅相特性曲线如图 7-35 所示。

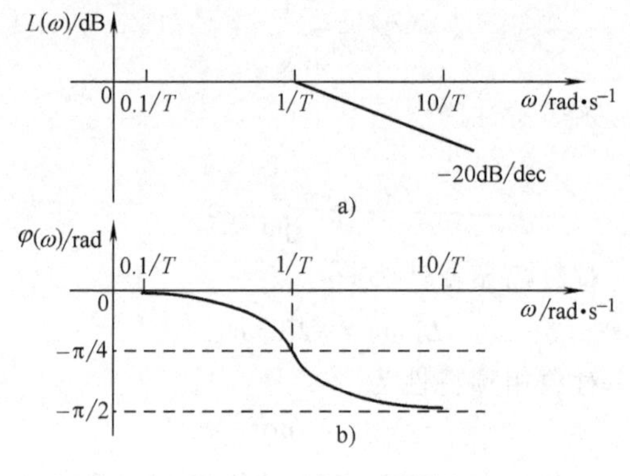

图 7-35 惯性环节的对数幅相特性曲线

a）对数幅频特性曲线 b）对数相频特性曲线

(5) 一阶微分环节 传递函数 $G(s)$ 为

$$G(s)=Ts+1$$

频率特性为

$$G(\mathrm{j}\omega)=T\mathrm{j}\omega+1$$

对数幅频特性为

$$L(\omega)=20\lg\sqrt{T^2\omega^2+1}$$

对数相频特性为

$$\varphi(\omega)=\arctan T\omega$$

一阶微分环节的对数幅相特性曲线如图 7-36 所示。

(6) 振荡环节 传递函数 $G(s)$ 为

$$G(s)=\frac{\omega_n^2}{s^2+2\zeta\omega_n s+\omega_n^2}$$

频率特性为

$$G(\mathrm{j}\omega)=\frac{\omega_n^2}{(\mathrm{j}\omega)^2+2\zeta\omega_n\mathrm{j}\omega+\omega_n^2}$$

对数幅频特性为

$$L(\omega)=20\lg\frac{1}{\sqrt{\left[1-\left(\frac{\omega}{\omega_n}\right)^2\right]^2+\left(2\zeta\frac{\omega}{\omega_n}\right)^2}}$$

$$=-20\lg\sqrt{\left[1-\left(\frac{\omega}{\omega_n}\right)^2\right]^2+\left(2\zeta\frac{\omega}{\omega_n}\right)^2}$$

对数相频特性为

$$\varphi(\omega)=-\arctan\frac{2\zeta\frac{\omega}{\omega_n}}{1-\left(\frac{\omega}{\omega_n}\right)^2}$$

振荡环节的对数幅相特性曲线如图 7-37 所示。

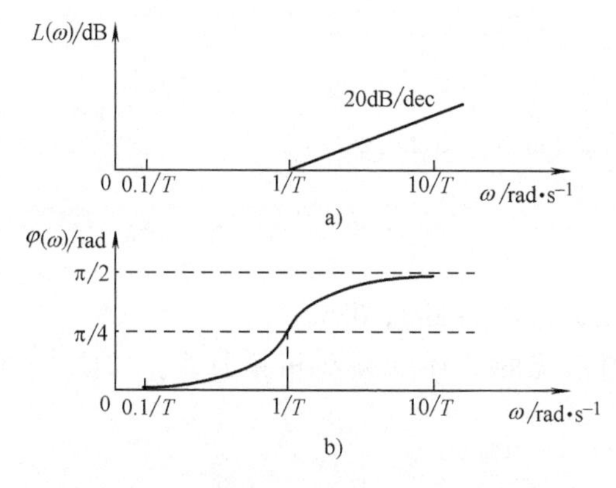

图 7-36 一阶微分环节的对数幅相特性曲线
a）对数幅频特性曲线 b）对数相频特性曲线

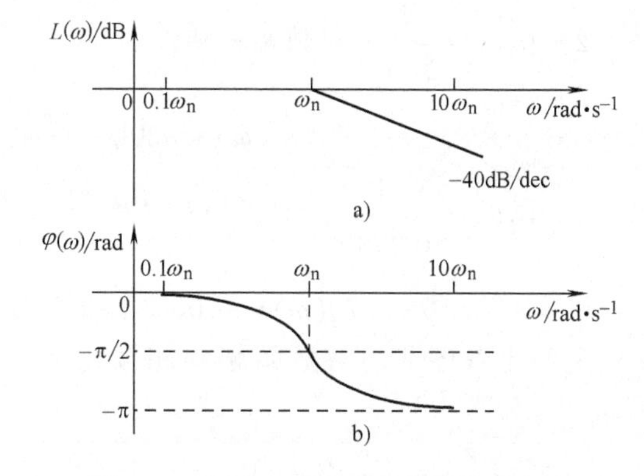

图 7-37 振荡环节的对数幅相特性曲线
a）对数幅频特性曲线 b）对数相频特性曲线

7.3.2 控制系统的开环频率特性

将控制系统的对数幅频特性曲线和相频特性曲线画在同一对数坐标系上，称为波特图(Bode 图)。波特图是分析系统的频率特性的重要工具。

某单位负反馈系统结构图如图 7-38 所示。

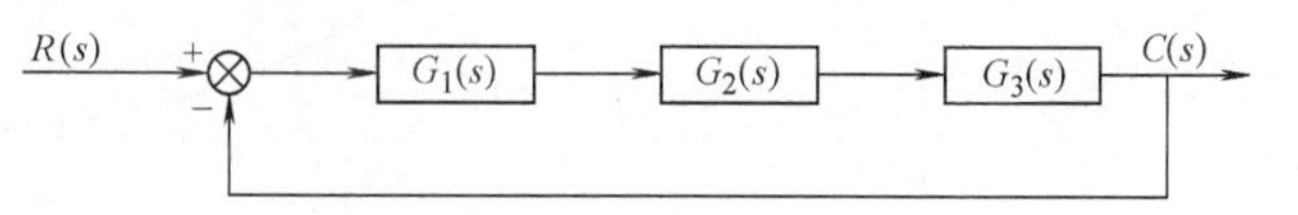

图 7-38 某单位负反馈系统结构图

由图 7-38 可得到系统的开环传递函数 $G(s)$ 为

$$G(s)=G_1(s)G_2(s)G_3(s)$$

则

$$L(\omega)=20\lg|G(\mathrm{j}\omega)|=\sum_{i=1}^{3}20\lg|G_i(\mathrm{j}\omega)|$$

$$\varphi(\omega)=\sum_{i=1}^{3}\angle G_i(\mathrm{j}\omega)$$

所以，系统开环对数幅频和相频分别等于各串联环节的对数幅频和相频之和。

例 7-3 已知某单位负反馈系统的开环传递函数 $G(s)$ 为

$$G(s)=\frac{2}{(s+1)(0.5s+1)}$$

请绘制系统开环对数幅相特性曲线 $L(\omega)$、$\varphi(\omega)$。

解 该系统可看作 3 个环节的串联。

比例环节的传递函数为

$$G_1(s)=2$$

惯性环节的传递函数为

$$G_2(s)=\frac{1}{s+1}\qquad G_3(s)=\frac{1}{0.5s+1}$$

分别求出各环节的对数幅频和相频特性。

1）$G_1(s)=2$ 的对数幅相特性为

$$L_1(\omega)=20\lg2\approx6\qquad \varphi_1(\omega)=0$$

2） $G_2(s)=\dfrac{1}{s+1}$的对数幅相特性为

$$L_2(\omega)=-20\lg\sqrt{1+\omega^2} \qquad \varphi_2(\omega)=-\arctan\omega$$

3） $G_3(s)=\dfrac{1}{0.5s+1}$的对数幅相特性为

$$L_3(\omega)=-20\lg\sqrt{1+0.25\omega^2} \qquad \varphi_3(\omega)=-\arctan 0.5\omega$$

将以上各环节的对数幅频和相频相加，得到系统的开环幅频和相频曲线，如图 7-39所示。

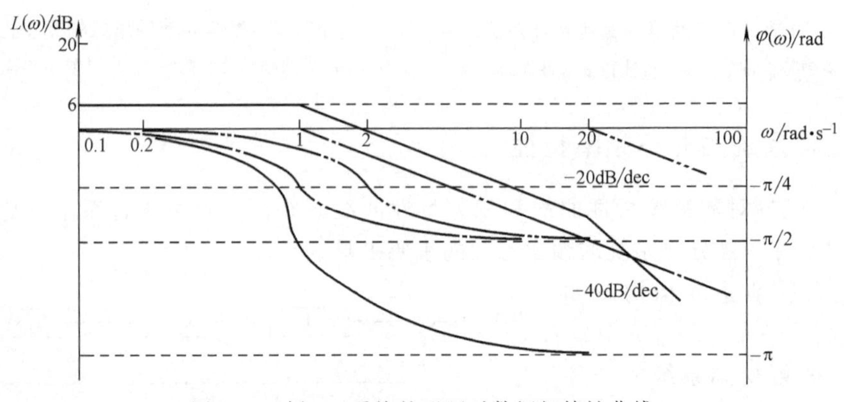

图 7-39 例 7-3 系统的开环对数幅相特性曲线

7.3.3 稳定判据和稳定裕度

1. 稳定判据

通过对系统的开环频率特性的分析，可以对系统的闭环稳定性进行判定。

对数频率稳定判据：在系统开环对数频率特性曲线中，如果在对数幅频曲线大于 0 的范围内，对数相频曲线对-π 线的正穿（由下向上）次数与负穿（由上向下）次数相等，系统开环稳定，则系统闭环稳定；如果在对数幅频曲线大于 0 的范围内，对数相频曲线对-π 线正、负穿越的次数不相等，则系统开环不稳定，如果正、负穿越次数之差等于 $p/2$，（p 为开环系统 s 右半平面特征根的个数，即具有负实部的特征根的个数），系统闭环稳定，否则系统闭环不稳定。

2. 稳定裕度

在控制系统中，常以稳定裕度来衡量闭环系统的稳定程度，常用的有幅值裕度 h 和相角裕度 γ。

（1）幅值裕度 h 定义为在对数幅相曲线上，相角为-180°时对应的幅值的倒数，即

$$h=\frac{1}{|G(\mathrm{j}\omega_{\mathrm{g}})|}$$

式中 ω_{g}——交界频率，相角等于-180°时对应的频率。

幅值裕度的分贝值 L_{h} 为

$$L_h = 20\lg \frac{1}{G(j\omega_g)} = -20\lg G(j\omega_g)$$

幅值裕度 h 表明开环传递函数增大到原来的 h 倍，系统就处于临界稳定状态。

(2) 相角裕度 γ　指幅频值等于 0 时的相频值与 $-\pi$ 的相位差。

$$\gamma = 180° + \angle G(j\omega_c)$$

式中　ω_c——幅频值为 0 时的频率，称为截止频率（剪切频率）。

在系统设计时，一般要求：

$$\gamma \geqslant 40°$$

$$L_h \geqslant 6\text{dB}$$

7.3.4　动态校正

在设计控制系统时，如果有些控制性能达不到设计要求，我们可以对系统进行校正。所谓校正，就是给系统附加一些具有典型环节特性的电路、模拟运算部件以及测量装置，以改善整个系统的控制性能。常用的校正方法有串联校正和反馈校正两种。

1. 串联校正

所谓串联校正，就是在控制系统的前向通道中串联校正元件。一般校正元件放在主通道误差信号处。常用串联校正有超前校正和滞后校正两种。

(1) 超前校正　又称比例微分校正，就是在控制系统的前向通道上串联一个比例微分装置。典型的比例微分装置由一个运算放大器加一个阻容元件组成，如图 7-40 所示。

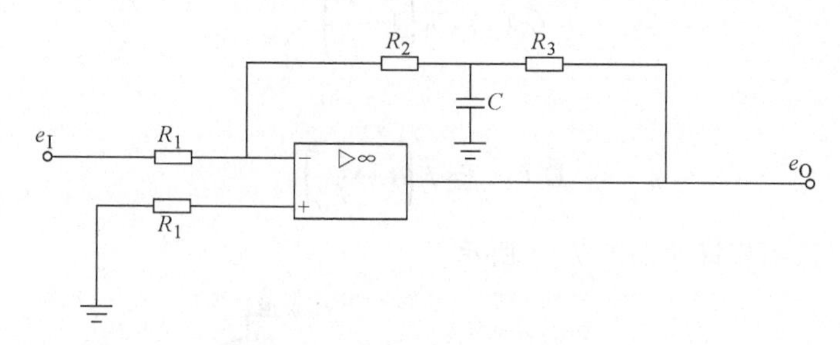

图 7-40　比例微分装置

比例微分装置的传递函数 $G_c(s)$ 为

$$G_c(s) = \frac{U_O(s)}{U_I(s)} = \frac{R_2+R_3}{R_1}\left(1+\frac{R_2R_3}{R_2+R_3}Cs\right)$$

令

$$K = \frac{R_2+R_3}{R_1} \qquad T = \frac{R_2R_3}{R_2+R_3}C$$

则

$$G_c(s) = K(1+Ts)$$

则频率特性为

$$G_c(j\omega)=K(1+Tj\omega)$$

比例微分环节的对数幅相特性如图 7-41 所示。

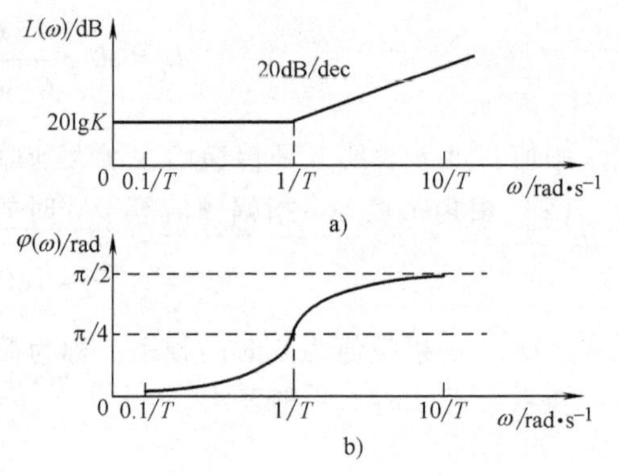

图 7-41 比例微分环节的对数幅相特性曲线

a）对数幅频特性曲线 b）对数相频特性曲线

在反馈系统中，串联比例微分环节会使原幅频、相频曲线整体上移，幅频曲线的最大值增加，使系统的平稳性降低、使频带宽增加，系统的快速性更好，同时使系统抵抗高频干扰的能力降低。所以，超前校正常应用于对快速性要求较高、而对系统的平稳性要求不高的系统的校正。

（2）滞后校正 又称为比例积分校正，就是在系统的前向通道中串联一个比例积分装置。典型的比例积分装置如图 7-42 所示。

其传递函数 $G_c(s)$ 为

$$G_c(s)=\frac{U_O(s)}{U_I(s)}=\frac{R_2}{R_1}\left(1+\frac{1}{R_1Cs}\right)$$

令

$$K=\frac{R_2}{R_1}\qquad T=R_1C$$

则

$$G_c(s)=K\left(1+\frac{1}{Ts}\right)$$

则频率特性为

$$G_c(j\omega)=K\left(1+\frac{1}{jT\omega}\right)$$

比例积分环节的对数幅相特性如图 7-43 所示。

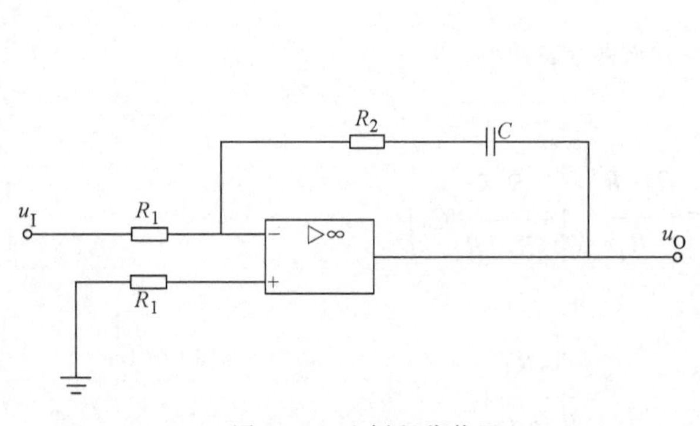

图 7-42 比例积分装置

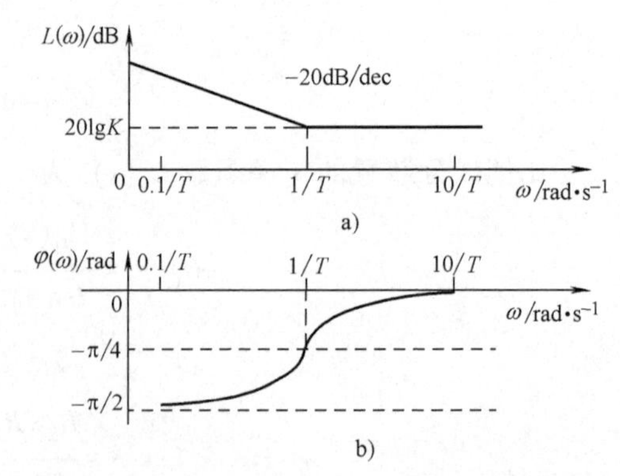

图 7-43 比例积分环节的对数幅相特性曲线

a）对数幅频特性曲线 b）对数相频特性曲线

串联滞后校正的作用在于提高系统的开环增益，从而改善系统的稳态性能，主要应用于动态性能已满足设计要求、而稳态精度不够的系统的校正。串联的比例积分环节实际上是一个低通滤波器，使低频信号能够被送入放大器，从而降低系统的稳态误差，对高频信号则表现出明显的衰减特性，从而防止系统的不稳定性，提高了系统的平稳性。

2. 反馈校正

所谓反馈校正就是在闭环系统的反馈通道中设置一些校正元件，改变被包围环节的动态性质，减弱这部分环节特性参数变化和干扰信号给系统带来的不利影响。

(1) 利用反馈校正改变局部结构和参数

1）比例反馈包围积分环节。比例反馈包围积分环节如图 7-44 所示。

回路的传递函数 $G(s)$ 为

$$G(s)=\frac{\frac{K_1}{s}}{1+\frac{K_0K_1}{s}}=\frac{\frac{1}{K_0}}{\frac{1}{K_0K_1}s+1}$$

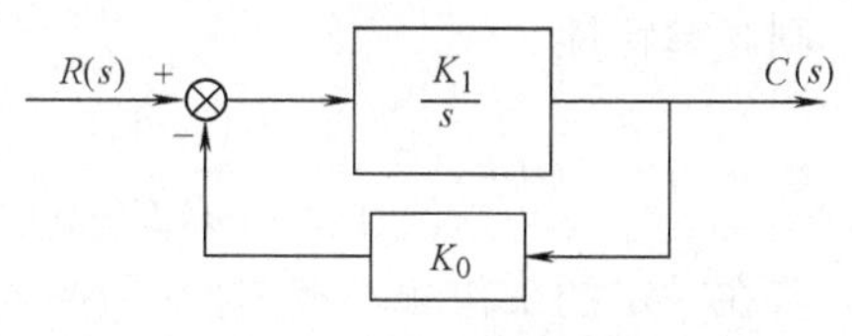

图 7-44 比例反馈包围积分环节

由上式可见，校正后由原来的积分环节转变成了惯性环节。

2）比例反馈包围惯性环节。比例反馈包围惯性环节如图 7-45 所示。

回路的传递函数 $G(s)$ 为

$$G(s)=\frac{\frac{K_1}{Ts+1}}{1+\frac{K_1K_0}{Ts+1}}=\frac{\frac{K_1}{1+K_1K_0}}{\frac{T}{1+K_1K_0}s+1}$$

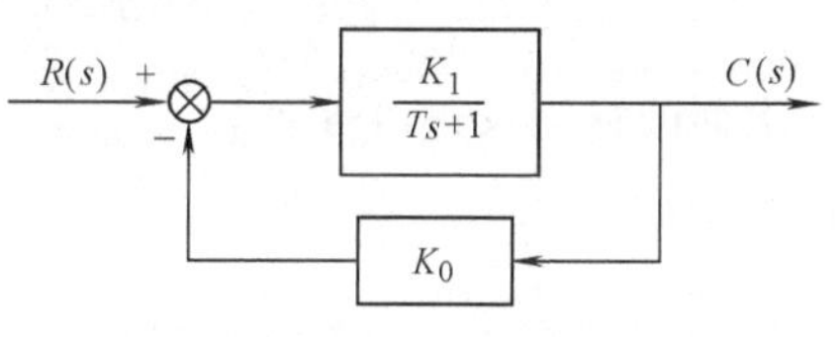

图 7-45 比例反馈包围惯性环节

由上式可见，校正后仍为惯性环节，但时间常数变小了。

3）微分环节包围惯性环节。微分环节包围惯性环节如图 7-46 所示。

回路的传递函数 $G(s)$ 为

$$G(s)=\frac{\frac{K_1}{Ts+1}}{1+\frac{K_0K_1s}{Ts+1}}=\frac{K_1}{(T+K_0K_1)s+1}$$

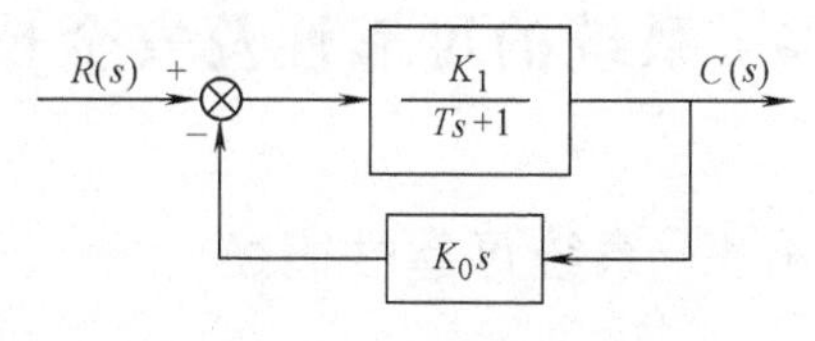

图 7-46 微分环节包围惯性环节

由上式可见，校正后仍为惯性环节，但时间常数变大了。

前面的 3 种方法都可以改变各环节的时间常数。在系统设计时，我们可以通过反馈校正使系统的各环节的时间常数差值变大，提高系统的稳定性。

4）微分包围振荡环节。微分包围振荡环节如图 7-47 所示。

回路的传递函数 $G(s)$ 为

$$G(s)=\frac{\frac{K_1}{T^2s^2+2\zeta Ts+1}}{1+\frac{K_0K_1s}{T^2s^2+2\zeta Ts+1}}=\frac{K_1}{T^2s^2+(2\zeta T+K_0K_1)s+1}$$

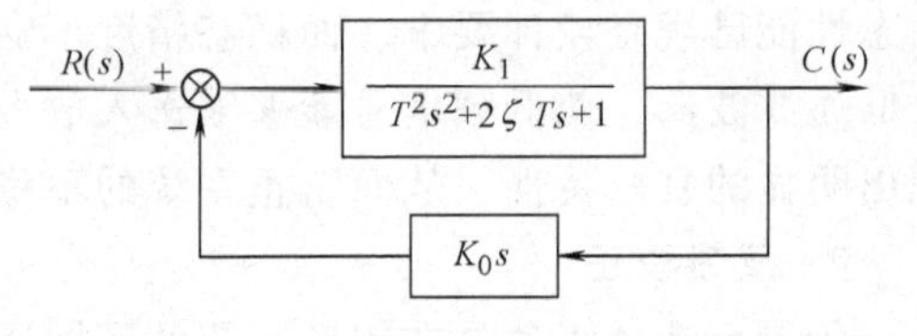

图 7-47 微分包围振荡环节

由上式可见，校正后仍为振荡环节，但阻尼比增加了，可以改善系统的稳定性。

(2) 利用反馈校正取代局部结构 如图7-48所示，前向通道上的传递函数为 $G(s)$，反馈回路上的传递函数为 $H(s)$。

回路的传递函数 $\phi(s)$ 为

$$\phi(s)=\frac{G(s)}{1+G(s)H(s)}$$

则频率特性为

$$\phi(\mathrm{j}\omega)=\frac{G(\mathrm{j}\omega)}{1+G(\mathrm{j}\omega)H(\mathrm{j}\omega)}$$

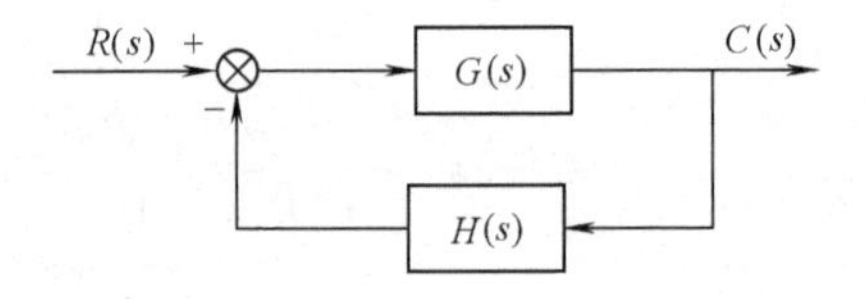

图 7-48 利用反馈校正取代局部结构

若在一定的工作频率范围内，有

$$|G(\mathrm{j}\omega)H(\mathrm{j}\omega)|\gg 1$$

则

$$\phi(\mathrm{j}\omega)\approx\frac{G(\mathrm{j}\omega)}{G(\mathrm{j}\omega)H(\mathrm{j}\omega)}=\frac{1}{H(\mathrm{j}\omega)}$$

上面的反馈校正可等效为

$$\phi(s)=\frac{1}{H(s)}$$

也即用 $\frac{1}{H(s)}$ 取代了 $G(s)$。

这种反馈校正常用于改造系统中不希望有的环节。

7.4 系统的可靠性及安全技术

7.4.1 系统可靠性概述

要使机电一体化系统发挥应有的作用，首先应使系统可靠地工作，在系统设计和使用时，系统的可靠性是必须要注意的一个问题，利用系统的可靠性和安全技术可以在一定程度上保证系统在规定条件和时间内正常工作。

系统的可靠性指的是系统在规定条件下和规定时间内完成规定功能的能力。规定条件一般包括环境条件、负载条件、使用和维护条件等。规定的时间是可靠性的重要特征，通常情况下，以可靠度、失效率、平均故障间隔时间（MTBF）和平均无故障时间（MTTF）等与时间有关的特征量来描述系统的可靠性。规定的功能是指系统完成任务的各性能指标。

系统的可靠性由固有可靠性和使用可靠性两部分组成。固有可靠性是系统在设计阶段就预先确定了的可靠性指标，是系统本身所具有的、由生产部门在模拟实际工作条件的标准环境下进行检测并予以保证的可靠性。使用可靠性是指系统在现场运行过程中，受环境、技术条件和维修方式等条件的影响而存在的可靠性。

通常，系统在工作的过程中会受到各种干扰的影响，这些干扰包括外部干扰（温度、湿度、振动、冲击、电源的波动、操作人员的失误和维修时间超期等）和内部干扰（器件的偶发性失效、长时间使用后性能的老化以及经过试验未能发现的软、硬件缺陷等），在干扰的作用下，系统会产生异常状态。瞬时性的、不经修理也能恢复正常的异常状态称为错误；固定性的、只有通过修理才能恢复正常的异常状态称为故障。

错误发生后，只是暂时影响系统正常工作，能够马上恢复正常，多数情况下，错误的原因难以查明。

故障按其发生的时期分为早期故障、偶发故障和耗损故障 3 种。

1）早期故障。早期故障的发生是由于元器件质量差，软、硬件设计欠完善等原因造成，通过系统的试运行，能够及时发现系统的早期故障，并予以排除。

2）耗损故障。耗损故障是由于元器件使用寿命已到引起的，及时更换老化元器件是防止耗损故障发生的有效措施。

3）偶发故障。偶发故障发生于早期故障和耗损故障之间。通常，在故障发生后要进行应急维修。定期对系统进行检修也可从一定程度上减少偶发故障。

对于系统的可靠性概念，广义来讲，有两个含义：一是系统在规定的时间内不发生故障和错误；二是系统发生故障后，能迅速进行维修。这也称为系统的有效性。

系统按是否具有维修能力分为可维修系统和不可维修系统，机电一体化系统一般都是可维修系统。系统的可维修能力用可维修性来描述。可维修性是指在规定条件下运行的系统，在规定的时间内，按规定的程序和方法进行维修时，保持或恢复到能完成规定功能的能力。

对于可维修系统，常采用以下方法来保证系统的可靠性：

1）提高元器件和设备的可靠性。在这方面可开展的工作有：查明元器件失效的物理机理，发现失效的原因并加以消除；利用大规模、超大规模集成电路技术，提高电路或子系统的可靠性；建立元器件的性能老化模型，提高有效元器件的筛选方法；掌握元器件的性能，合理规定使用条件等。

2）采用抗干扰措施，提高系统对环境的适应能力。

3）采用可靠性技术。可靠性技术涉及的内容有冗余技术、故障诊断技术、自动检错和纠错技术、系统恢复技术和软件可靠性技术等。

7.4.2 系统可靠性指标

表征可靠性的特征量主要有可靠度、失效率和平均故障间隔时间。对于可维修系统，表征可靠性的特征量还有维修度、平均修复时间和有效率。

1. 可靠度

可靠度是系统在规定的条件下和规定的时间内，完成规定功能的概率。系统的可靠度服从指数分布，若系统的失效率为 λ，则系统的可靠度可用下面的式子表示

$$R(t)=e^{-\lambda t}$$

2. 失效率

失效率（故障率）是指系统工作到 t 时刻尚未失效的系统，在该时刻后的单位时间内发生失效的概率。

3. 平均故障间隔时间

平均故障间隔时间（MTBF）表示可维修产品无故障工作时间的总和与故障总次数之比。对于不可维修产品采用平均无故障时间（MTTF）。

4. 维修度和平均维修时间

维修度是指在规定条件下工作的系统，在规定的时间内按照规定的程序和方法进行维修时，保持或恢复到能完成规定功能状态的概率；平均维修时间是指系统发生故障后恢复到能完成规定功能所需要的平均时间。

5. 有效度

有效度（利用率）分为瞬时有效度、平均有效度和极限有效度 3 种。

1）瞬时有效度。指系统在某时刻具有或维持规定功能的概率。

2）平均有效度。指系统在规定时间内瞬时有效度的平均值。

3）极限有效度。指当时间趋于无穷时，瞬时有效度的极限值。

如果系统完成功能的总时间称为正常运行时间，系统修复的总时间称为故障时间，则极限有效度可表示为

$$A(\infty)=\frac{\text{正常运行时间}}{\text{正常运行时间}+\text{故障时间}}$$

7.4.3 系统可靠性技术

随着科学技术的发展和社会生产对机电一体化系统性能要求的提高，机电一体化控制系统的规模和复杂程序也在不断提高，构成控制系统的硬件和软件的复杂程序也不断增加，从而使系统发生故障的频率也随之增加；同时，机电一体化系统发生故障所导致的设备损坏和加工件的报废，也会造成巨大的经济损失，甚至人身伤亡。所以提高机电一体化系统的可靠性是必须考虑的重要问题。

提高机电一体化系统的可靠性是一个综合性的问题，不能单纯依靠某一特定的方法。具体有提高系统设计和制造的质量、故障诊断技术、冗余技术、抗干扰技术和软件可靠性技术 5 种。

1. 提高系统设计和制造的质量

这是保证系统可靠性的最根本的方法。提高系统设计和制造的质量包括两个方面：

1）设计时，要进行可靠性分析，估计系统和各元器件中引起失效的可能因素，采取必要的可靠性措施，以降低系统的故障率。

2）在选用和制造构成系统的各种设备和元器件时，要保证系统设计时的各项指标，使设备和元器件工作在其规定条件的一半值或一半值以下，并对系统进行可靠性试验，以确定系统实际的可靠性指标。

从元器件产生故障的规律看，元器件的使用过程经历早期失效期、偶然失效期和耗损失效期 3 个阶段。

① 早期失效期。这段时期元器件工作不稳定，故障率高，随着时间的推移故障率会逐步降低。

② 偶然失效期。这段时期元器件的故障率低，且故障率基本不变。

③ 耗损失效期。这段时期因为快到元器件的使用寿命极限而使得故障率增加，且随着

时间的推移故障率会越来越高。

我们要避免元器件工作的早期失效期和耗损失效期，对于处于耗损失效期的元器件要更换，而对于处于早期失效期的元器件除了更换以外，还可以采用人工老化的方法使其进入偶然失效期。

对于系统中某些关键的元器件，在设计时还要保证有一定的可靠性裕度，也可以在设计时使其具有自适应、自调整、自诊断甚至自修复的功能。

在设计系统时，还应规定适当的环境条件、维护保养条件和操作规程，并使系统结构具有良好的维修性，如易损件易于更换、故障便于诊断和容易修复等。

2. 故障诊断技术

把系统已经出现或即将出现的故障暴露出来，以便对系统进行维修、维护或调整，及时修复故障或者防止故障的发生。

(1) 故障诊断技术简介　故障诊断技术实质上是一种检测技术，它的任务有两个：一是故障出现后，迅速确定故障的种类和位置，以便及时修复；二是在故障尚未发生时，确定产品中有关元器件距离极限状态的程度，查明产品工作能力下降的原因，以便采取维护措施。

诊断的过程是：首先对诊断对象进行特定的测试，取得诊断信号；再从诊断信号中分离出能表征故障种类和位置的异常性信号，即征兆；最后将征兆与标准数据相比较，确定故障的种类和故障位置。

对诊断对象进行测试的方法有两种：一是故障出现之后，对诊断对象进行试验性测试，以确定故障的种类及位置，此时诊断对象处于异常状态，称为诊断测试；二是故障发生之前，诊断对象处于工作状态，为了预测故障或及时发现故障而进行的在线测试，称为故障监测。

征兆分为直接征兆和间接征兆两类：直接征兆是在检测产品整机的输出参数或可能出现故障的元器件的输出参数时，取得的异常性诊断信号；间接征兆是从那些与系统工作能力存在函数关系的间接参数中取得的异常性诊断信号。

(2) 自诊断技术　机电一体化系统通常具有自诊断功能，可以在不停止工作的情况下迅速地对故障进行判定，并进行一定的处理。

1) 自诊断的概念。向被诊断的元器件或装置写入一串称为测试码的数据，观测相应的输出数据（校验码），根据事先已知的测试码、校验码和故障之间的对应关系，通过对观测结果的分析确定故障的种类与位置。

2) 自诊断的功能

① 通电时对主要部件进行可靠性检测，以保证系统能进入正常的工作状态。

② 若某一步骤发生检测错误，能根据错误的性质做出相应的处理。对于致命性错误，要做出停机处理，发出故障信息；对于非致命性错误，不做停机处理，只发出故障信息。

③ 对操作错误或软件程序错误，采取程序自动恢复或软件错误报警。

3) 常用的自诊断技术

① 开机自诊断。是指系统从通电开始到进入正常的运行准备状态为止自动执行的诊断，如果发现故障，显示故障信息并停止，等待故障处理。开机自诊断通常要检查系统中最关键的硬件和软件。

② 运行自诊断。是指系统在运行过程中对系统内部的各部件以及与系统相连的外部设

备进行自动检测、检查，显示有关状态信息和故障信息。运行自诊断只要系统不断电，就会不断地反复进行。

③ 脱机自诊断。是指系统在出现故障后，需要停机读入专门的故障诊断程序并运行，以确定系统故障的位置和类型。

3. 冗余技术

冗余技术就是在系统中采用冗余结构来提高系统可靠性的技术，即采用并联型控制系统将故障造成的影响隐蔽起来，使系统能够在一定时间内继续正常工作，这种方法适合于对随机故障的处理。

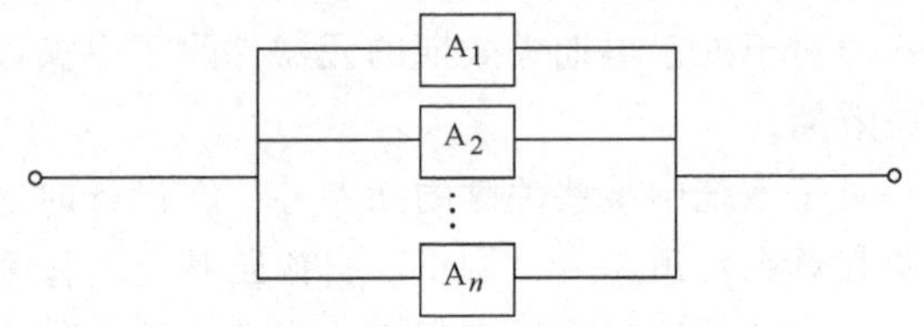

图 7-49 并联系统的逻辑结构图

A_1、A_2、…、A_n—装置

(1) 冗余结构 常用的冗余结构有并联系统、备用系统和表决系统 3 种形式。

1) 并联系统。并联系统的逻辑结构如图 7-49 所示，采用若干同样的装置来并联运行，只要其中有一个装置能够正常工作，系统就能够正常工作，只有全部装置都失效，系统才不能工作。

2) 备用系统。备用系统的逻辑结构如图 7-50 所示，A_1、A_2、…、A_n 为工作单元，D_1、D_2、…、D_n 为每个工作单元上的失效检测器，S 为转换器。在备用系统中，只有一个单元在工作，其余单元处于准备状态。一旦工作单元出现故障，失效检测器发出信号，通过转换器 S，投入另一个备用工作单元，系统始终保持工作。

3) 表决系统。表决系统的逻辑结构如图 7-51 所示，A_1、A_2、…、A_n 为工作单元，m 为表决器。每个单元的信息输入表决器中，与其余信号相比较，只有当有效的单元数超过失效的单元数，才能做出输入为正确的判断。

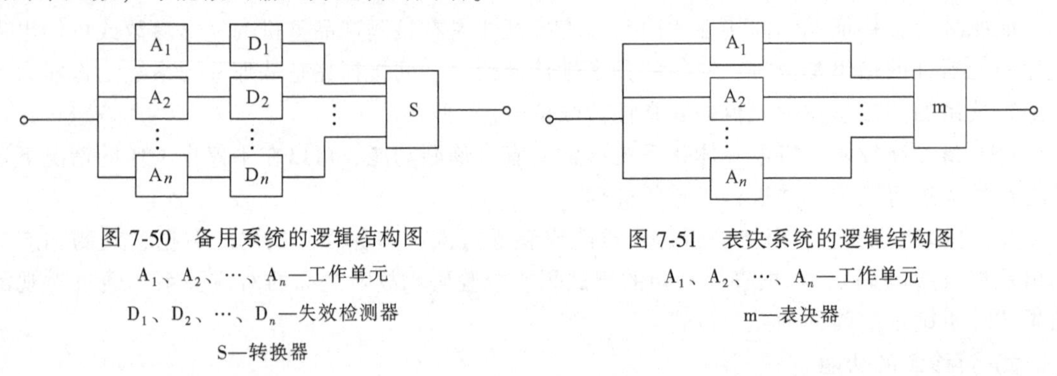

图 7-50 备用系统的逻辑结构图

A_1、A_2、…、A_n—工作单元

D_1、D_2、…、D_n—失效检测器

S—转换器

图 7-51 表决系统的逻辑结构图

A_1、A_2、…、A_n—工作单元

m—表决器

(2) 冗余系统的选择 一般来讲，采用冗余结构的系统的可靠度要高一些，但会增加设备的投入。在选择冗余系统时，除考虑可靠度要求外，还应考虑性能价格比、应用场合、扩展性和冗余结构的控制性能等因素。

1) 性能价格比。冗余系统的冗余数越大，可靠度也越高，但经费投入也越多。在保证可靠度的前提下，应采用尽可能小的冗余数。同时，我们一般也只对系统中比较关键的部分采用冗余结构。

2) 应用场合。并不是所有的场合都能够采用冗余结构，或者采用冗余结构就能够提高系统的可靠度。如因环境因素造成的系统失效，即使采用冗余结构也无济于事；再如，当系统工作状态要求继承性时，不能采用冗余结构。

3）扩展性。冗余系统中增加的附加装置，最好具有多种用途，以便于系统扩展，使其得到充分利用。

4）冗余结构的控制性能。系统出故障时，多是靠软件或硬件来排除故障的，这要求冗余结构的控制简单，性能优越。

（3）冗余结构的控制　采用冗余结构的系统，当发生故障时，必须采取措施更换或切离故障装置，对系统进行重新组合，以排除故障，这称为冗余结构的控制。冗余结构的控制有手动控制和自动控制两种方式。

1）手动控制。操作人员根据故障显示的结果，在操作台上进行发生故障的装置的切换，重新组合系统。

2）自动控制。通过系统的硬件和软件自动进行结构的控制。其步骤是：先进行故障检测，再进行故障定位，将故障切除后，进行系统恢复。

4. 抗干扰技术

抗干扰技术主要用来减小或消除各种干扰信号对系统的影响。机电一体化系统是集机械、电子、计算机、传感器和电气设备于一体的复杂系统，常工作在环境较复杂的工业现场。现场的各种干扰会引起机电控制系统和装置出现瞬时故障，轻则影响正常生产，重则发生损坏设备等严重事故。抗干扰问题是设计系统时要解决的非常重要的问题。

抑制干扰的方法有削弱或消除干扰源、减弱由干扰源到信号的回路和降低系统对干扰的灵敏度。其中，最有效、最彻底的办法是消除干扰源，但实际上干扰源是不可能消除的，只能采用其他办法，如屏蔽干扰源、隔离干扰源、滤波法和选用合理的电源方案等。

（1）屏蔽干扰源　所谓干扰源的屏蔽，就是将构成干扰源的器件封闭在一个屏蔽体内，即在这些器件外加装对电和磁均是良导体的金属外罩，以实现对静电和磁的屏蔽。对于信号线的屏蔽，一定要注意接地。为了避免地线回路电流流经地阻抗引起的感应干扰，必须将地线的一端接地。

在生产现场，干扰源较多，不可能对每个干扰源都采取屏蔽措施，一般只重点考虑产生辐射、感应、耦合较严重的部件、电路或电气设备。

（2）隔离干扰源　干扰源的隔离，就是从电路上将干扰源与易受干扰的部分隔离开来，使之尽可能不发生电的联系。一般机电一体化系统大都包括弱电系统和强电系统，为了确保系统稳定运行，常采取强电与弱电、交流与直流等部分的相互隔离措施。隔离的方法有光隔离、变压器隔离、继电器隔离和布线隔离等方法。

（3）滤波法　所谓滤波法，就是用电容和电感线圈，或电容和电阻组成滤波器，接在系统的适当位置，以阻止干扰信号进入放大器，使干扰信号衰减。

（4）选用合理的电源方案　电源是向系统引入干扰的重要来源，选用合理的电源方案，能有效地抑制这部分干扰，通常采用的方法有：

1）在电源交流稳压器前加上低通滤波电路，以抑制电网中的高频瞬态干扰。

2）在电源变压器的一次线圈和二次线圈之间加静电屏蔽层，以抑制高频干扰信号。

3）直流稳压器选用抗干扰性好的开关稳压器。

4）采用分立式供电方案，将组成系统的各部分分别用独立的电源供电，以减少集中供电产生的危险性。

5）电源引入线要尽可能短，交流电的引入线要采用粗导线，直流输出线应采用双绞线。

5. **软件可靠性技术**

一个机电一体化系统由硬件和软件两部分组成，硬件可能出现故障，软件也有可能发生故障，软件可靠性技术用于减少或排除软件故障。软件可靠性技术包含两个方面：一是利用软件提高系统的可靠性；另一个是提高软件自身的可靠性。

(1) 利用软件提高系统的可靠性 利用软件提高系统的可靠性的措施有：

1）增加系统信息管理的软件。它与硬件配合，对信息进行保护，包括防止信息被破坏、出现故障时保护信息和故障排除后恢复信息等。

2）利用软件冗余。防止信息在输入、输出过程中及传送过程中出错。

3）编制诊断程序。及时发现故障，找出故障的部位，以便缩短修理时间。

4）用软件进行系统调度。这包括在发生故障时，进行保护现场、迅速将故障装置切换成备用装置；在过载或环境条件变化时，采取应急措施；在故障排除后，使系统迅速恢复正常，投入运行等。

(2) 提高软件自身的可靠性 软件自身也会发生故障，软件自身故障主要是指软件的错误，造成软件错误的原因有很多，为了减少软件出错，使用户得到一个满足要求的软件，通常可采取如下措施：

1）程序分段和层次结构。在进行程序结构设计时，将程序分成若干具有独立功能的子程序块，各程序块可单独，也可和其他程序块一起使用，各程序块之间通过一个固定的通信区和一些指定的单元进行通信，每个程序块能进行调整和修改，而不影响其他程序块。

2）提高可测试性的设计。软件故障往往是在设计阶段由于人为的错误引起，或者在运行初期输入程序时的操作错误引起。软件故障一般很少出现在长期运行之后，这段时期一旦出现软件故障，就只有通过反复测试才能发现，所以应提高软件可测试性的设计。通常采用3种方法提高软件的可测试性：①明确软件规格，使测试易于进行；②把测试手段的设计作为软件开发的一部分来进行；③把程序结构本身设计为便于测试的形式。

3）对软件进行测试。要求软件完全满足用户的要求、十全十美是不可能的。要软件完全可靠，没有故障，必须要多次对软件进行测试。每测试一次，修改一次，逐步达到完善。

测试的基本方法是：给软件一个典型的输入，观测输出是否符合要求，如发现有错，应设法将可能产生错误的区域逐步缩小，经修改后，再次调试，直到消除所有的错误为止。

测试可按下述步骤进行：

① 单元测试。即对每个程序块单独进行测试，找出程序设计中的错误。

② 局部或系统测试。即对由若干程序块组成的局部程序或系统程序进行测试，以发现各程序块之间连接的正确性。

③ 系统功能测试。测试该软件能实现的功能。

④ 现场安装，综合验收。

7.5 机械结构弹性变形和传动间隙对系统性能的影响

机械传动装置是机电一体化系统的组成部分之一，在分析系统的稳态性能和动态性能时，并没有考虑机械传动装置的惯性、摩擦、弹性变性以及传动间隙的影响，当传动装置的惯性、摩擦、弹性变形和传动间隙都比较小时，可以不必考虑，否则就必须要考虑这些因素对系统性能的影响。

7.5.1 机械结构弹性变形对系统性能的影响

下面以一个典型的减速机构为例分析一下传动装置的惯性、摩擦和弹性变形对系统性能的影响。减速机构的结构示意图如图 7-52 所示。

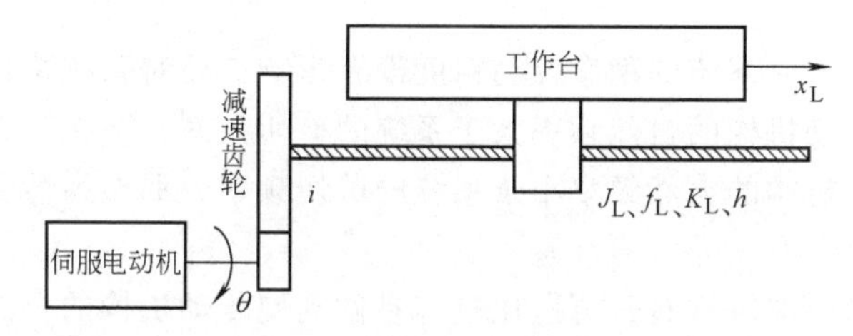

图 7-52 减速机构结构示意图

θ—电动机的转角 i—齿轮减速比 J_L—传动装置折算到丝杠轴上的总惯量

f_L—传动装置折算到导轨上的摩擦因数 K_L—传动装置折算到丝杠轴上的机械传递装置总刚度

h—丝杠导程 x_L—工作台的位置

输入为伺服电动机的转角 θ，输出为工作台的位置 x_L。如果不考虑传动装置的惯性、摩擦和弹性变形，则输入和输出之间的关系式为

$$x_L=\frac{h}{2\pi i}\theta$$

传动装置的传递函数 $G_L(s)$ 为

$$G_L(s)=\frac{x_L(s)}{\theta(s)}=\frac{h}{2\pi i}=K$$

所以传动装置可以看作是一个比例环节，丝杠导程 h 越大，减速比 i 越小，K 越大，系统的快速性越好。

如果考虑传动装置的惯性、摩擦和弹性变形，则输入和输出之间的关系式为

$$J_L\frac{\mathrm{d}^2x_L}{\mathrm{d}t^2}+f_L\frac{\mathrm{d}x_L}{\mathrm{d}t}+K_Lx_L=\frac{h}{2\pi i}K_L\theta$$

传动装置的传递函数 $G_L(s)$ 为

$$G_L(s)=\frac{x_L(s)}{\theta(s)}=\frac{\frac{h}{2\pi i}K_L}{J_Ls^2+f_Ls+K_L}=\frac{K\omega_0^2}{s^2+2\zeta\omega_0s+\omega_0^2}$$

可以看作是一个比例环节和一个振荡环节，比例环节的放大系数为 $K=\frac{h}{2\pi i}$，这与不考虑惯性、摩擦和弹性变形时的放大系数是一样的。振荡环节的自然频率 $\omega_0=\sqrt{\frac{K_L}{J_L}}$。从振荡环节的频率特性曲线来看，振荡环节对系统的开环频率特性的低频部分没有什么影响，也即对系统的稳态控制精度没有影响，但是当频率大于自然频率 ω_0 时，振荡环节会使系统的开

环幅频特性曲线迅速下降。

下面分析一下弹性变形对系统性能的影响。当弹性变形严重时，弹性系数 K_L 越小，传动装置中振荡环节的自然频率 ω_0 也越小。当 ω_0 小于系统的剪切频率 ω_c 时，ω_0 越小，系统的剪切频率 ω_c 也越小，那么系统的快速性会变差；当 ω_0 大于系统的剪切频率 ω_c 时，ω_0 的变化对剪切频率 ω_c 没有影响，系统的快速性不会受到影响。传动装置的转动惯量 J_L 对系统快速性的影响刚好相反。

也就是说，弹性变形对系统的稳态控制精度没有影响，而对系统快速性是否有影响要视具体情况而定。如果传动机构的自然频率大于系统的剪切频率，那么弹性变形对系统的快速性没有影响；如果传动机构的自然频率小于系统的剪切频率，那么弹性变形越严重，系统的快速性就会越差。

当系统对快速性的要求较低时，可以比较容易做到使传动机构的自然频率大于或基本等于系统的剪切频率，弹性变形不会对系统的快速性造成影响。如果系统对快速性要求较高，那么弹性变形就会对系统的快速性造成影响，为减小影响，传动机构转动惯量越大，则弹性变形系数也要越大。

7.5.2 传动间隙对系统性能的影响

在机械传动装置中还存在着传动间隙，也会对系统的性能产生影响，传动间隙属于间隙非线性特性，其输入输出数学表达式为

$$x(t)=\begin{cases}k[e(t)-\varepsilon] & e(t)<0\\ k[e(t)+\varepsilon] & e(t)>0\\ b\,\mathrm{sign}\,e(t) & e(t)=0\end{cases}$$

式中 ε——间隙宽度；

k——间隙特性斜率。

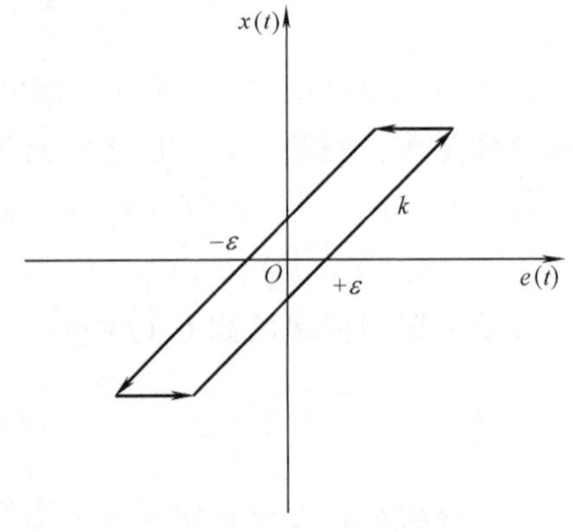

图 7-53 间隙特性曲线

ε—间隙宽度 k—间隙特性斜率

间隙特性曲线如图 7-53 所示，$e(t)$ 为输入信号，$x(t)$ 为输出信号。如果系统有间隙存在，将使系统输出在相位上产生滞后，从而降低系统的相对稳定性，或使系统产生自持振荡。在机电一体化系统中，应尽量减小传动间隙。

复习思考题

1. 何为自动控制？自动控制系统的基本控制方式是什么？
2. 简述稳态误差的种类及产生原因。
3. 常用的动态校正方法有哪几种？
4. 什么是可靠性？可靠性的主要特征量是什么？

第8章 典型机电一体化系统

8.1 CNC 机床

计算机数控（Computer Numerical Control，CNC）机床是典型的机电一体化产品，它是一种由计算机或专用数控技术控制的自动化机床。CNC 装置的基本构成是由硬件和软件组成的。硬件有微处理器、存储器、位置控制装置、I/O 接口、可编程序逻辑控制器、图形控制器和电源等；软件包括系统软件和应用软件。CNC 机床发展到今天经历了 5 个时代：电子管数控、晶体管数控、集成电路数控、计算机数控和微型计算机数控。在每一个时代，CNC 机床都应用了计算机技术、自动控制、检测技术和机械结构等方面的最新成就，使其具有高自动化、高效、高精度和低劳动强度等特点。产品具有极强的市场竞争力，在各国的国民经济中占有重要地位。特别是机械加工中心（Machining Center，MC）的出现、工业机器人（Industrial Robot）的诞生，以及发展到无人自动化工厂，更加体现出数控技术的先进性、快速性和重要性。

由于 CNC 机床实现了很高的自动化，所以在其工作时，应先将被加工零件的加工工序、工艺参数和机床运动参数等用数控语言输入到 CNC 数控装置中，再由其控制机床运动来实现对工件的加工。

CNC 机床构成了一个封闭的控制系统，加工原理如图 8-1 所示。

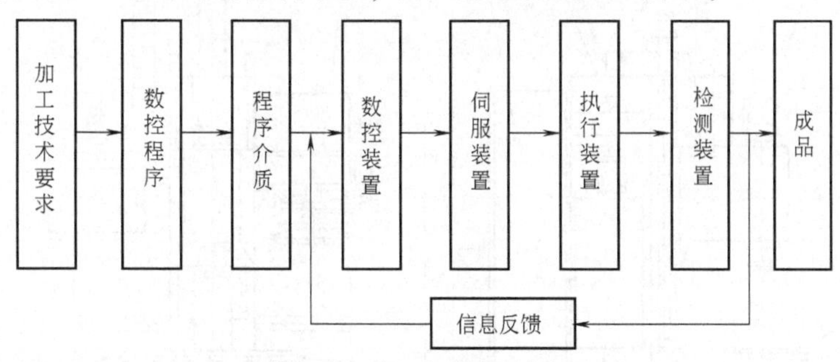

图 8-1 CNC 机床加工原理

8.1.1 CNC 机床的分类

目前，CNC 机床的种类很多，但总体可以按工艺用途和刀具相对工件移动的轨迹两种方法分类。

(1) 按工艺用途分类 CNC 机床按工艺用途可以分为以下 3 类：

1）一般数控机床。它们与传统的机床工艺相同，能自动加工复杂的零件，有数控车床、铣床、刨床、钻床和镗床等。

2）多坐标数控机床。它的主要特点是数控装置控制的转轴数目较多，结构较复杂，能加工工艺复杂的零件，如五轴联动数控机床。

3）机械加工中心（MC）。它配有刀库，能实现自动换刀，工件一次装夹后，可一次完成多道工序的加工任务。

（2）按刀具相对工件移动的轨迹分类 CNC 机床按刀具相对工件移动的轨迹可以分为以下 3 类：

1）点位控制数控机床。该类数控机床只控制机床移动部件，从一个位置准确地移动到另一位置，在移动过程中不进行任何加工，如数控钻床。

2）点位直线控制数控机床。该类数控机床除具有点位控制数控机床的特点外，还要控制两相关点的移动路线（一般均为与各轴线平行的直线），可以沿某个坐标轴的方向进行加工。如数控铣床。

3）轮廓控制数控机床。该类数控机床可同时对两个以上的坐标轴进行连续轨迹控制，即控制整个加工过程的速度及每个点的位置，如数控车床。

8.1.2 XH714 立式加工中心

该加工中心是中小规模的高效通用自动化机床，设有 20 把刀具的自动换刀装置，并配有先进的数字控制系统，具有三轴联动控制，工件一次装夹后可自动完成铣、镗、钻、铰和攻螺纹等多道工序的加工。XH714 立式加工中心具有刚度好、变速范围宽、精度高和柔性大等特点，特别适用于多品牌零件加工。

XH714 立式加工中心的结构如图 8-2 所示，它由床身 1、立柱 6、铣头 5、工作台 3、操作机 4、床鞍 2、刀库 8、润滑系统、冷却系统、电气系统和气动系统等部分组成。其主要技术参数见表 8-1。

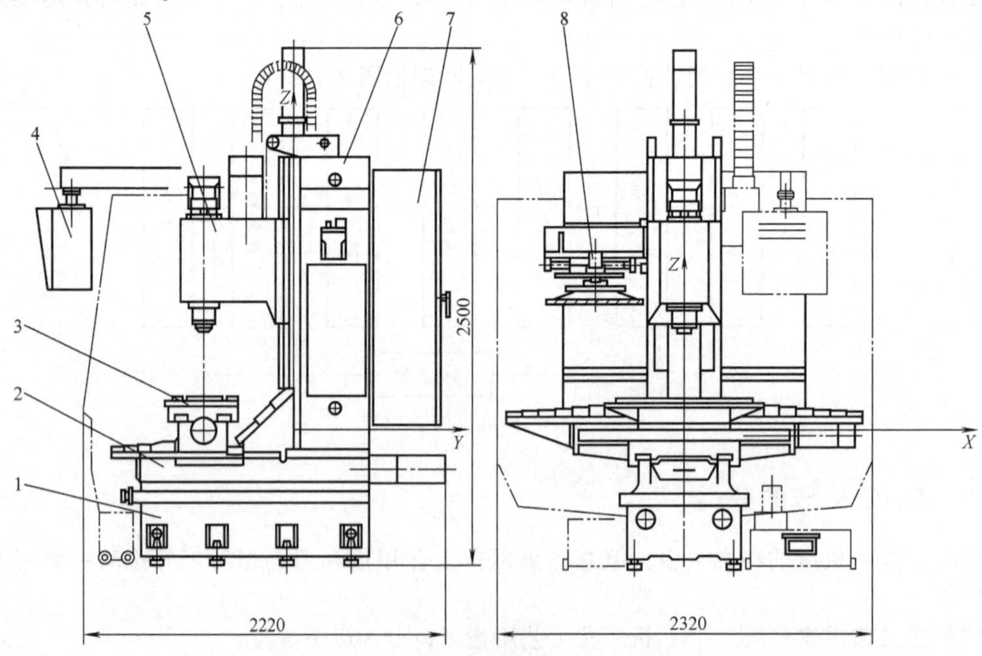

图 8-2 XH714 立式加工中心的结构

1—床身 2—床鞍 3—工作台 4—操作机 5—铣头 6—立柱 7—电气箱 8—刀库

表 8-1　XH714 立式加工中心的主要技术参数

项　　目	规　　格	项　　目	规　　格
工作台尺寸(mm×mm)	400×840	重复定位精度/mm	0.016
3 个方向行程式/mm	720×450×450	刀库容量/把	20
工作台最大承重/kg	500	换刀时间/s	7
主轴转速/r·min^{-1}	60~4500	主轴锥孔	ISO-40 号
进给速度/mm·min^{-1}	1~5000	机床重量/kg	4500
定位精度/mm	±0.04		

床身上的 Y 轴方向导轨用于连接床鞍 2，并使其沿导轨做 Y 轴方向进给运动；立柱 6 上 Z 轴方向导轨用于连接铣头部件，并使其沿 Z 轴方向做进给运动。工作台 3 位于床鞍 2 上，用来安装工件，通过导轨副的精密配合和分度机构，确保定位准确，并与床鞍 2 一起实现 X 轴和 Y 轴方向的进给运动。铣头部件主要由壳体、主轴传动系统和主轴主件组成。

XH714 立式加工中心刀库结构如图 8-3 所示，主要由支架、支座、槽轮、机构和圆盘等组成。圆盘 8 用于安装刀柄，圆盘上装有 20 套刀具座 6；工具导柱 4 用来夹持刀柄，刀具键 7 镶入刀柄键槽内，保证刀柄键槽在主轴准停后准确地卡在主轴轴柄的驱动键上。

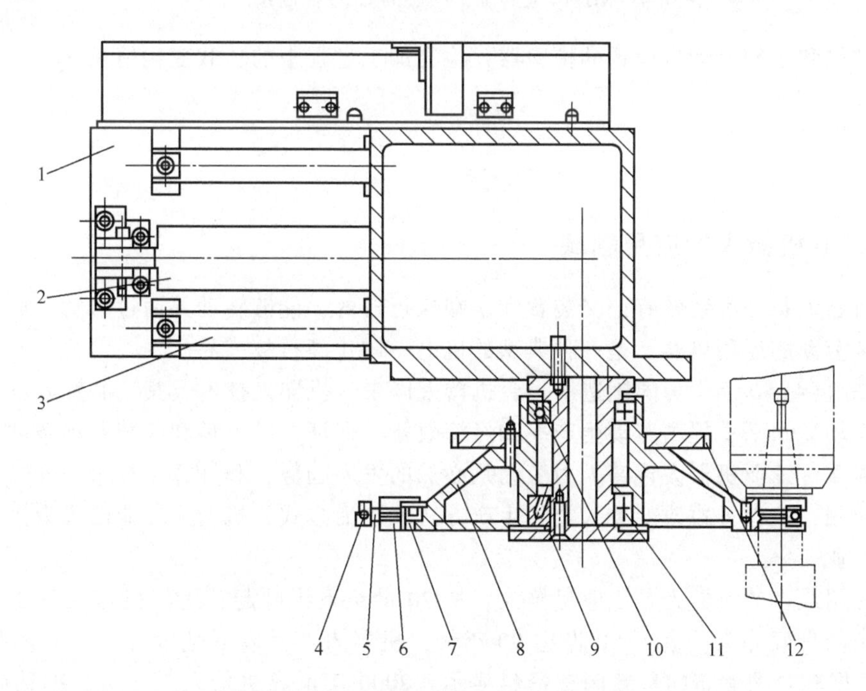

图 8-3　XH714 立式加工中心刀库结构

1—支架　2—气缸　3—直线滚动导轨副　4—工具导柱　5—工具导向板
6—刀具座　7—刀具键　8—圆盘　9、10、11—轴承　12—槽轮

XH714 立式加工中心的 CNC 控制系统框图如图 8-4 所示，控制电路中采用了微处理器及专用大规模集成电路，实现接触式传感功能、管理功能和自适应功能。

接触式传感功能主要指自动定外心功能、刀具折损检验功能和基准面校正功能等；AC 功能指刀具的寿命管理、刀具的自动更换以及故障诊断等；主轴控制模拟输出功能是通过各

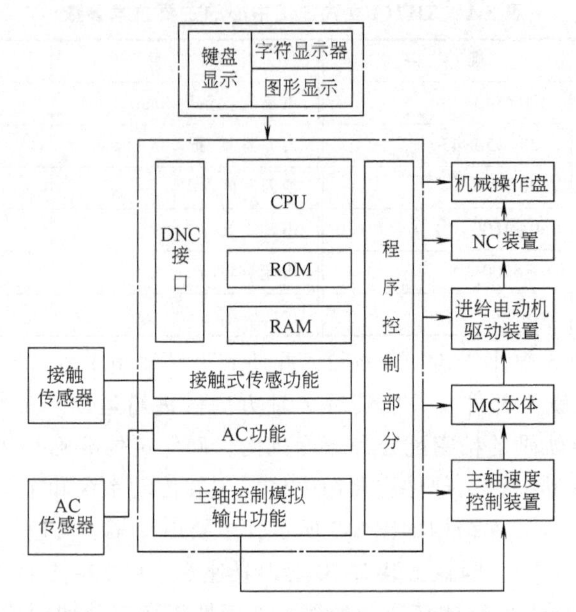

图 8-4 XH714 立式加工中心的 CNC 控制系统框图

轴进给电动机和主轴电动机设置的检验器，检测加工过程中的负载变化情况。

8.2 工业机器人

8.2.1 工业机器人的应用领域

工业机器人是一种装备有记忆装置和末端执行器的，能够转动并通过自动完成各种移动来代替人类劳动的通用机器，是一种典型的机电一体化高科技产品。

自从 20 世纪 50 年代美国制造第一台机器人以来，机器人技术及其产品发展很快，它在提高生产自动化水平、提高劳动生产率和经济效益、保证产品质量和改善劳动条件等方面的作用日益显著。工业机器人代替人力劳动是必然的发展趋势，和计算机技术一样，工业机器人的广泛应用，正在日益改变着人类的生产方式和生活方式，机器人工业已成为世界各国备受关注的产业。

现在应用最多的机器人是工业机器人。从 20 世纪下半叶起，世界机器人工业一直保持着稳步增长的良好势头。进入 20 世纪 90 年代，机器人产品发展速度加快，年增长率达到 10%左右。据联合国颁布的最新调查资料显示，2000 年世界机器人工业增长率达到 15%左右，一年增加了近 10 万台机器人，使世界机器人总拥有量达到 75 万台以上，世界机器人市场呈现出日益兴旺的大好态势。现在，工作在世界各领域的工业机器人已突破百万台。其中，日本、美国和德国等国名列前茅。由于越来越多的工业机器人被用来代替工人从事各种体力劳动和部分脑力劳动，国际劳工组织（ILO）甚至把它与“蓝领工人”（产业工人）和“白领工人”（职员及技术人员）并列，称工业机器人为“钢领工人”。这支新的产业大军已成为人类的得力助手和朋友，对各国的经济和人类生活的各个领域产生了越来越大的影响。

现在，工业机器人主要用于汽车工业、机电工业（包括电信工业）、通用机械工业、建筑业、金属加工、铸造以及其他重型工业和轻工业部门。在制造业中，工业机器人可用于毛坯制造（冲压、压铸和锻造等）、机械加工、焊接、热处理、表面涂覆、装配及仓库堆垛等作业中。尤其在汽车制造业中，焊接成为机器人的主要应用领域。

冲压机器人可用于汽车、电动机和家用电器等工业领域中，与冲压设备构成单机自动冲压机和多机冲压自动生产线，如美国克莱斯勒公司汽车车门就是由 10 台 Danly 上、下料机器人和 5 台压力机组成的自动生产线进行加工的；我国济南第二机床厂自行开发的全自动落板冲压生产线，也已在生产中得到了应用。

压铸机器人可用于汽车零件的生产，一个工人可以管理多台压铸机。德国公司开发了锻造机器人技术，北京第一机床厂通过引进开发，生产出热模锻和辊锻机器人，且全部国产化。

焊接机器人是最大的工业机器人应用种类，它占工业机器人总数的 25%左右。由于许多构件对焊接精度和速度等提出越来越高的要求，一般工人已难以胜任这一工作；此外，焊接时的火花及烟雾等，对人体造成危害，因而，焊接过程的完全自动化已成为重要的研究课题。利用焊接机器人可以有效提高产品质量、降低能耗和改善工人劳动条件。我国天津自行车二厂就是用焊接机器人焊接自行车三角架的。同时，利用焊接机器人生产线对汽车驾驶室的自动焊接已在世界各国的汽车制造厂得到广泛应用，取得显著效益。

喷涂机器人在汽车、家用电器和仪表壳体制造中已发挥了重要作用，而且有向其他行业扩展的趋势，如陶瓷制品、建筑工业和船舶保护等。喷漆机器人早在 1975 年就已投入使用，它能避免危害工人健康、提高经济效益（如节省油漆）和喷涂质量。由于具有可编程序的能力，所以喷漆机器人能适用于各种应用场合。例如，在汽车工业中，可把喷漆机器人用于对下车架、前灯区域、轮孔、窗口、下承板、发动机部件、门面以及行李箱等部位进行喷漆。由于喷漆机器人能够代替人在危险、恶劣的环境中进行喷漆作业，所以喷漆机器人正在获得日益广泛的应用。机器人作业喷涂，既可单机喷涂，也可多机喷涂，还可组成生产线自动喷涂，自动化程度越来越高。如第二汽车制造厂东风系列采用多种混流机器人系统喷涂线，可实现喷涂作业全面自动化，已获得明显的经济效益。

装配机器人是工业机器人的另一重要应用种类，在电子产品装配中，由于电子元器件多、体积小、结构复杂，人工装配效率低，质量不易保证，使用装配机器人可以较好地改变这种状况。随着机器人智能程度的提高，已可对复杂产品（如汽车发动机、电动机、电动打字机、收录机和电视机等）进行自动装配。柔性运动概念的研究及其进展，也有助于机械部件的自动装配工作。日本日立公司的一条电子电路板自动装配线就装备了 56 台各种机器人，使电子元器件的自动插装率达到 85%。

搬运机器人可用于搬运重达几公斤至 1t 的负载，也可搬运轻至几克甚至几毫克的样品，用于超纯净实验室内的样品传送。例如，法国克利翁（Cleon）的雷瑙尔特（Renault）工厂，应用 ACMA 机器人把 800 根曲轴运送到传送带上，每个工件重 12kg，每车工件操作时间达 43min，在采用机器人之前，需要 3 个搬运工人，他们每天要搬运、装卸几吨重的材料；美国卡特彼勒（Caterpillar）公司，重 80kg 的货车部件也全部由机器人来装运。

随着机器人智能化水平的提高，机器人的应用范围还在不断扩大，已从制造业推广到非制造业，如采矿机器人、喷浆机器人、压路机器人、隧道凿岩机器人和隧道掘进机器人等。

目前，在我国，工业机器人的应用也得到普及。

8.2.2 工业机器人的应用实例

从功能上看，现有的工业机器人的应用主要涉及搬运、工具及工件装卸、机械加工、铸造、锻造、热处理、焊接（包括点焊和弧焊）、喷漆、喷涂、装配、检验和抛光修整等。下面介绍焊接机器人和搬运机器人的应用实例。

1. 焊接机器人

焊接机器人有点焊机器人和弧焊机器人等。我国近年来研制的弧焊机器人或可用于弧焊的通用工业机器人就有多种型号，可以单机焊接，也可构成焊接机器人生产线。它们适用于汽车制造、电动机制造和其他重型机械制造工业中的弧焊作业。这些机器人基本上都是全电动、多关节机器人，具有5个自由度，受载能力为10kg左右，重复定位精度在0.2~0.5mm之间。下面简要介绍这种机器人控制系统的硬件组成及软件系统。

(1) 硬件组成 图8-5所示为HRGH-Ⅱ弧焊机器人控制系统硬件简化框图。

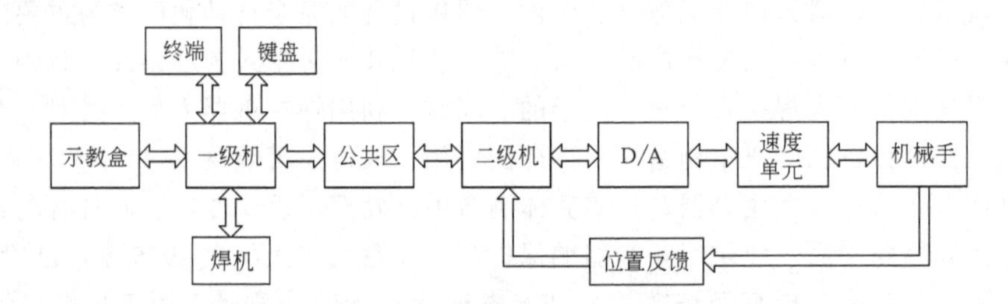

图8-5 HRGH-Ⅱ弧焊机器人控制系统硬件简化框图

由图8-5可见，该系统是由两级计算机来控制的。

1）第一级计算机系统。第一级控制选用计算机IBM-PC/XT，它具有管理、故障诊断、机器语言编辑与编译等功能；它还能进行实时轨迹插补计算，并把计算出的各关节增量作为第二级数字伺服系统的给定值。两级计算机通过公共内存储器交换信息。

计算机IBM-PC/XT与示教盒通过串行接口RS-232连接起来，接收示教信息，完成示教动作。通过并行接口，使计算机与焊机相连，以控制焊机的起动与熄弧。

2）第二级单板机系统。第二级控制选用TP-86单板机，它与调节电路及外围电路一起实现5个关节的位置伺服控制。它包括5套功率放大器、电流和速度调节器，并集成在5套FANUC速度伺服控制单元内。外围电路有5路反馈计数器及其附属电路、5路D/A转换器及其接口、定时器和中断控制器等。此外，为提高系统可靠性，在控制电路内均采用滤波电路，在电动机控制系统和控制柜上装有各种保护报警装置。

(2) 软件系统 HRGH-Ⅱ弧焊机器人的软件包括一级机程序和二级机数字伺服软件。这里仅介绍一级机的软件系统流程，如图8-6所示，包括初始化、示教程序编制和轨迹插补计算等。它们分别属于下列4种工作方式，即HOME（启动归零，确定坐标起始点）、TEACH（示教）、AUTO（自动计算与检验）和STEP（再现）。

HRGH-Ⅱ弧焊机器人及其控制系统曾在第一汽车制造厂对解放CA141车厢前板进行焊接，焊接质量良好。许多新一代弧焊机器人都采用视觉传感对焊缝进行自动检测和自动跟踪，并且采用更先进的控制方法，使焊接质量及自动化程度达到更高的水平。

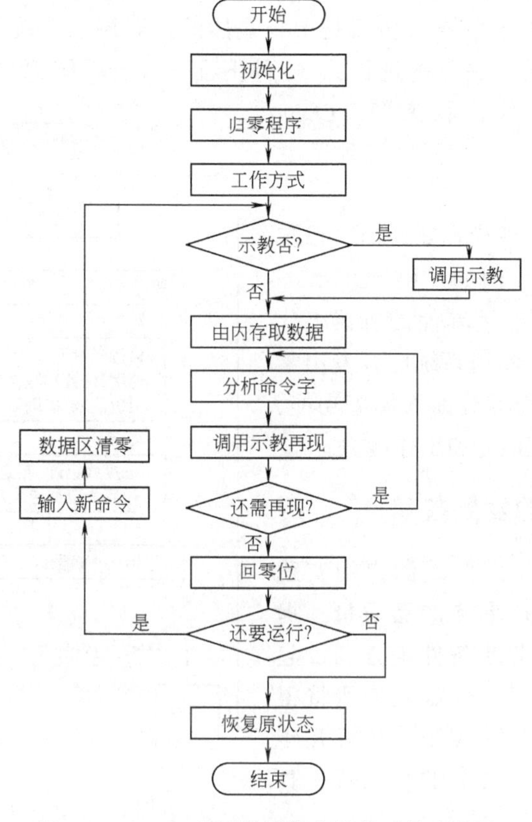

图 8-6 HRGH-Ⅱ弧焊机器人软件系统流程图

2. 搬运机器人

这里简要介绍美国通用汽车公司（GM）研制的一种用于零件搬运与装配的视觉控制机器人，即 CONSIGHT 系统。它能够捡起任意摆放在传送带上的零件。视觉子系统能够在机械制造工厂的视觉噪声环境中工作，测定传送带上零件的位置和方向。机器人子系统跟踪零件，并把它们抓放至规定位置。CONSIGHT 系统由视觉、机器人和监控 3 个独立的子系统组成。

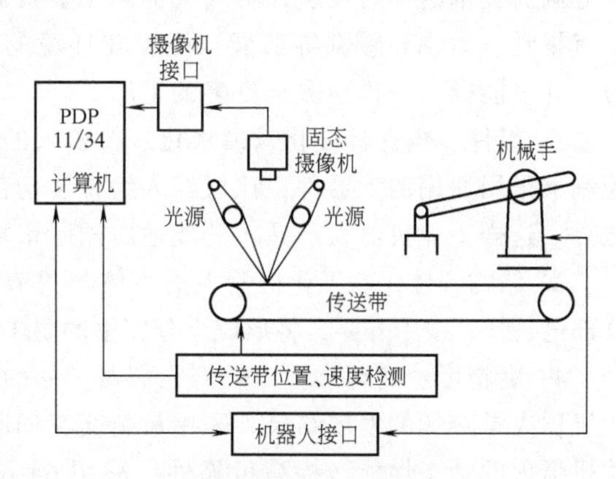

图 8-7 CONSIGHT 系统硬件框图

CONSIGHT 系统的硬件框图如图 8-7 所示，它由 PDP11/34 计算机（其操作系统为 RSX-ⅡS 实时执行系统）、RL256C 固态摄像机、斯坦福机械手、传送带及其编码器（用于测量传送带的位置和速度）系统等组成。

CONSIGHT 系统具有如下特点：能够测定各种不同类型的机械零件（包括具有复杂曲线的物体）的位置和方向；通过插入新的零件数据，系统易于提供程序再编能力；子系统采用结构光，不需要高的景物对比度；能够对许多典型工厂环境中具有视觉噪声的图像数据进行有效处理。

视觉子系统和机器人子系统的功用是十分显然的，监控子系统具有定标（测量视觉坐标系统与机器人坐标系统间关系的过程）、零件编程（教会系统识别并捡起新零件的过程）以及 CONSIGHT 系统的操作状态等。CONSIGHT 监控子系统操作状态的程序流程图如图 8-8 所示。

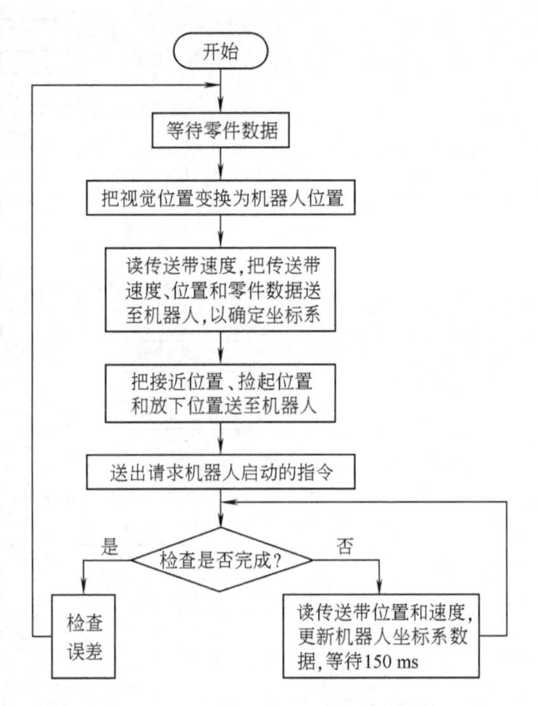

图 8-8 CONSIGHT 监控子系统操作状态的程序流程图

当 CONSIGHT 用于工业生产系统时，以工业部件代替实验室部件，例如，用 PDP LS1-11/03 计算机作为监控器、用其他的机器人代替斯坦福机械手等。这个实用系统已开发出零件排队、零件分类和拾捡不对称物体等功能，提高了系统对零件的识别能力和工作能力。

8.2.3 工业机器人的发展趋势

工业机器人在许多生产领域的应用实践证明，它在提高劳动生产率和产品质量、提高经济效益、改善工人劳动条件等方面，起着令人瞩目的作用。今后，机器人工业将得到更快速的发展和更广泛的应用。从近几年推出的机器人产品来看，未来工业机器人具有如下的发展趋势：

1）高级智能化。未来工业机器人将具有更高的智能。计算机技术、模糊控制技术、专家系统技术、人工神经网络技术和智能工程技术等高新技术的不断发展，将大大提高工业机器人学习知识和运用知识解决问题的能力，并具有视觉、力觉和感觉等功能，能感知环境的变化，做出相应的反应，有很高的自适应能力，几乎能像人一样地去干更多的工作。

2）组件、构件标准化、模块化。机器人的制造、使用和维护的成本比较高，操作机和控制器采用通用的元器件，让机器人组件、构件实现标准化、模块化是降低成本的重要途径之一。这样工业机器人产品才更能适应国际市场的竞争。

3）结构一体化。工业机器人的本体与关节机构、电动机、减速器和编码器等有机结合，全部电、管、线不外露，将形成十分完整的防尘、防漏、防爆、防水、全封闭的一体化结构。

4）高精度、高可靠性。随着人们对产品的要求越来越高，开发高精度、高可靠性的工业机器人是必然的发展结果。采用最新交流伺服电动机或 DD 电动机直接驱动，以进一步改善机器人的动态性能，提高可靠性；采用 64 位数字伺服驱动单元，主机采用 32 位以上的 CPU 控制，可使机器人精度大大提高。

5）产品微型化、小型化。有人称微型机器人为 21 世纪的尖端技术之一。微型机器人在精密机械加工、现代光学仪器、超大规模集成电路、现代生物工程、遗传工程和医学工程中将大有用武之地。已经开发出的微型移动机器人，可用于进入小型管道进行检查作业。未来将生产出毫米级大小的微型移动机器人和直径为几百微米甚至更小（纳米级）的医疗机器人，可让它们直接进入人体器官，进行各种疾病的诊断和治疗，而不伤害人的身体。

在大中型机器人和微型机器人系列之间，还有小型机器人。小型化也是机器人发展的一个趋势。小型机器人移动灵活方便、速度快、精度高，适于进入大中型工件进行直接作业。

6）应用广泛化。为了开拓机器人应用的新市场，除了提高机器人的性能和功能，以及研制智能机器人外，向非制造业扩展也是一个重要方向。开发适用于非结构环境下工作的机器人将是机器人发展的一个长远方向。这些非制造业包括航天、海洋、军事、建筑、医疗护理、服务、农林、采矿、电力、煤气、供水、下水道工程、建筑物维护、社会福利、家庭自动化、办公自动化和灾害救护等。可见，工业机器人具有更广阔的应用前景，必将更好地服务于人类。

8.3 模糊智能点钞机

8.3.1 功能原理

模糊智能点钞机采用红外线、紫外线、磁性和图像等多种技术与模糊逻辑算法相结合，通过检测钞票的长度和宽度来确定币种，通过检测钞票的图案和荧光反应来识别钞票的真伪，综合检测钞票的红外线反应及图案变化，配合币种来判断其新旧程度。所以，该点钞机在完成清点、预置和累计等一般点钞机功能的同时，还具有不同币种的混点、假币的识别和新旧币分检等特殊功能。

8.3.2 结构特点

模糊智能点钞机主要由以下 4 个部分构成：分钞机构、调整机构、电路部分和吸尘机构。

1）分钞机构由下钞板、上下捻钞板、分钞阻力轮、送钞轮、接触钞轮和接触板等构成。

2）调整机构分粗调及细调，它们主要由可自锁的螺杆及偏心轮扭簧组成，用于调整新旧钞不同而要求的捻钞间隙不一，或是补偿由于长期磨损而导致的间隙变化。

3）电路部分主要由电源、传感电路、测控主电路、图像传感器、荧光管的驱动电路、键盘、显示部分和通信接口等几个模块组成。模糊智能点钞机的控制原理图如图 8-9 所示。

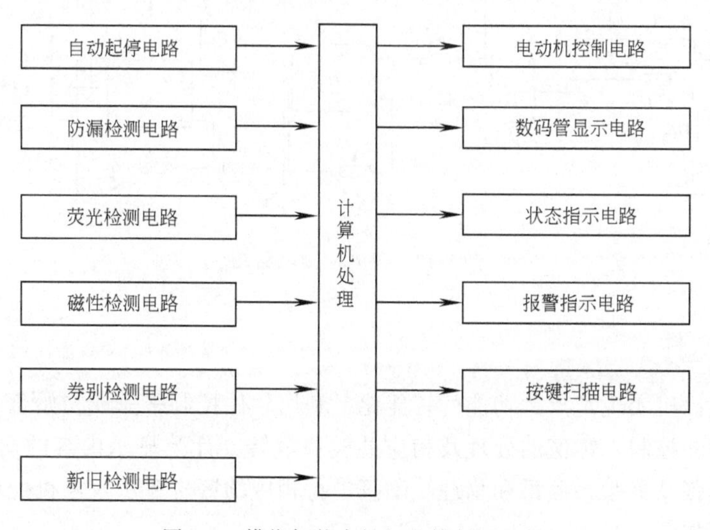

图 8-9 模糊智能点钞机的控制原理图

在检测电路中，红外线发射接收电路是以红外发光二极管为发射源，光敏三极管为接收器，主要用于自动起停电路、防漏检测电路、电动机控制电路和新旧检测电路。在上述4种电路中，光敏三极管作为开关电路，分别采用对射和反射两种方式，将接收信号通过比较器回送给计算机“1”和“0”两种逻辑，从而实现状态检验和自动控制。

在新旧检测电路中，红外光透过钞票后，该电路将光敏三极管接收到的透射光光量转换成容易测量的电量，该电量对应于透射光强弱，从而提取钞票的新旧纸质信息，判断钞票新旧。新旧币识别原理框图如图8-10所示，检测电路如图8-11所示。

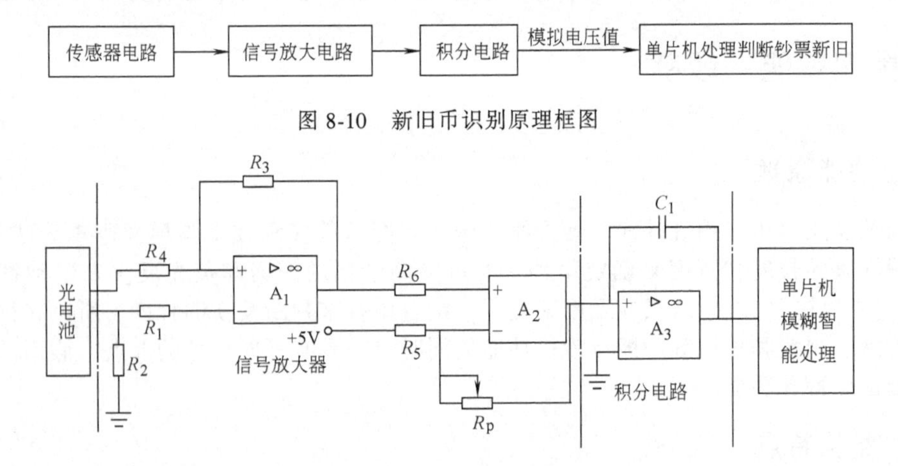

图8-10 新旧币识别原理框图

图8-11 新旧币识别检测电路

钞票的真伪是通过紫外线发射接收电路来完成的。荧光灯管为发射源，光电池为接收器，利用光电池提取的钞票反射光强度的大小判断钞票是否有荧光反应，从而判断纸质是否为钞票纸质来鉴别其真伪。荧光检测电路如图8-12所示。

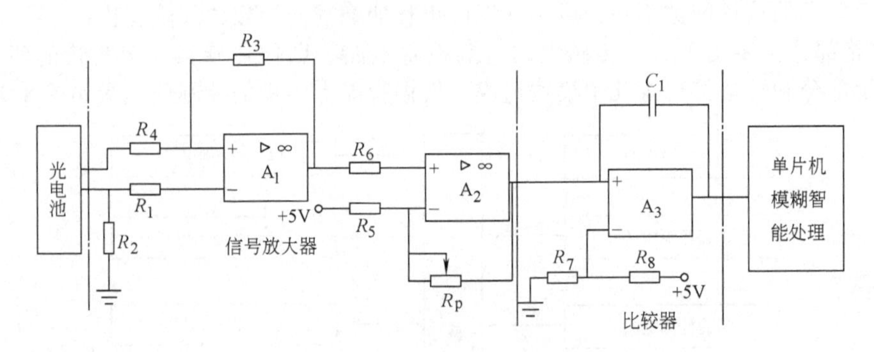

图8-12 荧光检测电路图

8.3.3 应用软件

模糊智能点钞机实现了点钞功能的智能化，利用软件控制来完成初始化、系统各部位的诊断、自动起停的控制、键值的处理及相应的模块散转、计数显示内容的刷新、联机通信，并根据结果对连张及夹张、假币和物理缺陷等进行相应的警告显示及停机处理。模糊智能点钞机主程序框图如图8-13所示。

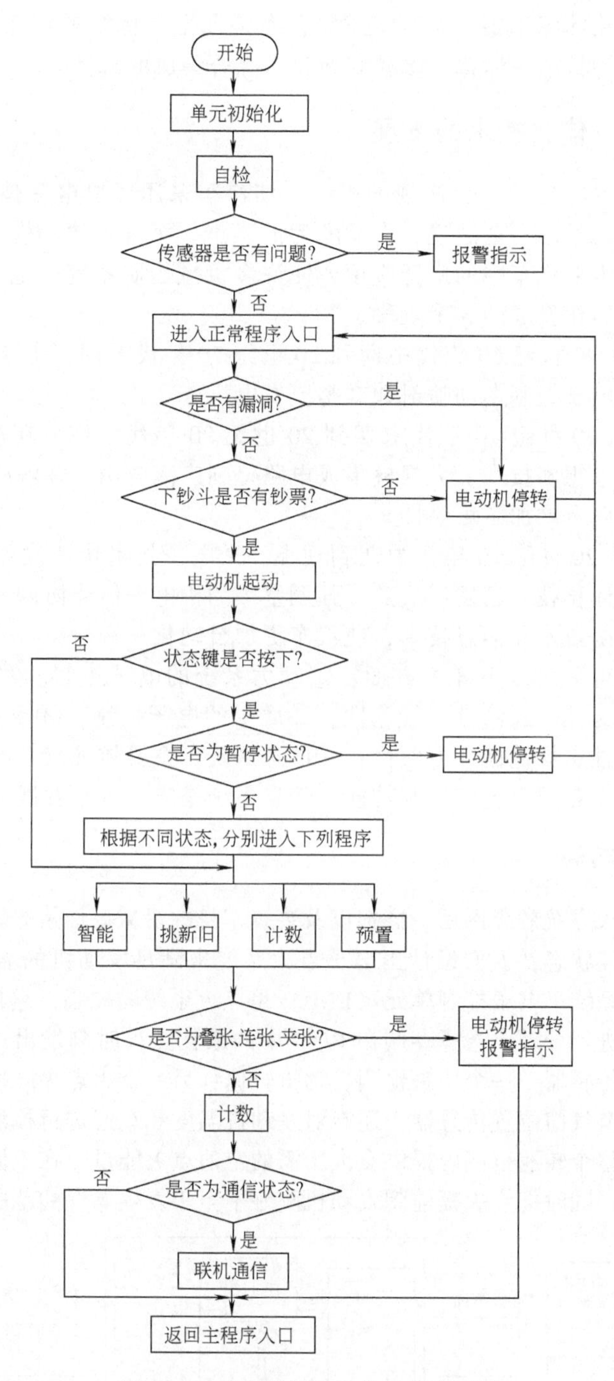

图 8-13　模糊智能点钞机主程序框图

8.4　汽车的机电一体化

微电子技术和传感器技术在汽车工业的广泛应用，加快了汽车产业的发展，使汽车的概念发生了巨大的变化。在用途上，汽车从传统的人类的一种代步工具发展到现在的舒适、安全以及自动化和智能化的多功能“移动空间”；在特征上，传统的汽车主要是一个机械系统，而现代汽车已成为机电一体化、多种高新技术综合集成的载体。

8.4.1 汽车机电一体化技术的发展

社会的需求、技术的进步以及法规的推动，使汽车采用了机电一体化技术，并快速发展。在法规方面，如最早的安全法规，以及随后的噪声、尾气排放和燃油的经济性法规等，强制地推动了电子技术在汽车中的广泛应用，使许多机械控制系统被电子控制系统所代替，并形成了汽车机电一体化发展的 3 个阶段。

1）第一阶段。从 20 世纪 60 年代中期到 20 世纪 70 年代末期，主要是应用电子装置改善部分机械性能，如电子控制燃油喷射和硅整流发电机等。

2）第二阶段。从 20 世纪 70 年代末期到 20 世纪 90 年代中期，在汽车的设计制造中，体现了机电一体化的思想和技术。大规模集成电路得到广泛应用，并解决了机械部件无法解决的复杂自动控制问题，增加了可靠性。

3）第三阶段。从 20 世纪 90 年代中期到现在，微电子技术快速发展，并与汽车工业紧密相连，汽车机电一体化技术已发展成熟，强调整体的机电一体化协调匹配设计思想，并开始广泛应用计算机网络技术和信息技术，使汽车更加自动化、智能化。

汽车机电一体化可分为以下 4 个方面：①动力系统的电子控制。实现了低油耗、低污染，提高了汽车的动力性、经济性和舒适性；②底盘的电子控制；③车身系统的电子控制，用于增强汽车的安全性、舒适性和方便性；④信息系统。主要体现汽车的自动控制和与社会的连接，以及协调汽车各部分电子控制功能，信息系统是未来汽车发展的主要方向。

8.4.2 电子点火系统

由于机械式的点火系统效果滞后、磨损以及装置车身的机械记忆量等因素，不能保证发动机在点火时刻处于最佳状态，人们设计出电子点火系统来满足发动机的需要。图 8-14 所示为微处理器控制的点火系统，电子控制单元（ECU）是点火系统的核心，它根据传感器不断采集到的发动机工作信号进行处理，选择存储在 ROM 中的最佳点火时刻发出点火信号，电子点火系统使用了两个检测传感器：一个用来检测发动机转速；另一个为点火脉冲提供给定的基准点信号。发动机负荷用节气门位置传感器，还有对发动机温度和车速进行检测的传感器。该点火系统满足了发动机在整个转速范围内提供点火所需的定值点火能量，在不同的负荷下，为发动机提供最佳点火时间，同时把点火提前到发动机刚好不至于发生爆燃的范围。

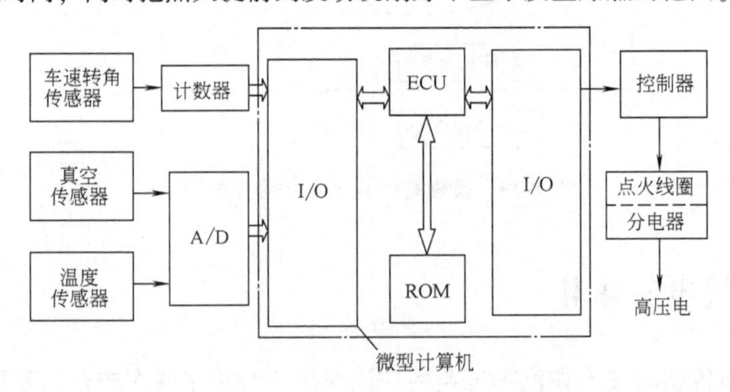

图 8-14 微处理器控制的点火系统

8.4.3 自动变速系统的电子控制

自动控制系统作为自动变速器组成的一部分，是由于电子技术在汽车上广泛应用和汽车传动技术的进一步发展而产生的。目前，电子控制自动变速控制系统主要有电液自动变速（EAT）、手动换档变速器自动变速（EMT）和无级变速（ECVT）。它具有以下优点：

1）操作简单，提高了行车的安全性。

2）能够按汽车行驶需要的最佳动力性或经济性选择最佳变换档的规律进行运转，可以充分发挥力传动系统的性能。

3）换档过程更加平稳，提高了舒适性、方便性，减少了动力传动系统的冲击，从而使发动机工作平稳。

图 8-15 所示为 Chrysler A604 前轮驱动四档电液控制自动变速器，该变速器由 3 个多片式离合器、2 个多片式制动器和行星排组成变速部分，共有 4 个前进档和 1 个倒车档。采用了具有闭锁离合器的液力变矩器传动，在 2~4 档行驶时实现变矩器自动闭锁，并利用电液控制升档与降档，以及液力变矩器的闭锁与自锁。4 个脉宽调制电磁阀安在液压控制阀上，接收变速器 ECU 控制信号。ECU 根据变矩器涡轮转速、变速器输出轴转速、控制阀总成中的 3 个压力开关信号、发动机的节气门位置和转速信号进行选档与换档控制。

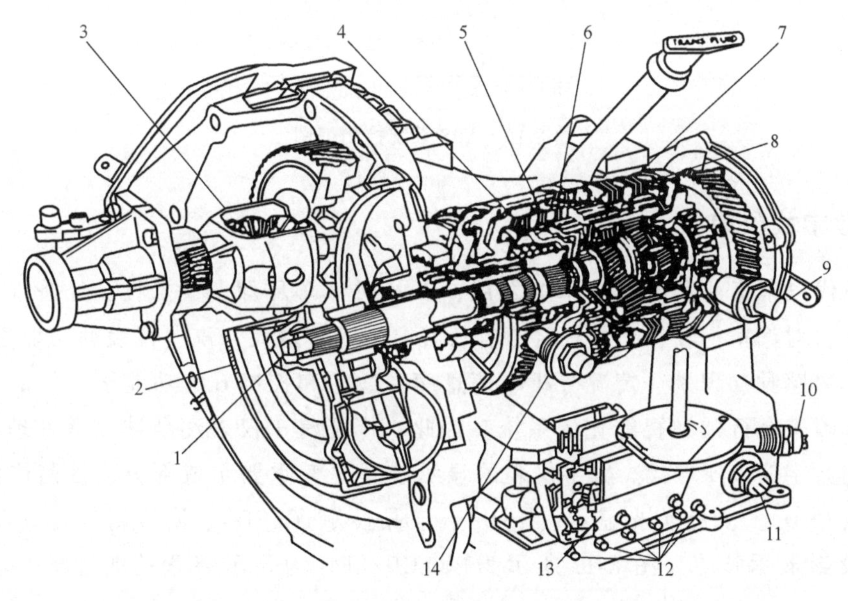

图 8-15 Chrysler A604 前轮驱动四档电液控制自动变速器

1—输入器 2—液力变矩器 3—差速器 4—前离合器 5—超速离合器 6—倒档离合器 7—2/4 档制动器 8—低/侧档制动器 9—输出转速传感器 10—空档安全开关 11—PRNDL 开关 12—压力检测口 13—电磁阀总成 14—涡轮转速传感器

8.4.4 ABS 系统

为了使汽车在行驶过程中以适当的减速度降低车速直至停车，保证行驶的安全性，汽车上均装有行车制动器。起初只在后轮上装有制动器，但随着汽车质量和车速的提高，仅靠后轮制动不足以提供充分的制动力，这样才发展到前轮也安装制动器。人们通过对制动时轴荷的动态转移、前轮增重和后轮减重的认识，且后轮先抱死更易造成汽车的方向失控，而着手研制能限制汽车后轮制动的装置——汽车制动防抱死装置（Antilock Braking System，ABS）。其基本功能是感知制动轮每一瞬时的运动状态，并根据其运动状态相应地调节制动器动力矩的大小，避免出现轮上的抱死现象。ABS 系统是电子控制技术在汽车上最突出的一项应用，可使汽车在制动时维持方向稳定和缩短制动距离，有效地提高了行车的安全性。ABS 系统控制框图如图 8-16 所示。

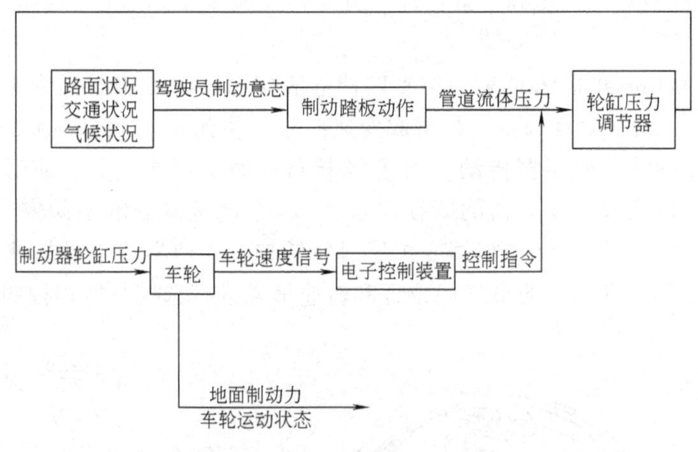

图 8-16 ABS 系统控制框图

8.4.5 数字式仪表

随着现代汽车工业和电子技术的发展，以及对汽车环保、安全性、经济性、智能化要求的提高，对汽车行驶和部分状况的信息需求量显著增大，汽车仪表的功能迅速扩展，并成为一个集感觉、识别、情况分析、信息库、适应和控制 6 大功能于一体的可提供行驶信息、保障安全行驶和智能化的系统。因此，传统汽车仪表逐渐被以微处理器为核心的电子控制数字仪表所取代。数字仪表的显示装置是其重要组成部分，目前广泛采用发光二极管（LED）、真空荧光显示（VFD）、液晶显示（LCD）、阴极射线管（CRT）、平面发光和投影显示技术。图 8-17 所示为以 LCD/LED 为显示装置的典型数字仪表控制系统。

下面以速度表为例来说明数字式仪表的工作原理：

速度表利用车速传感器的测量信号，计算并显示汽车时速，图 8-18 所示为带 MRE（磁性电阻元件）的车速传感器结构图及电路图。该传感器采用一个多极电磁铁附加在驱动轴上，当驱动轴旋转时，磁铁随之旋转而使磁力线发生变化，集成电路中的 MRE 的电阻值便随着磁力线的变化而变化，电阻变化导致电桥中输出电压的变化，电压经过比较器后，使每转产生 20 个脉冲信号。

图 8-19 所示为一种典型的速度表系统框架，在计算车速时，一种方法是计算固定时间内传感器输出的脉冲数量，另一种方法是测量固定脉冲周期所用的时间。计算脉冲数量的方法是：当微处理器检测到从传感器传来信号中的脉冲数量增加时，就开始对代表车速的脉冲进行计数，经过一段预置的设定时间检测脉冲数量，然后将计数器的数据和内存中的数据进行比较，如果相差达到 1km/h 或更多时，计数器中的数据就被输出到显示电路，刷新显示值，整个过程不断重复。

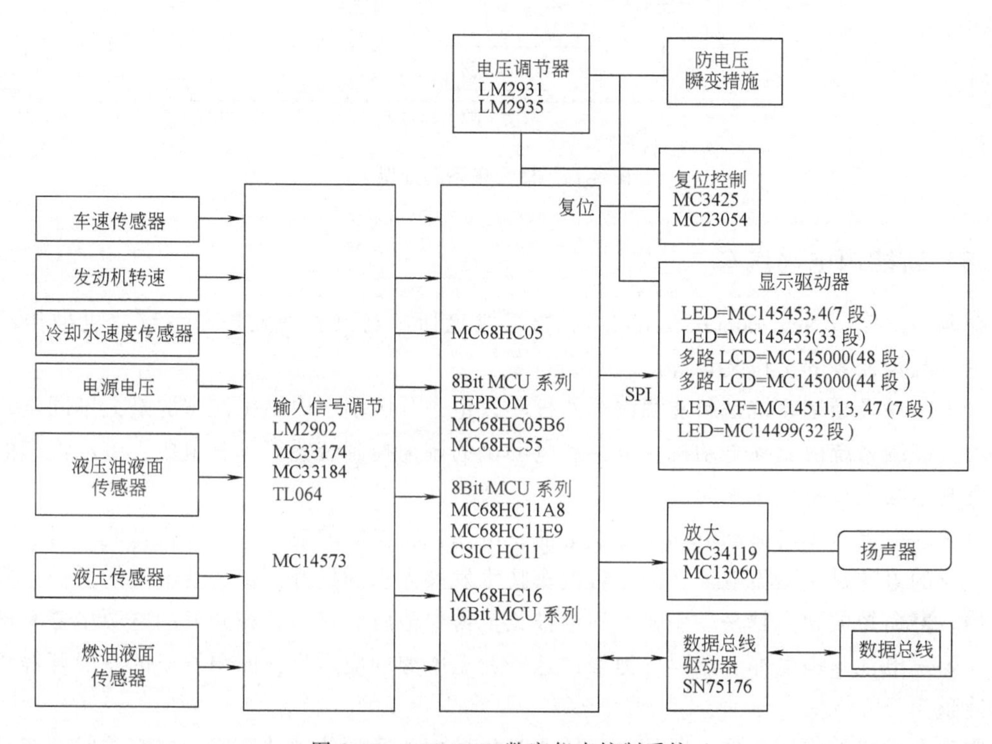

图 8-17　LCD/LED 数字仪表控制系统

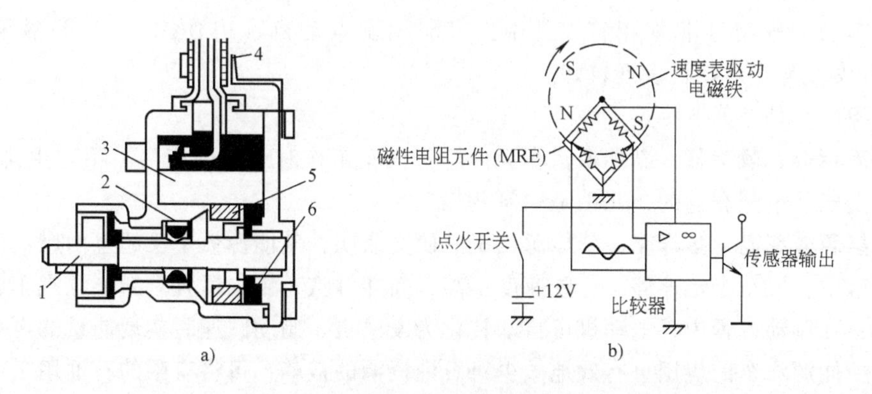

图 8-18　带 MRE 的车速传感器结构图及电路图

a）结构图　b）电路图

1—驱动轴　2—油封　3—内有磁性电阻元件的 IC

4—接线　5—多级电磁铁　6—轴承

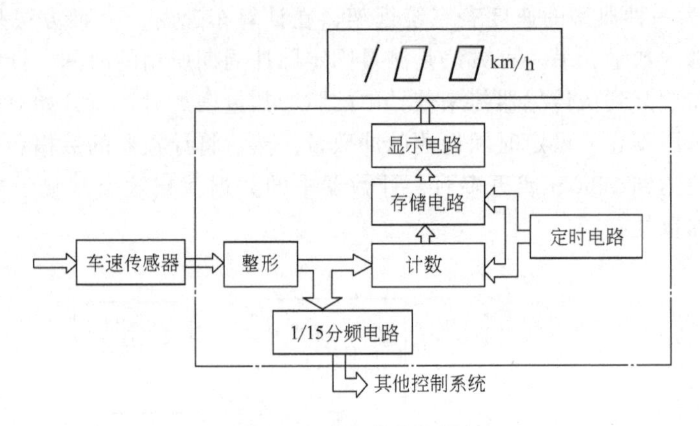

图 8-19 速度表系统框架

8.4.6 新能源电动汽车

新能源汽车（New Energy Vehicles）的组成包括：电力驱动及控制系统、机械传动系统、完成既定任务的工作装置等。

电力驱动及控制系统是新能源汽车的核心，也是其区别于内燃机汽车的最大不同点。电力驱动及控制系统由驱动电动机、电源和电动机的调速控制装置等部分组成；电动汽车的其他装置基本与内燃机汽车相同。

电源为电动汽车的驱动电动机提供电能，电动机将电源的电能转化为机械能。目前，应用最广泛的电源是铅酸蓄电池，但随着汽车技术发展需求的提升，铅酸蓄电池能量低、充电速度慢、寿命短的缺点越来越明显，逐渐被其他蓄电池所取代。正在开发的电源主要有钠硫电池、镍镉电池、锂电池、燃料电池等，这些新型电源的应用为新能源汽车的发展开辟了广阔的前景。

驱动电动机的作用是将电源的电能转化为机械能，通过传动装置驱动或直接驱动车轮和工作装置。目前，新能源汽车上广泛采用直流串励电动机，这种电机具有“软”的机械特性，与汽车的行驶特性非常相符。其中，直流无刷电动机（BLDCM）、开关磁阻电动机（SRM）和交流异步电动机发展较好。

新能源汽车具有如下特点：

（1）无污染，噪声低 新能源汽车无内燃机汽车工作时产生的废气，不产生排气污染，对环境和空气是十分有益的，几乎是“零污染”。

（2）能源效率高，多样化 新能源汽车的研究表明，其能源效率已超过内燃机汽车。特别是在城市中，汽车走走停停，行驶速度不高，新能源汽车更加适宜。新能源汽车制动时不消耗电量，在制动过程中，电动机可自动转化为发电机，制动减速时实现能量的再利用。另一方面，新能源汽车的应用可有效地减少对石油资源的依赖，可将有限的石油用于更重要的方面。蓄电池充电的电能可以由煤炭、天然气、水力、核能、太阳能、风力、潮汐等能源转化。

（3）结构简单，维修方便 新能源汽车较内燃机汽车结构简单，运转、传动部件少，维修保养工作量小。当采用交流感应电动机时，电动机无需保养维护；更重要的是，新能源汽车操作方便。

(4) 动力成本高、续驶里程短 现在新能源汽车技术尚不如内燃机汽车技术完善，尤其是动力电源（电池）的寿命短，使用成本高。但扬长避短，新能源汽车会逐渐普及，其价格和使用成本必然会降低。

(5) 支撑发展电网技术 新能源汽车需要电池更换站运行，更换站可视为分布式储能单元接入电网的关键技术和控制策略。

(6) 支撑续航时间和里程的电池技术 目前许多新能源汽车的电池依旧是传统的铅蓄电池。在这一开发层面上，技术相对先进的如特斯拉新能源汽车，它通过将汽车底盘与电池进行融合的方式来缓解这一矛盾。

8.4.7 无人驾驶汽车

无人驾驶汽车是一种智能概念汽车，也可以称之为轮式移动机器人，主要依靠车内以计算机系统为主的智能驾驶仪来实现无人驾驶。

汤森路透知识产权与科技公司的最新报告显示，2010~2015 年，与汽车无人驾驶技术相关的发明专利超过 22000 件，并且部分企业已崭露头角，成为该领域的行业领导者。

2018 年 8 月 3 日，我国针对无人车道路测试的文件《智能网联汽车道路测试管理规范（试行）》正式发布。

从 20 世纪 70 年代开始，美国、英国、德国等发达国家就已经开始进行无人驾驶汽车的研究，在可行性和实用化方面都取得了突破性的进展。中国从 20 世纪 80 年代开始开展无人驾驶汽车的研究，国防科技大学在 1992 年就成功研制出中国第一辆真正意义上的无人驾驶汽车。2005 年，首辆城市无人驾驶汽车在上海交通大学研制成功。世界上最先进的无人驾驶汽车已经测试行驶近五十万公里，最后八万公里是在没有任何人为安全干预措施下完成的。

无人驾驶汽车具有如下主要特点：

(1) 安全稳定 安全是拉动无人驾驶汽车需求增长的主要因素。防抱死制动系统某种程度上算无人驾驶技术，也是引领汽车工业朝无人驾驶方向发展的早期技术之一。

另一种无人驾驶系统是牵引和稳定控制系统。牵引和稳定控制系统比任何驾驶员的反应都灵敏。与防抱死制动系统不同的是，这些系统非常复杂，各系统会协调工作，防止车辆失控。例如，当汽车即将失控侧滑或翻车时，稳定和牵引控制系统可以探测到险情，并及时启动干预，防止事故发生。

(2) 自动泊车 对于无人驾驶，泊车可能是危险性最低的驾驶操作。对于人为驾驶，虽然有些车辆已经加装了后视摄像头和可以测定周围物体距离远近的传感器，甚至还有可以显示汽车四周情况的车载电脑，但人为泊车还是需要熟练的技术和丰富的经验。

8.4.8 车联网技术

根据中国物联网校企联盟的定义，车联网（Internet of Vehicles，IoV）是由车辆位置、速度和路线等信息构成的巨大交互网络。通过 GPS、RFID、传感器、摄像头图像处理等机电一体化装置，车辆可以完成自身环境和状态信息的采集；通过互联网技术，所有的车辆可以将自身的各种信息传输汇聚到中央处理器；基于智能算法，对这些车辆的信息进行分析和处理，可计算出不同车辆的最佳路线、及时汇报路况和安排信号灯周期。

车联网是能够实现智能化交通管理、动态信息智能服务和车辆控制的一体化网络，是物联网技术在交通系统领域的典型应用，是未来信息通信、环保、节能、安全等发展的融合性技术。

从网络层面上看，IoV 系统是一个“端-管-云”三层体系：

（1）第一层（端系统） 端系统是汽车的智能传感器，负责采集与获取车辆的智能信息，感知行车状态与环境；是具有车内通信、车间通信、车网通信能力的通信终端；同时还是让汽车具备 IoV 寻址和网络可信标识等能力的设备。

（2）第二层（管系统） 解决车与车（V2V）、车与路（V2R）、车与网（V2I）、车与人（V2H）之间的互联互通，实现车辆自组网及多种异构网络之间的通信与漫游，在功能和性能上保障实时性、可服务性与网络泛在性，同时，它是公网与专网的统一体。

（3）第三层（云系统） 车联网是一个云架构的车辆运行信息平台，是多源海量信息的汇聚，因此需要虚拟化、安全认证、实时交互、海量存储等云计算功能，其应用系统也是围绕车辆的数据汇聚、计算、调度、监控、管理与应用的复合体系。

值得注意的是，目前“GPS+GPRS”并不是真正意义上的车联网，也不是物联网。

车联网技术的主要应用：

车辆运行监控系统长久以来都是智能交通发展的重点领域。在国际上，美国的 IVHS、日本的 VICS 等系统通过在车辆和道路之间建立有效的信息通信，已经实现了智能交通的管理和信息服务。而 Wi-Fi、RFID 等无线技术近年来也在交通运输领域的智能化管理中得到了应用，如在智能公交定位管理、智能停车场管理、车辆类型及流量信息采集、路桥电子不停车收费及车辆速度计算分析等方面取得了一定的应用成效。

未来，车联网将主要通过无线通信技术、GPS 技术及传感技术的相互配合实现。在未来的车联网时代，无线通信技术和传感技术之间会是一种互补的关系，当汽车处在转角等传感器盲区时，无线通信技术就会发挥作用；而当无线通信的信号丢失时，传感器又可以派上用场。

8.5 3D 打印机

8.5.1 3D 打印技术概述

3D 打印机是打印三维立体物件的机器，是以一种数字模型文件为基础，运用线状或粉末状的可黏合材料，通过逐层打印的方式来构造物体的机器。

3D 打印思想起源于 19 世纪末的美国，并在 20 世纪 80 年代得以发展和推广。3D 打印思想是科技融合体模型中最新的高“维度”的体现。19 世纪末，美国研究出了照相雕塑和地貌成形技术，随后产生了打印技术领域的 3D 打印核心制造思想。20 世纪 80 年代以前，三维打印机数量很少，大多集中在“科学怪人”和电子产品爱好者手中。主要用来打印珠宝、玩具、工具、厨房用品之类的东西。也有汽车专家打印出了汽车零部件，然后根据塑料模型去订制市面上真正可买到的零部件。1979 年，美国科学家 RF Housholder 获得类似“快速成型”技术的专利，但没有被商业化。3D 打印技术在 20 世纪 80 年代已有雏形，其学名即为“快速成型”。20世纪80年代中期，SLS（选择性激光烧结技术）被美国德克萨斯大学奥斯汀分校的Carl Deckard博士开发出来并获得专利，项目由DARPA（美国国防部高等研究计划局）赞助。到20世纪80年代后期，美国科学家发明了一种可打印出三维效果的打印机，并将其成功推向市场，3D打印技术发展成熟并被广泛应用。

8.5.2　3D打印机工作原理

3D打印机与传统打印机最大的区别在于它使用的“墨水”是实实在在的原材料，堆叠薄层的形式有多种多样，可用于打印的介质种类也多种多样，包括塑料、金属、陶瓷以及橡胶类物质。有些打印机还能结合不同介质，令打印出来的物体一端坚硬而另一端柔软。

有些3D打印机使用“喷墨”的方式，即使用打印机喷头将一层极薄的液态塑料物质喷涂在铸模托盘上，此涂层然后被置于紫外线下进行处理；之后，铸模托盘下降极小的距离，以供下一层堆叠上来。还有的使用“熔积成型”技术，整个流程是在喷头内熔化塑料，然后通过沉积塑料纤维的方式才形成薄层。还有一些系统使用“激光烧结”技术，以粉末微粒作为打印介质。粉末微粒被喷洒在铸模托盘上形成一层极薄的粉末层，熔铸成指定形状，然后由喷出的液态黏合剂进行固化。有的则是利用真空中的电子流熔化粉末微粒，当遇到包含孔洞及悬臂这样的复杂结构时，介质中就需要加入凝胶剂或其他物质以提供支撑或用来占据空间，这部分粉末不会被熔铸，最后只需用水或气流冲洗掉支撑物便可形成孔隙。

8.5.3　3D打印机基本构成

典型的3D打印机实物如图8-20所示，基本构成如下：

(1) 机械组件（机械执行系统）　它相当于一台可实现“*X-Y-Z*”三坐标运动的工业机器人，其3D打印喷头就相当于机器人末端执行器。

(2) 喷头　喷头安装在三维机械执行系统之上，在计算机的控制下沿“*X-Y-Z*”轴运动，并根据三维数字模型截面轮廓信息，将材料选择性地喷涂在工作台上，材料快速冷却后形成一层截面。一层成形完成后，工作台下降一个高度（即分层厚度），再成形下一层截面，直至形成整个实体造型。

(3) 控制计算机　控制计算机根据物体的三维数字模型控制打印机打印喷头沿着“*X*、*Y*、*Z*”三轴进行材料喷涂。

(4) 3D扫描仪　3D扫描仪可建立物体几何表面的点云，这些点可用来插补形成物体的表面形状，越密集的点云可以建立越精确的模型（这个过程称为三维重建）。

(5) 供料装置　为3D打印喷头提供打印材料。

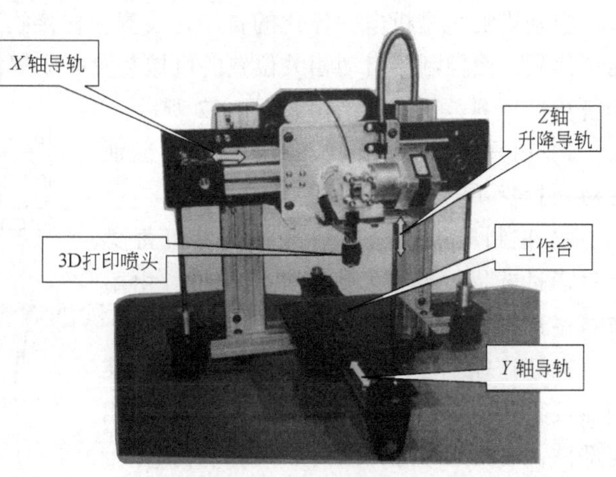

图8-20　3D打印机

8.5.4　3D打印机操作步骤

1）通过计算机建模软件建模，如果有现成的模型也可以，比如动物模型、人物模型或者微缩建筑等。

2）将建成的三维模型“分区”成逐层的截面，即切片，保存为STL格式文件。

3）通过SD卡或者U盘把文件拷贝到3D打印机中，进行打印设置后，打印机读取文件中的横截面信息，用液体状、粉状或片状的材料将这些截面逐层地打印出来，再将各层截面黏合起来，从而制造出一个实体。

4）打印机打印出较粗糙的物体，再稍微经过表面打磨即可得到表面光滑的“高分辨率”物品。

8.6 自动售货机

8.6.1 自动售货机概述

自动售货机（Vending Machine，VEM）是能根据投入的钱币自动付货的机器。自动售货机是商业自动化的常用设备，它不受时间、地点的限制，能节省人力，方便交易，是一种全新的商业零售形式，又被称为“24小时营业的微型超市”。自动售货机网络结构图如图8-21所示。

公元1世纪，希腊人希罗制造的自动出售“圣水”的装置是世界上最早的自动售货机。日本第一台自动售货机是1904年问世的“邮票明信片自动出售机”，它是集邮票明信片的出售和邮筒投函为一体的机器。1925年，美国研制出售卖香烟的自动售货机，此后又出现了出售邮票、车票的各种现代自动售货机。

20世纪50年代，“喷水型果汁自动售货机”大受欢迎，果汁被注入在纸杯里出售。后来，美国的饮料大公司进入日本市场，1962年，出现了以自动售货机为主体的流通领域的革命。1967年，100日元单位以下的货币全部改为硬币，从而促进了自动售货机产业的发展。20世纪70年代以来，相继出现了采用微型计算机控制的各种新型自动售货机，和利用信用卡代替钱币并与计算机连接的更大规模的无人售货系统，如无人自选商场、车站的自动售票和检票系统、银行的自动支付机等。

8.6.2 自动售货机工作原理及操作步骤

自动售货机是机电一体化的自动化装置，在接收到货币已输入的前提下，靠触摸控制按钮输入信号，使控制器启动相关位置的机械装置完成规定动作，将货物输出。以饮料零食综合自动售货机为例，其外形结构如图8-22所示。

1）用户将货币投入投币口，货币识别器对所投货币进行识别。

2）控制器根据金额信息将商品可售卖信息通过选货按键指示灯提供给用户，由用户自主选择欲购买的商品。

3）用户按下选择商品所对应的按键，控制器接收到按键所传递过来的信息，驱动相应部件，输出用户选择的商品到达取物口。

4）如果还有足够的余额，则可继续购

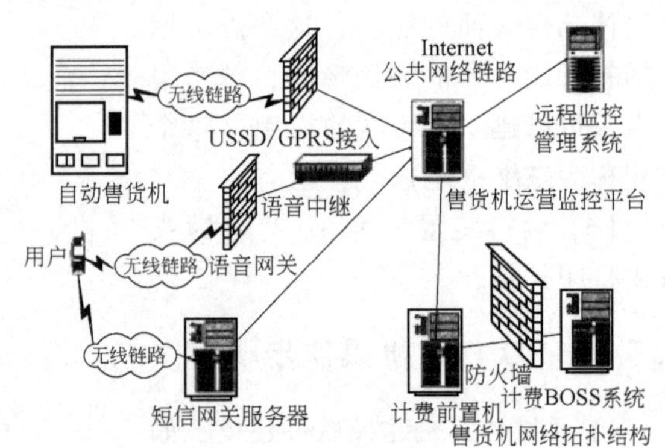

图8-21 自动售货机网络结构图

买。在一定时间内，自动售货机将自动找出零币，或由用户旋转退币旋钮，退出零币。

5）用户从退币口取出零币完成此次交易。

自动售货机的核心技术是使用了可编程逻辑控制器。可编程逻辑控制器是以微处理器为核心的工业控制装置，它将传统的继电器控制系统与计算机技术结合在一起，具有高可靠性、灵活通用、易于编程、使用方便等特点，因此，近年来在工业自动化控制、机电一体化、改造传统产业等方面得到普遍应用。

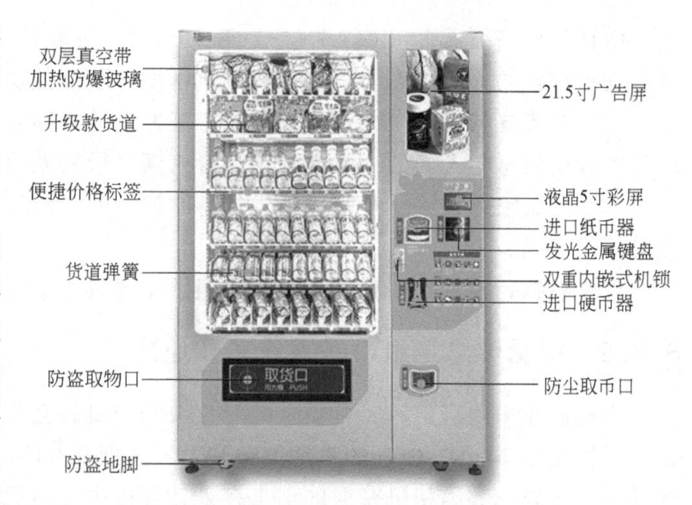

图 8-22 饮料零食综合自动售货机

8.7 视觉传感变量喷药系统

在农业方面，发达国家（如美国、英国）都投入了大量资金和人员进行现代农业技术的研发。先后开发出了精确变量播种机、精确变量施肥机以及精确变量喷药机等，它们都是与机器人极为相似的机电一体自动化系统，是高新技术在农业中的应用。

视觉传感变量喷药系统，是以较少药剂有效控制杂草、提高产量、减少成本的一种自动化药物喷撒机械。近年来，随着杂草识别的视觉感知技术与变量喷药控制等技术的成熟，这种视觉传感变量喷药系统也趋于成熟。

8.7.1 视觉传感变量喷药系统组成

该系统一般由图像信息获取系统、图像信息处理系统、决策支持系统、变量喷撒系统、机械行走系统等组成，如图 8-23 所示。各子系统的主要功能如下：

（1）图像信息获取系统 主要由彩色数码相机（如 PULNEX，TMC-7ZX 等）和高速图像数据采集卡（如 CX100，IMAGENATION，INC 等）组成。采集卡一般置于机载计算机中。

（2）图像信息处理系统 是一种基于图像信息的提取算

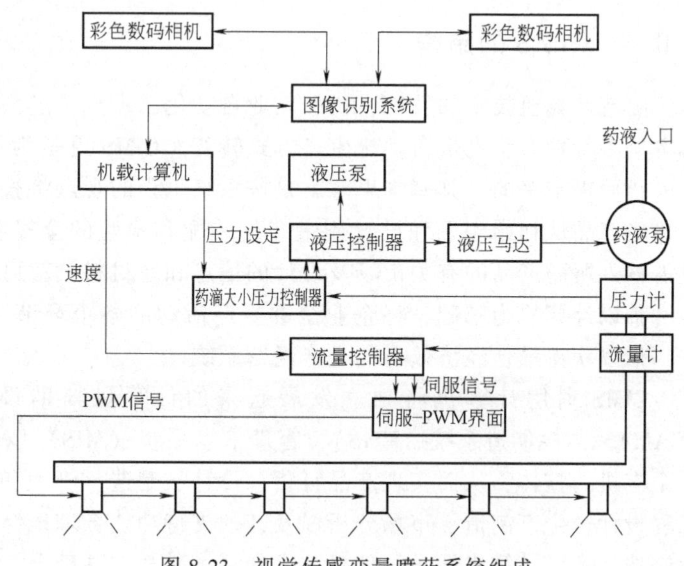

图 8-23 视觉传感变量喷药系统组成

法，由计算机高级语言（如 C++等）开发出的一种软件系统。它可以快速准确地提取出图像数据中包含的人们所需的信息，如杂草密度、草叶数量、无作物间距区域面积等。

(3) 决策支持系统 也是由高级语言开发出的一种软件系统。它基于信息处理系统，把得到的有用信息与人们的决策要求做综合判断，最后做出所需的决策。

(4) 变量喷撒系统 是基于视觉信息的控制器，由若干个可调节药液流量和雾滴大小的变量喷头组成。

(5) 机器行走系统 由发动机、机身、车轮等组成。

8.7.2 视觉传感变量喷药系统工作原理

当机器在田间行走时，机器上的彩色数码相机就会扫描一定面积的地面。一般彩色数码相机可覆盖 2.44m×3.05m 的范围，分辨力可达到 0.005m×0.005m。与此同时，高速图像数据采集卡将彩色数码相机获取的信息存入计算机中。然后，由图像信息处理系统快速地将地面杂草的密度、草叶数量、作物密度以及无植被区域面积等信息提取出来，并由决策支持系统调用这些信息，经过数据处理得到所需的行走速度、药液流量和雾滴大小等决策。这些决策被传输给药滴大小压力控制器以及流量控制器，它们随之控制管路中的压力和 PWM 脉宽调制变量喷头，从而实现了精确变量喷药。

视觉传感变量喷药系统的优点是：一方面减少了药量、降低了成本，另一方面保护作物、减少对环境的污染。据统计，与传统的喷洒方法比较，变量喷药系统在杂草高密区可节约药液 18%，在杂草低密区可节约药液 17%。

8.8 计算机集成制造系统

近年来，世界各国都在大力开展计算机集成制造系统 CIMS（Computer Integrated Manufacturing System）方面的研究工作。CIMS 是计算机技术和机械制造业相结合的产物，是机械制造业的一次技术革命。

8.8.1 CIMS 的结构

随着计算机技术的发展，机械工业自动化已逐步从过去的大批量生产方式向高效率、低成本的多品种、小批量自动化生产方式转变。CIMS 就是为了实现机械工厂的全面自动化和无人化而提出来的。其基本思想就是按系统工程的观点将整个工厂重新组成一个系统，用计算机对产品从初始构思和设计到最终的装配和检验的全过程实现管理和控制。对于 CIMS，只需输入所需产品的有关市场及设计的信息和原材料，就可以输出经过检验的合格产品。它是一种以计算机为基础，将企业全部生产活动的各个环节与各种自动化系统有机地联系起来，借以获得最佳经济效果的生产经营系统。

CIMS 利用计算机将独立发展起来的计算机辅助设计（CAD）、计算机辅助制造（CAM）、柔性制造系统（FMS）、管理信息系统（MIS）以及决策支持系统（DSS）综合为一个有机的整体，从而实现产品订货、设计、制造、管理和销售过程的自动化。它是一种把工程设计、生产制造、市场分析以及其他支持功能合理地组织起来的计算机集成系统，在柔性制造技术、计算机技术、信息技术和系统科学的基础上，将制造工厂生产经营活动所需的各种自动化系统有机地集成起来，使其能适应市场变化和多品种、小批量生产要求的高效益、高柔性。

由此可见，CIMS是在新的生产组织原则和概念指导下形成的生产实体，它不仅是现有生产模式的计算机化和自动化，而且是在更高水平上创造的一种新的生产模式。

从机械加工自动化及自动化技术本身的发展看，智能化和综合化是未来发展趋势的主要特征，也是CIMS最主要的技术特征。智能化体现了自动化的深度，即不仅涉及了物质流控制的传统体力劳动的自动化，还包括了信息流控制的脑力劳动的自动化；而综合化反映了自动化的广度，它把系统空间扩展到市场、设计、制造、检验、销售及用户服务等全部过程。

CIMS是按照制造工厂形成最终产品所必需的功能划分系统，如设计管理、制造管理等子系统，它们分别处理设计信息与管理信息，各子系统相互协调，并且具有相对的独立性。因此，从大的结构来讲，CIMS可看成是由经营决策管理系统（BDMS）、计算机辅助设计与制造系统（CAD/CAM）、柔性制造系统（FMC/FMS/NC）等组成的（图8-24）。经营决策管理系统完成企业经营管理，如市场分析预测、风险决策、长期发展规划、生产计划与调度、企业内部信息流的协调与控制等；计算机辅助设计系统完成产品及零部件的设计、自动编程、机器人程序设计、工程分析、输出图样和材料清单等；计算机辅助制造系统则完成工艺过程设计、自动编程、机器人程序设计等；柔性制造系统完成物料加工制造的全过程，实现信息流和物料流的统一管理。如果将CIMS的系统功能进一步细化，可得到如图8-25所示的框图。

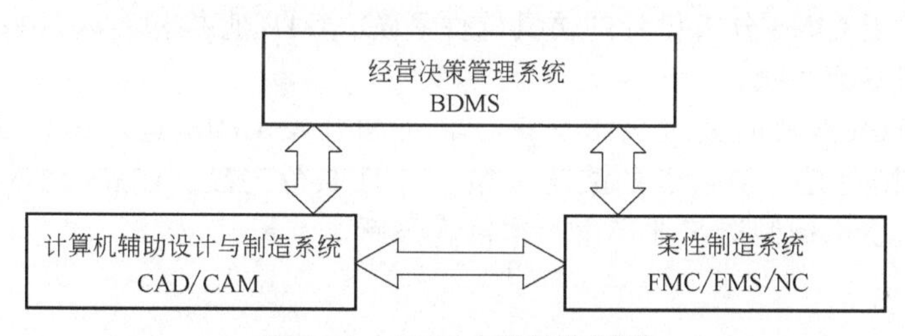

图8-24 CIMS主要结构框图

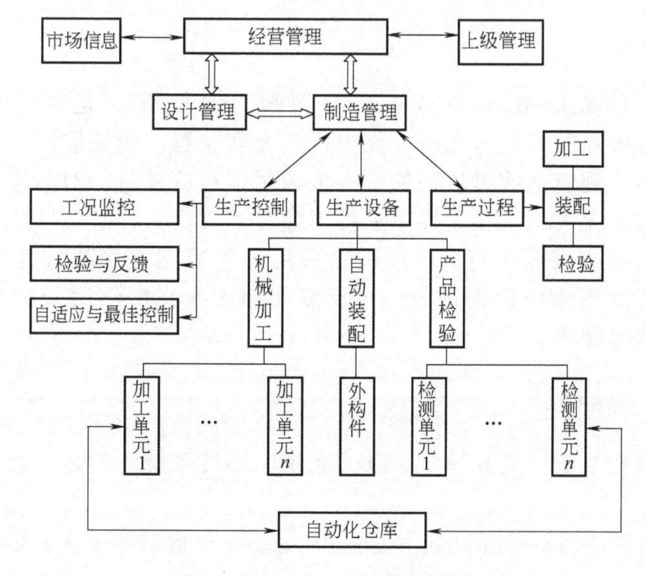

图8-25 CIMS系统功能框图

8.8.2 CIMS 的技术关键

CIMS 是一个复杂的系统，由很多子系统组成，而这些子系统本身又都是具有相当规模的复杂系统。虽然世界上很多发达国家已投入大量资金和人力研究它，但仍存在不少技术问题有待进一步探讨和解决。归纳起来，大致有以下五个方面：

1）CIMS 系统的结构分析与设计。这是系统集成的理论基础及工具，包括系统结构组织学和多级递阶决策理论、离散事件动态系统理论、建模技术与仿真、系统可靠性理论与容错控制，以及面向目标的系统设计方法等。

2）支持集成制造系统的分布式数据库技术及系统应用支撑软件。其中包括支持 CAD/CAPP/CAM 集成的数据库系统，支持分布式多级生产管理调度的数据库系统，分布式数据系统与实时在线递阶控制系统的综合与集成等。

3）工业局部网络与系统。CIMS 系统中各子系统的互连是通过工业局部网络实现的。因此，必然要涉及网络结构优化、网络通信的协议、网络的互连与通信、网络的可靠性与安全性等问题的研究，甚至还可能需要对支持数据、语言、图像信息传输的宽带通信网络进行探讨。

4）自动化制造技术与设备。这是实现 CIMS 的物质技术基础，其中包括自动化制造设备、自动化物料输送系统、移动机器人及装配机器人、自动化仓库以及在线检测及质量保障等技术和设备。

5）软件开发环境。良好的软件开发环境是系统开发和研究的保证，涉及面向用户的图形软件系统、适用于 CIMS 分析设计的仿真软件系统、CAD 直接检查软件系统以及面向制造控制与规划开发的专家系统。

综上所述，CIMS 涉及的关键技术很多，制定和开发 CIMS 是一项重要而艰巨的任务，而对 CIMS 的投资则更是一项长远的战略决策。一旦取得突破，CIMS 技术必将深刻地影响企业的组织结构，使机械制造工业产生一次巨大飞跃。

8.9 无人机

8.9.1 无人机简介

无人驾驶飞机（Unmanned Aerial Vehicle）简称“无人机”，是利用无线电遥控设备和自备的程序控制装置操纵的不载人飞机。无人机上无驾驶舱，但安装有自动驾驶仪、程序控制装置等设备。地面、舰艇上或母机遥控站人员通过雷达等设备，对其进行跟踪、定位、遥控、遥测和数据传输。无人机可在无线电遥控下像普通飞机一样起飞，或用助推火箭发射升空，也可由母机带到空中投放飞行。回收时，可用与普通飞机着陆过程一样的方式自动着陆，也可通过遥控用降落伞或拦网回收。可反复使用多次，广泛用于空中侦察、监视、通信、反潜、电子干扰等领域。

8.9.2 无人机系统组成

无人机系统由飞控系统、遥控系统、动力系统、图传系统、云台、航拍相机，如图 8-26 所示。

飞控系统，即飞行控制系统（Flight Control System）可以看作无人机的大脑，飞机是悬停还是飞行、向哪个方向飞，都是由飞控下达指令的。那么飞控是如何做到控制飞机保持姿态的

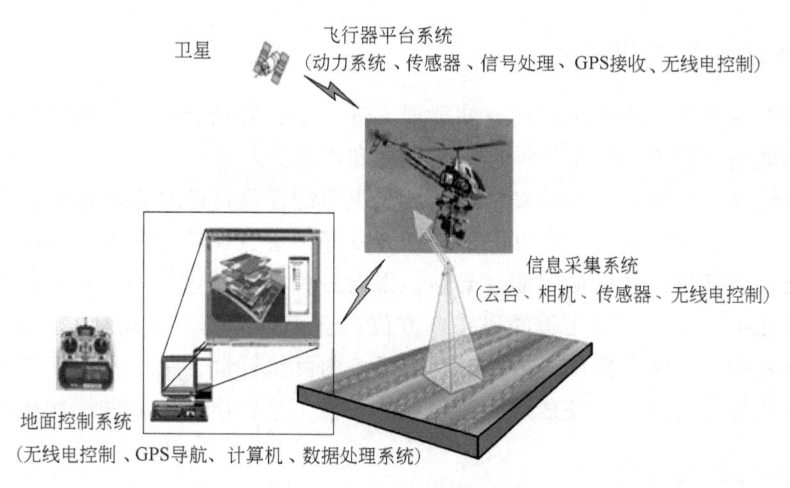

图 8-26 无人机系统组成

呢？这是由于飞控包含“小脑”，也就是有数个传感器，基础的飞控包含了如下传感器：

(1) GPS（全球定位系统） 用于获取飞机的经纬度信息，确定自己的位置。

(2) 气压计 用于测量当前大气压，获取飞机的高度信息。

(3) IMU（惯性测量单元） 包含一个三轴加速度计和一个三轴陀螺仪，用来测量飞机在三维空间中的角速度和加速度，并以此解算出飞机的姿态。

(4) 指南针 用于分辨飞机在世界坐标系中的朝向，也就是把东南西北和飞机的前后左右联系起来。

随着科技的发展，现在的一些航拍无人机的飞控系统上还加入了更多的传感器，例如超声波传感器可在近地面测量精准高度、光流传感器可在没有 GPS 的室内帮助飞机定位悬停。用以上传感器收集到信息后，飞控会对数据进行融合，判断出飞机当下的位置、姿态、朝向等信息，然后对如何飞行进行决策。

遥控系统包含地面的遥控器和飞机端的接收模块。除了两个摇杆控制的俯仰（Pitch）、横滚（Roll）、航向（Yaw）、油门（Throttle）四个通道外，还包含了切换飞行模式、控制云台转动、控制相机拍照等功能。这些指令都会通过遥控器的发射系统，用无线信号传递给飞机，由飞机上的接收模块接收信号，目前主流无线电信号是 2.4G 频段信号。遥控器与接收机动力系统包括无人机的电调、电机、桨叶、动力电池。无人机各系统组成及功能如图 8-27 所示。

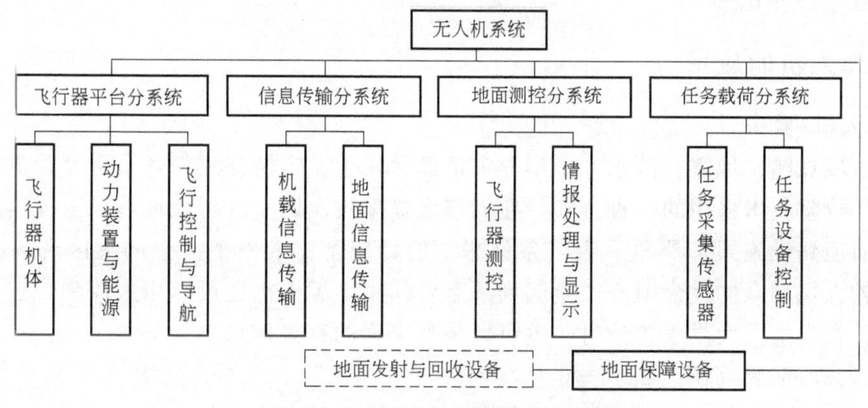

图 8-27 无人机各系统组成及功能

8.9.3 无人机系统工作流程

(1) 进入开始界面 快捷实现任务的规划，进入任务监控界面，实现航拍任务的快速自动归档，各功能划分开来，实现软件运行的专一和稳定。

(2) 航前检查 为保证任务的安全进行，起飞前结合飞行控制软件进行自动检测，确保飞机的 GPS、罗盘、空速管及其俯仰翻滚等状态良好，避免在航拍中发生危险情况。

(3) 飞行任务规划 在区域空照、导航、混合三种模式下进行飞行任务的规划。

(4) 航飞监控 实时掌握飞机的姿态、方位、空速、位置、电池电压、即时风速风向、任务时间等重要状态，便于操作人员实时判断任务的可执行性，进一步保证任务的安全。

(5) 影像拼接 航拍任务完成后，导航航拍影像，进行研究区域的影像拼接。

8.9.4 无人机关键技术

(1) 移动目标视觉识别技术 移动目标视觉识别技术是基于视觉识别原理，对连续图像进行检测、特征提取、目标识别与追踪，获得追踪目标的位置、速度、运动轨迹等参数的过程，并分析目标的行为与动作，完成对目标的更高级任务拓展。视觉识别技术通过将外界真实信息转化为数字模拟量，完成数据信息的采集、数据后处理及图像分析，使机器感知外部世界的信息。

目前较为领先的机器视觉识别技术是基于视差原理的双目立体识别（Binocular Stereo Vision）技术，成像设备在不同位置获取被测物体的两幅图像，通过图像中对应点的位置偏差计算物体三维几何信息和设备与被测物体间的距离。双目立体识别技术为无人机移动追踪任务中的实时立体图像回传提供保障，也为追踪目标的进一步精准打击提供精确位置支持。

(2) 移动目标追踪技术 移动目标检测的重点是在外部干扰环境中区分背景与目标，存在如环境光照亮度变化、阴影遮蔽、无人机高速运动及晃动等干扰。追踪目标运动轨迹的不确定性、移动目标场景模式的改变、移动目标特征的消失或遮蔽等都为目标追踪带来技术上的难点。移动目标检测与追踪技术主要由背景模型建立、图像分离分割、目标检索与追踪、目标行为理解分析、数据传输、视觉系统构建等环节构成。

(3) 自主飞行决策与避障技术 无人机在跟随被追踪目标运动的同时，应具备自主飞行决策及避障能力。通常无人机在追踪目标时具备基本的飞行决策与避障功能，并给出算法的收敛性和性能评价方法。

8.9.5 无人机的应用

1. 无人机+救灾

我国地域辽阔，地震、洪水、干旱等灾情经常发生，灾情探测任务艰巨而繁重。无人机救灾是现代抢险技术采用的一种方式。在天津爆炸事故、四川汶川大地震和玉树地震中，无人机在交通道路设施毁坏严重、天气条件恶劣的情况下，带回了大量的灾区现场的数据资料，为抢救人民群众的生命财产安全起到了重要作用。无人机还可以用来探测、定位和监视森林火灾，在发生重大洪水灾情时，也可以采集灾害的有关信息。

2. 无人机+航测（图 8-28）

无人机的反应灵活、视野广阔、图像可实时传输等优点，使其在国土勘测、矿产资源调查、铁路及高速公路建设勘测等领域应用广泛。在国土资源遥感调查领域，无人机具有成本低、风险小的优势，操作员可以方便地在地面站控制无人机的飞行路线和飞行高度，对感兴趣的重点地区可以反复探测，获得充分的资源数据；在矿产资源调查方面，无人机能够遥感矿区的矿产开采点位置、开采状态、开采矿种、土地类型以及矿山生态环境等信息，为矿产规划与开发提供丰富的基础数据；在铁路及高速公路建设勘测方面，无人机可利用遥感图像进行地质、水文判释，对铁路及高速公路建设前期选定线路及工程后期的泥石流、崩塌、滑坡调查都能起到良好的作用。目前，我国已经计划在11个省开始用无人机勘测和巡视国家的海岸边境。我国幅员辽阔、地形复杂，航测无人机一定会有越来越广阔的舞台。

3. 无人机+电力

我国地域、地形复杂，电网建设往往横跨高山、深谷、河流、森林等复杂区域，人工架线、巡线难度较大、危险性高，为解决这些突出问题，湖南、四川、重庆、福建、广东等地区的电网公司通过探索无人机的应用，实现了巡检无死角、无盲区，且能拍摄设备缺陷照片，实时传输高空视频，巡检效果较佳。广东电网更是计划用3~5年时间将无人机应用普及到各班组。随着无人机技术、图像传输处理等技术的发展，无人机必将在规划输电线路、测量地形、线路巡检、线路架设等方面发挥越来越重要的作用。

图 8-28 无人机+航测作业

4. 无人机+农林

在农林业领域，无人机正在发挥着越来越重要的作用，目前主要用于农林植保、农药喷洒（图8-29）、病虫害防治、森林防火、田间管理等细分领域。在欧洲和美国，葡萄园主利用无人机监控土壤湿度、葡萄生长及病虫害等情况，实现葡萄园数字化管理。韩国政府也宣布将积极扶持无人机产业的发展，将无人机的用途扩大至农业等其他领域。日本更是最早将无人机喷洒技术运用于农业的国家，也是该技术最成熟的国家之一。近年来，国内农林无人机应用也如火如荼，吉林省梨树县用无人机为玉米喷洒农药；安徽、江西力推农业植保无人机的应用；湖南则出台相关补贴政策，使得农业无人机预定量大幅上升。多数省份也将无人机应用于森林防火防灾等领域。我国是农林业大国，随着人口红利逐步结束，无人机将在农林业领域扮演越来越重要的角色。

图 8-29 农业无人机喷药作业

5. 无人机+物流

物流无人机虽然起步晚，但随着科技的不断发展，发展势头非常喜人。亚马逊作为最早一批测试无人机派送快件的商业企业，2013年底首次对外公布了其无人机送货计划。经过不懈努力，亚马逊无人机派送快递的每件成本能降低到仅约 1 美元（约 6 元人民币），配送时效也提升至最快 30 分钟。2014 年 8 月，谷歌也公布了其无人机快递系统，并在澳洲进行了多次测试，成功为农场主运送生活物资。2014 年 9 月，德国老牌快递巨头 DHL 宣布使用无人机向德国北海的一座小岛运送药品，这不仅是欧洲大陆史上第一次获得官方授权的无人机快递飞行，更是无人机投入日常使用的一次重大进步。

国内相关物流公司，顺丰、圆通等也在积极探索，取得了一定的进展，力推在山区、偏远乡村等农村市场的无人机速递业务。

复习思考题

1. 加工中心由哪几部分构成？
2. 工业机器人的发展趋势是什么？
3. 简述 3D 打印机的工作原理。
4. 简述 CIMS 的结构。

第9章 机电一体化系统设计实例

9.1 轿车车身冲压机器人生产线设计

9.1.1 功能要求分析和设备选型

1. 生产线的功能要求

1）钢板的自动分层及抓取。抓取时要求有检测装置，对同时抓取多块、抓取不牢等情况进行自动检测报警。

2）要求冲压工件始终沿一条直线运动。

3）工件传送过程中，对一些重要参数要进行自动监控、处理或报警。

4）满足生产能力，每年生产轿车 150000 辆，涉及 12 种不同的冲压件。

5）工件传送过程中，在某些冲床加工后有 180°翻转或 90°回转功能。

6）冲床上下模之间的最小干涉距离按 400mm 考虑。

7）考虑到冲床及机械手的可维修性，中间传送装置应方便从冲床间整体移出。

2. 压力机及零件参数

1）压力机选择。

本设计选用德国 Erfurt 公司的两款压力机，性能参数见表 9-1。

表 9-1 压力机性能参数

压力机	20000kN 双动压力机	10000kN 单动压力机
台面尺寸	4500mm×2200mm	4500mm×2200mm
滑块行程	1100/900mm	900mm
行程频率	8~15 次/min	8~15 次/min
最大装模高度	2100mm/1850mm	1300mm
调节量	200mm/200mm	2500mm

2）压力机的布置（图 9-1）。

3）零件参数。该生产线共涉及 12 种冲压件。最大毛坯尺寸为：0.9mm×1360mm×3200mm，最大质量为 31kg。最小毛坯尺寸为：0.8mm×875mm×1385mm，最大质量为 7.6kg。

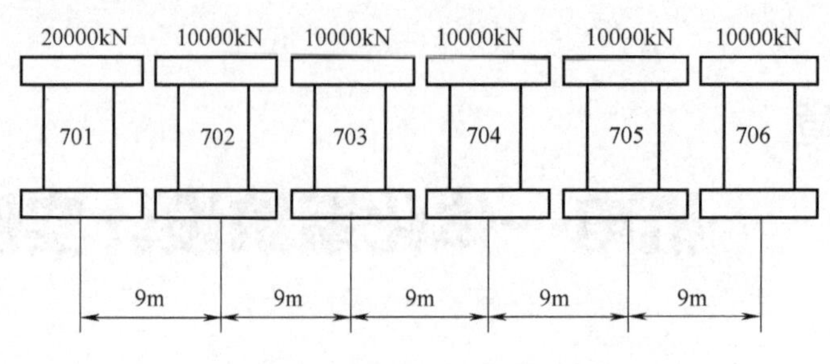

图 9-1 压力机布置图

9.1.2 生产能力的分析计算

1. 压力机允许机械手的操作时间

从压力机凸轮曲线可知，20000kN 压床最小于涉距离为 400mm 时，机械手被允许的操作时间见表 9-2。

表 9-2 20000kN 压床的机械手被允许的操作时间

序号	节拍/(件/min)	允许操作时间/s	压床外动作时间/s	总时间/s
1	12	2.02	2.98	5
2	11	2.2	3.25	5.45
3	10	2.4	3.6	6
4	9	2.69	3.98	6.67
5	8	3.03	4.47	7.5
6	7	3.06	5.51	8.57
7	6	3.54	6.46	10.0
8	5	4.25	7.55	11.8

2. 对生产节拍的要求

计算条件一年按 254 天工作日计（假设扣除 104 天双休日，7 天法定节假日），每天按三班制生产，每班工作 7h，这样一年共有 5334h 的工作时间，用于维护的时间为 762h。

另外，用于更换机械手操作工具及更换模具的时间为 0.5h/件，模具调整时间为 0.3h/件；零件周转周期为 15 天，则一年内用于更换机械手操作工具及更换模具的总时间为：12(月)×2×12（件)×0.8h=230.4h。每班换料时间为 0.5h，一年为 381h。

一年的实际工作时间为：(5334-230.4-381)h=4722.6h。

生产线的生产节拍为：150000×12 件/(4722.6×60min)≈6.4 件/min。

生产线的设计生产能力：为确保能达到生产能力，取富裕系数为 1.25，取生产线的设计生产能力为 8 件/min。

3. 初始条件

选用适当的真空发生器，可使吸牢时间为 0.2s，释放时间为 0.1s。

机械手动作初始条件：最大加速度为 $6m/s^2$，最大速度为 4.0m/s；冲床内部行程距离为 2000mm。

4. 生产节拍核算

因 2000kN 冲床机械手被允许的操作时间比 1000kN 冲床的短，因此，计算节拍以表 9-1 为依据进行核算。

动作过程如图 9-2 所示。对于一个压床循环周期，冲床压下后抬起 400mm 时，取工件机械手开始进入压床（图 a）；进入后吸牢工件立即向外移动，同时放工件机械手也处于压床边缘，吸着工件并开始向压床内移动（图 b）；待放工件机械手到位，取工件机械手已完全退出压床（图 c）；放工件机械手释放工件，退出压床。放工件机械手完全退出时，压床又处于最小干涉位置（图 d）。

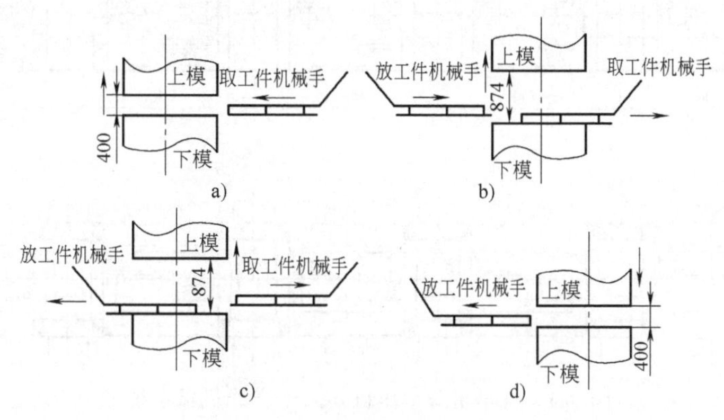

图 9-2 机械手动作过程

a）取工件机械手刚进入压床 b）取工件机械手开始退出压床，放工件机械手开始进入压床
c）取工件机械手完全退出压床，放工件机械手完全进入压床 d）放工件机械手完全退出压床

根据初始条件，机械手进入压床时，以初速度 4m/s 匀速进入，减速加速度为 6m/s^2，行程距离为 2m，则得如下方程

$$v_0 = at_2$$

$$S = v_0 t_1 + 0.5at_2^2$$

已知

$$v_0 = 4\text{m/s},\ S = 2.0\text{m},\ a = 6\text{m/s}^2$$

解得

$$\begin{cases} t_1 = \dfrac{1}{6}\text{s} \\ t_2 = \dfrac{2}{3}\text{s} \end{cases}$$

进入的最快时间为 $t_1 + t_2 = 0.83\text{s}$。

机械手移出时，先加速到最大速度，然后以最大速度退出。同理可得，退出的最快时间 $t_1 + t_2 = 0.83\text{s}$。

按前述的动作过程，机械手在压床内的最快移动时间为 $(3\times0.83+0.2+0.1)\text{s} = 2.79\text{s}$，查表 9-2，这时的最大节拍为 8 件/min。满足设计能力的要求。

9.1.3 机械系统设计

1. 机械系统配置

毛坯的拆垛、进料由一只装在 701 压力机上的上料机械手完成。它负责把毛坯放入 701

机上。加工后的工件由装在706机上的下料手取出。701与702间有一个翻转传输装置，702和703、703和704、704和705、705和706间是四台穿梭传输车，其车梁有侧移及滚转功能。装在706机上的下料机械手负责取出压完的工件，并把它放在传送带上运走。生产线机械系统主要部分如图9-3所示。

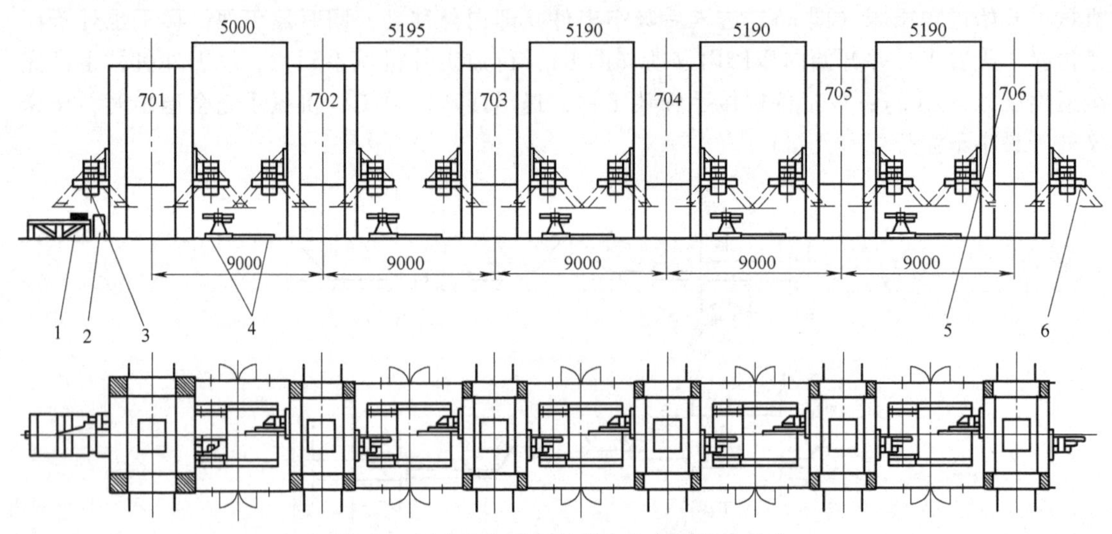

图9-3 轿车车身冲压机器人生产线机械系统

1—磁力分层装置 2—涂油装置 3—上料机械手 4—翻转传输装置 5—压床 6—下料机械手

2. 上、下料机械手

(1) 上、下料机械手参数指标

负载能力：50kg；　　　　　　重复定位精度：±0.5mm；

水平运动范围：0~3000mm；　水平运动速度：4.0m/s；

垂直运动范围：0~1000mm；　垂直运动速度：1.0m/s；

水平加速度：$6m/s^2$；　　　　　垂直加速度：$6m/s^2$。

(2) 上、下料机械手结构 上、下料机械手水平运动轴采用椭圆形机构，垂直运动轴为直线提升机构。为保持机械手末端的姿态，采用平行四边形结构，这样既可保持末端姿态，又可增大刚度。

3. 翻转传输装置

翻转传输装置配置在第一台和第二台压力机之间，实现对工件的180°翻转，其主要参数：翻转角度为±180°；翻转速度为90°/s（15r/min）；翻转半径为1500mm；翻转动作是可控的。翻转装置固定于直角坐标组合传送单元之内，传动方案采用伺服电动机与谐波齿轮传动。

4. 气动系统及夹具

(1) 气动系统 气动系统采用工厂原有的气源，通过过滤和去油处理直接送往各执行器件。

真空系统采用国外标准的组合一体化装置，其特点是：该组合控制装置包括了真空发生器、真空给定电磁阀、真空破坏电磁阀、真空开关、过滤器、消音器共6件一体化装置，使操作过程稳定可靠、体积小、重量轻。

根据工件的不同形状，每个零件每个机械手选用 15 套吸盘，吸盘参数如下：假定工件重 31kg，每个吸盘承载 2.0kg，设安全系数为 3.0，则每个吸盘设计承载为 6.0kg，取真空度为 5kPa，吸盘直径为 35mm。

(2) 夹具 为适应不同零件在不同工位时的形状，采用万能组合式夹具安装真空吸盘，其结构形式有伸缩式和转动式。

9.1.4 控制系统和报警系统设计

1. 控制系统设计

生产线控制系统硬件配置如图 9-4 所示。

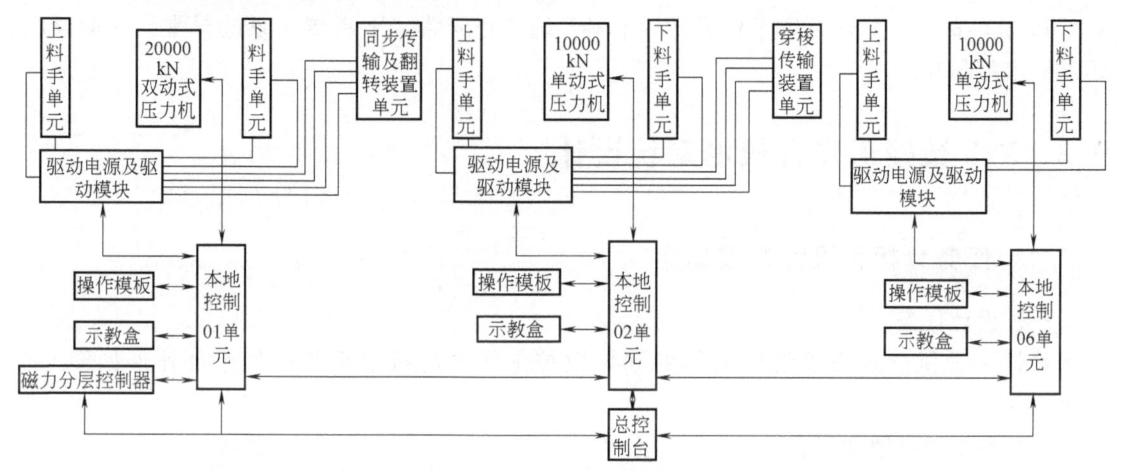

图 9-4 轿车车身冲压机器人生产线控制系统

轿车车身冲压机器人生产线由 6 台压床、12 个机械手、1 台翻转传输车、4 台穿梭传输车、1 台总控制柜、1 台磁力分层控制柜、6 台本地控制柜及气路、传感器系统等构成。

本地控制柜的 PLC 所要完成的主要工作有：接收来自操作员终端的信息，完成上下料机械手及压床之间的协调控制、翻转传输车和穿梭传输车的控制、抓取装置真空发生器的控制。此外，本地控制柜还有与总控制柜通信的功能、自诊断的功能等。701~706 6 台压床控制器与相应的 PLC 连锁，完成压床动作控制。

总控制柜具有如下功能：冲压自动生产线全线起动、停止、暂停、急停；磁力分层、冲床、上下料机械手、传输车、翻转台故障报警及显示；送出工件号、工件计数、设备运行动画显示。

传感器的功能有：上料堆检测、抓料检测、冲床滑块位置检测、机械手安全检测、机械手的零点位置检测、气路系统气压检测。

2. 故障报警系统设计

本系统对部件与器件进行合理选择，使硬件系统具有很高的可靠性，软件系统具有多种保护功能，使其运行更为可靠，该系统可达到的平均无故障工作时间为 2000h，相当于 100 天连续生产，系统的使用寿命为 40000h。按前面的生产节拍，可使用 8 年以上。

(1) 故障保护的原则

1）重大故障急停。

2）出现故障的直接相关设备全部急停。其他设备若处于故障设备之后，则执行完所有的操作；若处于故障设备之前，则仅执行完当前动作。

3）设置操作权限。所有设备的动作必须在所有的工作条件都得到满足的条件下才允许动作。

（2）故障的种类

1）冲床故障。冲程未到位、行程变化与压力变化不一致、冲床润滑系统异常、冲床电源系统故障、冲床控制系统故障等。

2）机械手系统故障。机械手未运动到位、机械手伺服系统故障、机械手电源系统故障、机械手未吸牢工件、气源系统故障、机械手控制系统异常等。

3）控制协调系统故障。温度过高、电源不稳定、通信系统故障、显示系统故障等。

4）其他故障。翻转装置工作异常、上料系统工作异常、下料传送系统异常、环境温度超过要求范围等。

9.2 *X-Y* 数控工作台机电系统设计

9.2.1 任务分析和设计方案确定

一、设计任务

设计一种供立式数控铣床使用的 *X-Y* 数控工作台的机电系统，工作台外形如图 9-5 所示。

工作台主要参数如下：

1）立铣刀最大直径 $d=15\text{mm}$。

2）立铣刀齿数 $Z=3$。

3）最大铣削宽度 $a_e=15\text{mm}$。

4）最大铣削深度 $a_p=8\text{mm}$。

5）可加工材料为碳素工具钢或有色金属。

6）*X*、*Y* 方向的脉冲当量 $\delta_x=\delta_y=0.005\text{mm}$。

7）*X*、*Y* 方向的定位精度均为±0.01mm。

8）工作台面尺寸为 230mm×230mm，加工范围为 250mm×250mm。

图 9-5 *X-Y* 数控工作台外形

9）工作台空载最快移动速度 $v_{xmax}=v_{ymax}=3000\text{mm/min}$。

10）工作台进给最快移动速度 $v_{xmaxf}=v_{ymaxf}=400\text{mm/min}$。

二、总体设计方案的确定

1. 机械传动部件的选择

（1）导轨副的选用 要设计的 *X-Y* 工作台用来配套轻型的立式数控铣床，承受的载荷不大，但要求脉冲当量小、定位精度高。因此，选用直线滚动导轨副，它具有摩擦系数小、不易爬行、传动效率高、结构紧凑、安装预紧方便等优点。

（2）滚珠丝杠螺母副的选用 伺服电动机的旋转运动需要通过滚珠丝杠螺母副转换成直线运动，要满足 0.005mm 的脉冲当量和±0.01mm 的定位精度，只有选用滚珠丝杠螺母副才能达到。滚珠丝杠螺母副的传动精度高、动态响应快、运转平稳、寿命长、效率高，预紧后可消除反向间隙。

(3) 伺服电动机的选用 任务规定的脉冲当量尚未达到0.001mm，定位精度也未达到微米级，空载最快移动速度也只有3000mm/min。因此，本设计不必采用高档次的伺服电动机，如交流伺服电动机或直流伺服电动机等，可以选用性能好一些的步进电动机，如混合式步进电动机，以降低成本、提高性价比。

(4) 减速装置的选用 选择了步进电动机和滚珠丝杠螺母副以后，为了圆整脉冲当量、放大电动机的输出转矩、降低运动部件折算到电动机转轴上的转动惯量，可能需要减速装置，且应有消隙机构，所以采用无间隙齿轮传动减速箱。

(5) 检测装置的选用 选用步进电动机作为伺服电动机后，可选开环控制，也可选闭环控制。任务中所给的精度对于步进电动机来说还是偏高的，为了确保电动机在运转过程中不因受切削负载和电网的影响而失步，决定采用半闭环控制，拟在电动机的尾部转轴上安装增量式旋转编码器，用以检测电动机的转角与转速。增量式旋转编码器的分辨率应与步进电动机的步距角相匹配。

考虑到X、Y两个方向的加工范围相同，承受的工作载荷相差不大，为了减少设计工作量，X、Y两个坐标轴的导轨副、滚珠丝杠螺母副、减速装置、伺服电动机以及检测装置拟采用相同的型号与规格。

2. 控制系统的设计

1）设计的X-Y工作台准备用在数控铣床上，其控制系统应该具有单坐标定位、两坐标直线插补与圆弧插补的基本功能，所以控制系统应该设计成连续控制型。

2）对于步进电动机的半闭环控制，选用MCS-51系列的8位单片机AT89C52作为控制系统的CPU，可以满足任务给定的相关指标。

3）要设计一个完整的控制系统，在选择CPU之后，还需要扩展程序存储器、数据存储器、键盘与显示电路、I/O接口电路、D/A转换电路、串行接口电路等。

4）选择合适的驱动电源，与步进电动机配套使用。

9.2.2 机械传动部件的计算与选型

1. 导轨上移动部件的重量估算

按照导轨之上移动部件的重量来进行估算，包括工件、夹具、工作平台、上层电动机、减速箱、滚珠丝杠螺母副、直线滚动导轨副、导轨座等，估计总重量约为800N。

2. 铣削力的计算

工件的加工方式为立式铣削，采用硬质合金立铣刀，工件的材料为碳素工具钢。已知立铣时的铣削力计算公式为：

$$F_c = 118 a_e^{0.85} f_z^{0.75} d^{-0.73} a_p^{1.0} n^{0.13} z \tag{9-1}$$

已知铣刀最大直径$d=15$mm，齿数$Z=3$，为了计算最大铣削力，在不对称铣削情况下，取最大铣削宽度$a_e=15$mm，最大铣削深度$a_p=8$mm，取每齿进给量$f_z=0.1$mm，铣刀转速$n=300$r/min。则由式（9-1）求得最大铣削力：

$$F_c = (118\times15^{0.85}\times0.1^{0.75}\times15^{-0.73}\times8^{1.0}\times300^{0.13}\times3)\text{N} \approx 1463\text{N}$$

采用立铣刀进行圆柱铣削时，考虑逆铣时的情况和各铣削力之间的关系，估算三个方向的铣削力分别为：$F_f=1.1F_c\approx1609$N，$F_e=0.38F_c\approx556$N，$F_{fn}=0.25F_c\approx366$N，则工作台受到垂直方向的铣削力 $F_z=F_e=556N$，受到水平方向的铣削力分别为 F_f 和 F_{fn}。将水平方向较大的铣削力分配给工作台的纵向（滚珠丝杠轴线方向），则纵向铣削力 $F_x=F_f=1609N$，径向铣削力 $F_y=F_{fn}=366N$。

3. 直线滚动导轨副的计算与选型

（1）滑块承受工作载荷的计算及导轨型号的选取 工作载荷是影响直线滚动导轨副使用寿命的重要因素。本例中的 X-Y 工作台为水平布置，采用双导轨、四滑块的支承形式。考虑最不利的情况，即垂直于台面的工作载荷全部由一个滑块承担，则单滑块所受的最大垂向载荷为：

$$P_c=\frac{G}{4}+F \tag{9-2}$$

其中，移动部件重量 $G=800N$，外加载荷 $F=F_z=556N$，代入式（9-2）得最大工作载荷 $P_C=756N=0.756kN$。根据工作载荷初选直线滚动导轨副的型号为 KL 系列的 JSA-LG15 型，其额定动载荷 $C_a=7.94kN$，额定静载荷 $C_{0a}=9.5kN$。任务中规定工作台面尺寸为 230mm×230mm，加工范围 250mm×250mm，考虑工作行程应留有一定余量，按标准系列，选取导轨的长度为 520mm。

（2）距离额定寿命的计算 上述选取的 KL 系列 JSA-LG15 型导轨副的滚道硬度为 HRC60，工作温度不超过 100℃，每根导轨上配有两只滑块，精度为 4 级，工作速度较低，载荷不大。分别取硬度系数 $f_H=1.0$、温度系数 $f_T=1.00$、接触系数 $f_C=0.81$，精度系数 $f_R=0.9$、载荷系数 $f_W=1.2$，得距离额定寿命：

$$L=\left(\frac{f_H f_T f_C f_R}{f_W}\cdot\frac{C_a}{P_C}\right)^3\times 50\approx 12986km$$

远大于期望值 50km，故距离额定寿命满足要求。

4. 滚珠丝杠螺母副的计算与选型

（1）最大工作载荷 F_m 的计算 当承受最大铣削力时，工作台受到进给方向的载荷（与丝杠轴线平行）$F_x=1609N$，受到横向载荷（与丝杠轴线垂直）$F_y=366N$，受到垂向载荷（与工作台面垂直）$F_z=556N$。已知移动部件总重量 $G=800N$，按矩形导轨进行计算，取颠覆力矩影响系数 $K=1.1$，滚动导轨上的摩擦因数 $\mu=0.005$。求得滚珠丝杠螺母副的最大工作载荷：

$$F_m=KF_X+\mu(F_Z+F_y+G)=[1.1\times1609+0.005\times(556+366+800)]N\approx1779N$$

（2）最大动载荷 F_Q 的计算 设工作台在承受最大铣削力时的最快进给速度 $v=400mm/min$，初选丝杠导程 $P_h=5mm$，则此时丝杠转速 $n=v/P_h=80r/min$。取滚珠丝杠的使用寿命 $T=15000h$，代入 $L_0=60nT/10^6$，得丝杠寿命系数 $L_0=72$（单位：10^6r）。取载荷系数 $f_W=1.2$，滚道硬度为 HRC60 时，取硬度系数 $f_H=1.0$，求得最大动载荷：

$$F_Q=\sqrt[3]{L_0}f_w f_H F_m\approx8881N$$

（3）初选型号 根据计算出的最大动载荷和初选的丝杠导程，选择济宁博特精密丝杠制造有限公司生产的 G 系列 2005-3 型滚珠丝杠副，为内循环固定反向器单螺母式，其公称直径 d_0 为 20mm，导程 P_h 为 5mm，循环滚珠为 3 圈 1 列，精度等级取 4 级，额定动载荷为 9309N，大于 F_Q，满足要求。

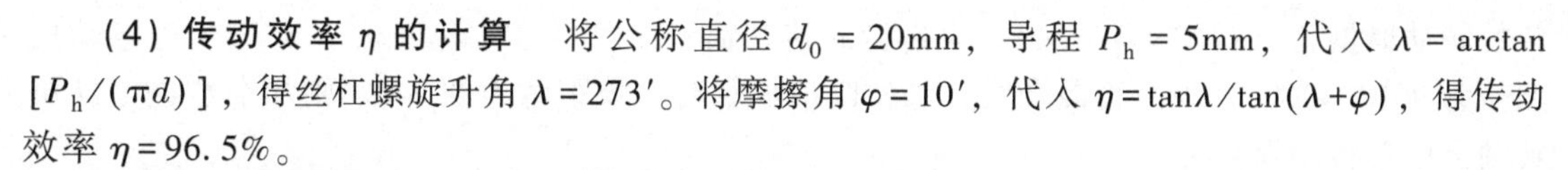

（4）传动效率 η 的计算 将公称直径 $d_0=20\text{mm}$，导程 $P_h=5\text{mm}$，代入 $\lambda=\arctan[P_h/(\pi d)]$，得丝杠螺旋升角 $\lambda=273'$。将摩擦角 $\varphi=10'$，代入 $\eta=\tan\lambda/\tan(\lambda+\varphi)$，得传动效率 $\eta=96.5\%$。

（5）刚度的验算

1）X-Y 工作台上、下两层滚珠丝杠副的支承均采用“单推-单推”的方式。丝杠的两端各采用一对推力角接触球轴承，面对面组配，左、右支承的中心距离约为 $a=500\text{mm}$；钢的弹性模量 $E=2.1\times10^5\text{MPa}$；已知滚珠直径为 3.175mm，丝杠底径为 16.2mm，丝杠截面积 $S=206.12\text{mm}^2$。得丝杠在工作载荷 F_m 作用下产生的拉伸/压缩变形量：

$$\delta_1=F_m a/(ES)=[1779\times500/(2.1\times206.12)]\text{mm}\approx0.0205\text{mm}$$

2）根据公式 $Z=\pi d_0/D_W$，求得单圈滚珠数 $Z=20$；该型号丝杠为单螺母，滚珠的圈数×列数为“3×1”，代入公式：$Z_\Sigma=Z\times$圈数×列数，得滚珠总数量 $Z_\Sigma=60$。丝杠预紧时，取轴向预紧力 $F_{YJ}=F_m/3=593\text{N}$，求得滚珠与螺纹滚道间的接触变形量 $\delta_2\approx0.0026\text{mm}$。因为丝杠加有预紧力，且为轴向负载的 1/3，所以实际变形量可减小一半，取 $\delta_2=0.0013\text{mm}$。

3）将计算出的 δ_1 和 δ_2 代入 $\delta_{总}=\delta_1+\delta_2$，求得丝杠总变形量（对应跨度 500mm）为 $0.0218\text{mm}=21.8\mu\text{m}$。已知 5 级精度滚珠丝杠有效行程在 315～400mm 时，行程偏差允许达到 25μm，可见丝杠刚度足够。

（6）压杆稳定性校核 根据公式计算失稳时的临界载荷 F_k。取支承系数 $f_k=1$；由丝杠底径 $d_2=16.2\text{mm}$，求得截面惯性矩 $I=\pi d_2^4/64\approx3380.88\text{mm}^4$；压杆稳定安全系数 K 取 3（丝杠卧式水平安装）；滚动螺母至轴向固定处的距离 a 取最大值 500mm，得临界载荷 $F_k\approx9343\text{N}$，远大于工作载荷 $F_m=1779\text{N}$，故丝杠不会失稳。

综上所述，初选的滚珠丝杠副满足使用要求。

5. 步进电动机减速箱的选用

为了满足脉冲当量的设计要求，增大步进电动机的输出转矩，同时也为了使滚珠丝杠和工作台的转动惯量折算到电动机转轴上尽可能小，在步进电动机的输出轴上安装一套齿轮减速箱。采用一级减速，步进电动机的输出轴与小齿轮联接，滚珠丝杠的轴头与大齿轮联接。其中，大齿轮设计成双片结构，采用弹簧错齿法消除侧隙。

已知工作台的脉冲当量 $\delta=0.005\text{mm}$，滚珠丝杠的导程 $P_h=5\text{mm}$，初选步进电动机的步距角 $\alpha=0.75°$，算得减速比：

$$i=(\alpha P_h)/(360\delta)=(0.75\times5)/(360\times0.005)=25:12$$

本设计选用的大小齿轮模数均为 1mm，齿数比为 75∶36，材料为 45 号调质工具钢，齿表面硬度淬硬后达 HRC55。减速箱中心距为 55.5mm［(75+36)mm/2］，小齿轮厚度为 20mm，双片大齿轮厚度均为 10mm。

6. 步进电动机的计算与选型

（1）计算加在步进电动机转轴上的总转动惯量 J_{eq}

已知：滚珠丝杠的公称直径 $d_0=20\text{mm}$，总长 $L=500\text{mm}$，导程 $P_h=5\text{mm}$，材料密度 $\rho=7.85\times10^{-3}\text{kg/cm}^3$；移动部件总重量 $G=800\text{N}$；小齿轮厚度 $b_1=20\text{mm}$，直径 $d_1=36\text{mm}$；大齿轮厚度 $b_2=20\text{mm}$，直径 $d_2=75\text{mm}$；传动比 $i=25:12$。

经计算算得各个零部件的转动惯量如下：电动机转子的转动惯量为 $4\text{kg}\cdot\text{cm}^2$，滚珠丝杠的转动惯量 $J_S=0.617\text{kg}\cdot\text{cm}^2$，拖板折算到丝杠上的转动惯量 $J_W=0.517\text{kg}\cdot\text{cm}^2$，小齿

轮的转动惯量 $J_{z1}=0.259\text{kg}\cdot\text{cm}^2$，大齿轮的转动惯量 $J_{z2}=4.877\text{kg}\cdot\text{cm}^2$。初选步进电动机型号为90BYG2602，为两相混合式，二相四拍，驱动时步距角为0.75°。则加在步进电动机转轴上的总转动惯量为

$$J_{eq}=J_m+J_{z1}+(J_{z2}+J_W+J_S)i^2=30.35\text{kg}\cdot\text{cm}^2$$

(2) 计算加在步进电动机转轴上的等效负载转矩 T_{eq} 分快速空载起动和承受最大工作负载两种情况进行计算。

1）快速空载起动时电动机转轴所承受的负载转矩 T_{eq1}。

T_{eq1} 包括三部分：一部分是快速空载起动时折算到电动机转轴上的最大加速转矩 T_{amax}；一部分是移动部件运动时折算到电动机转轴上的摩擦转矩 T_f；还有一部分是滚珠丝杠预紧后折算到电动机转轴上的附加摩擦转矩 T_0。因为滚珠丝杠副传动效率很高，T_0 相对于 T_f 和 T_{amax} 很小，可以忽略不计。则有：

$$T_{eq1}=T_{amax}+T_f \tag{9-3}$$

考虑传动链的总效率 η，计算快速空载起动时折算到电动机转轴上的最大加速转矩：

$$T_{amax}=\frac{2\pi J_{eq}n_m}{60t_a}\times\frac{1}{\eta} \tag{9-4}$$

式中 n_m——对应空载最快移动速度的步进电动机最高转速，单位为r/min；

t_a——步进电动机由静止到加速至 n_m 转速所需的时间，单位为s。

其中

$$n_m=\frac{v_{max}\times\alpha}{360\times\delta} \tag{9-5}$$

式中 v_{max}——空载最快移动速度，任务中指定为3000mm/min；

α——步进电动机步距角，预选电动机为0.75°；

δ——脉冲当量，本例 $\delta=0.005\text{mm}$。

将以上各值代入式（9-5），算得 $n_m=1250\text{r/min}$。

设步进电动机由静止到加速至 n_m 转速所需时间 $t_a=0.4\text{s}$，传动链总效率 $\eta=0.7$。则由式（9-4）求得：

$$T_{amax}=\frac{2\pi\times30.35\times10^{-4}\times1250}{60\times0.4\times0.7}\text{N}\cdot\text{m}\approx1.42\text{N}\cdot\text{m}$$

当移动部件运动时，折算到电动机转轴上的摩擦转矩为：

$$T_f=\frac{\mu(F_Z+G)P_h}{2\pi\eta i} \tag{9-6}$$

则由式（9-6）得：

$$T_f=\frac{0.005(0+800)\times0.005}{2\pi\times0.7\times25/12}\text{N}\cdot\text{m}\approx0.002\text{N}\cdot\text{m}$$

最后由式（9-3），求得快速空载起动时电动机转轴所承受的负载转矩：

$$T_{eq1}=T_{amax}+T_f=1.422\text{N}\cdot\text{m} \tag{9-7}$$

2）最大工作负载状态下电动机转轴所承受的负载转矩 T_{eq2}。

T_{eq2} 包括三部分：一部分是折算到电动机转轴上的最大工作负载转矩 T_t；一部分是移动部件运动时折算到电动机转轴上的摩擦转矩 T_f；还有一部分是滚珠丝杠预紧后折算到电动

机转轴上的附加摩擦转矩 T_0，T_0 相对于 T_t 和 T_f 很小，可以忽略不计。则有：

$$T_{eq2}=T_t+T_f \tag{9-8}$$

本例中在对滚珠丝杠进行计算时，已知沿着丝杠轴线方向的最大进给载荷 $F_x=1609N$，则折算到电动机转轴上的最大工作负载转矩 T_t 为：

$$T_t=\frac{F_f P_h}{2\pi\eta i}=\frac{1609\times0.005}{2\pi\times0.7\times25/12}N\cdot m\approx0.88N\cdot m$$

再计算垂直方向承受最大工作负载（$F_z=556N$）的情况下，移动部件运动时折算到电动机转轴上的摩擦转矩：

$$T_f=\frac{\mu(F_Z+G)P_h}{2\pi\eta i}=\frac{0.005\times(556+800)\times0.005}{2\pi\times0.7\times25/12}N\cdot m\approx0.004N\cdot m$$

最后由式（9-8），求得最大工作负载状态下电动机转轴所承受的负载转矩为：

$$T_{eq2}=T_t+T_f=0.884N\cdot m \tag{9-9}$$

经过上述计算后，得到加在步进电动机转轴上的最大等效负载转矩应为：

$$T_{eq}=\max\{T_{eq1},T_{eq2}\}=1.422N\cdot m$$

（3）步进电动机最大静转矩的选定　考虑到步进电动机的驱动电源受电网电压影响较大，当输入电压降低时，其输出转矩会下降，可能造成丢步，甚至堵转。因此，选择步进电动机的最大静转矩时，需要考虑安全系数。本例中取安全系数 $K=4$，则步进电动机的最大静转矩应满足：

$$T_{jmax}\geqslant4\times1.422N\cdot m=5.688N\cdot m \tag{9-10}$$

上述初选的步进电动机型号为90BYG2602，该型号电动机的最大静转矩 $T_{jmax}=6N\cdot m$。可见，满足式（9-10）的要求。

（4）步进电动机的性能校核

1）最快工进速度时电动机输出转矩校核。

任务中给定工作台最快工进速度 $v_{max}=400mm/min$，脉冲当量 $\delta=0.005mm$，可求出电动机对应的运行频率 $f_{maxf}=[400/(60\times0.005)]\ Hz\approx1333Hz$。从90BYG2602步进电动机的运行矩频特性曲线（图9-6）可以看出，在此频率下，电动机的输出转矩 $T_{maxf}\approx5.6N\cdot m$，远远大于最大工作负载转矩 T_{eq2}（$0.884N\cdot m$），满足要求。

2）最快空载移动时电动机输出转矩校核。

任务中给定工作台最快空载移动速度 $v_{max}=3000mm/min$，脉冲当量 $\delta=0.005mm$，可求出电动机对应的运行频率 $f_{max}=[3000/(60\times0.005)]Hz=10000Hz$。在此频率下，电动机的输出转矩 $T_{max}\approx1.8N\cdot m$，大于快速空载起动时的负载转矩 T_{eq1}（$1.422N\cdot m$），满足要求。

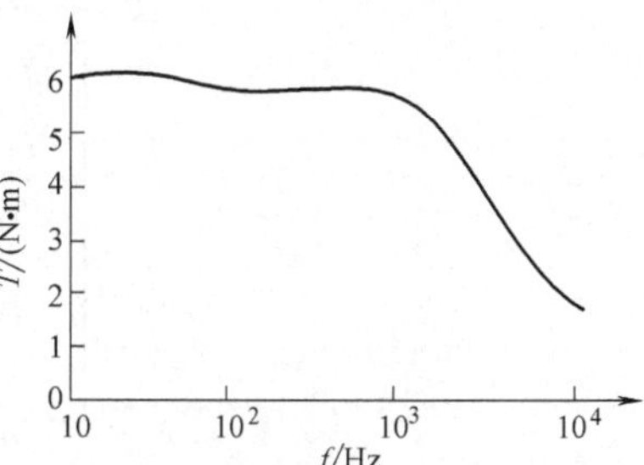

图9-6　90BYG2602步进电动机的运行矩频特性曲线

3）最快空载移动时电动机运行频率校核。

最快空载移动速度 $v_{max}=3000mm/min$，对应的电动机运行频率 $f_{max}=10000Hz$。90BYG2602电动机的极限运行频率为20000Hz，可见没有超出上限。

4）起动频率的计算。

已知电动机转轴上的总转动惯量 J_{eq} 为 $30.35kg\cdot cm^2$，电动机转子的转动惯量 $J_m=4kg\cdot cm^2$，电动机转轴不带任何负载时的最高起动频率 $f_q=1800Hz$。可求出步进电动机克服惯性负载的起动频率：

$$f_L = \frac{f_q}{\sqrt{1+\frac{J_{eq}}{J_m}}} = 614\text{Hz}$$

上式说明，要想保证步进电动机起动时不失步，任何时候的起动频率都必须小于614Hz。实际上，在采用软件升降频时，起动频率选得更低，通常只有100Hz（即100脉冲/s）。

综上所述，本例中工作台的进给传动选用90BYG2602步进电动机，完全满足设计要求。

7. 增量式旋转编码器的选用

本设计所选步进电动机采用半闭环控制，可在电动机的尾部转轴上安装增量式旋转编码器，用以检测电动机的转角与转速。增量式旋转编码器的分辨率应与步进电动机的步距角相匹配。由步进电动机的步距角 $\alpha=0.75°$，可知电动机转动一转时，需要控制系统发出480（$360°/\alpha$）个步进脉冲。考虑到增量式旋转编码器输出的 A、B 相信号，可以送到四倍频电路进行四细分，因此，编码器的分辨率可选120线。这样控制系统每发一个步进脉冲，电动机转过一个步距角，编码器对应输出一个脉冲信号。

本例选择编码器的型号为ZLK-A-120-05VO-10-H：盘状空心型，孔径10mm，与电动机尾部输出轴相匹配，电源电压+5V，每转输出120个 A/B 脉冲，信号为电压输出。

9.2.3 装配图的绘制和驱动电源的选择

1. 工作台机械装配图的绘制

在完成直线滚动导轨副、滚珠丝杠螺母副、齿轮减速箱、步进电动机以及旋转编码器的计算与选型后，就可以着手绘制工作台的机械装配图了。

2. 步进电动机驱动电源的选用

本例中 X、Y 向步进电动机均为90BYG2602型，选择与之配套的驱动电源为BD28Nb型，输入电压100V（AC），相电流4A，分配方式为二相八拍。该驱动电源与控制器的接线方式如图9-7所示。

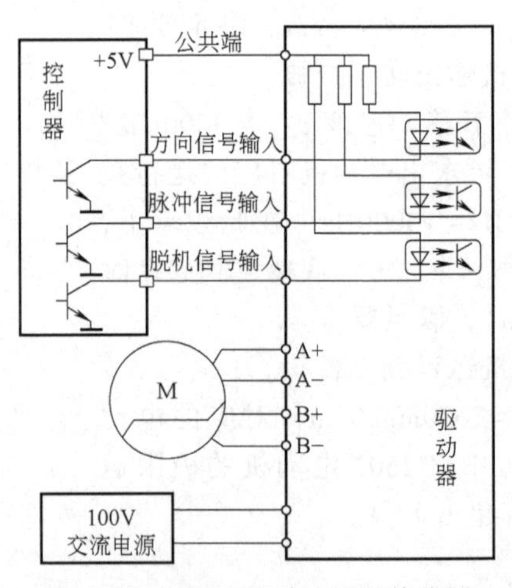

图9-7 BD28Nb驱动电源的接线图

参考文献

[1] 龚仲华，杨红霞. 机电一体化技术及应用［M］. 北京：化学工业出版社，2018.
[2] 黄筱调，赵松年. 机电一体化技术基础及应用［M］. 北京：机械工业出版社，2011.
[3] 邱士安. 机电一体化技术［M］. 西安：西安电子科技大学出版社，2018.
[4] 薛惠芳，郑海明. 机电一体化系统设计［M］. 北京：中国质检出版社，2012.
[5] 孙卫青，李建勇. 机电一体化技术［M］. 2版. 北京：科学出版社，2018.
[6] 宋现春，于复生. 机电一体化系统设计［M］. 北京：中国计量出版社，2010.
[7] 杨普国. 机电一体化系统应用技术［M］. 北京：冶金工业出版社，2011.
[8] 封士彩，王长全. 机电一体化导论［M］. 西安：西安电子科技大学出版社，2017.
[9] 禹春梅. 机电一体化技术应用［M］. 北京：科学出版社，2010.
[10] 张秋菊，王金娥，訾斌. 机电一体化系统设计［M］. 北京：科学出版社，2018.
[11] 张立勋，杨勇. 机电一体化系统设计［M］. 3版. 哈尔滨：哈尔滨工程大学出版社，2012.
[12] 俞竹青，朱目成. 机电一体化系统设计［M］. 2版. 北京：电子工业出版社，2016.
[13] 于爱兵，马廉洁，李雪梅. 机电一体化概论［M］. 北京：机械工业出版社，2013.
[14] 赵再军. 机电一体化概论［M］. 杭州：浙江大学出版社，2019.
[15] 梁广瑞，蒋兴加. 机电一体化技术概论［M］. 北京：机械工业出版社，2019.
[16] 向中凡，肖继学. 机电一体化基础［M］. 重庆：重庆大学出版社，2013.
[17] 王纪坤，李学哲. 机电一体化系统设计［M］. 北京：国防工业出版社，2013.
[18] 刘龙江. 机电一体化技术［M］. 北京：科学出版社，2018.
[19] 王海波，宋树波. 机电一体化设计基础［M］. 北京：化学工业出版社，2012.
[20] 冯细香. 机电一体化概论［M］. 2版. 北京：人民邮电出版社，2013.
[21] 郑堤，唐可洪. 机电一体化设计基础［M］. 北京：机械工业出版社，2011.
[22] 冯浩. 机电一体化系统设计［M］. 2版. 武汉：华中科技大学出版社，2016.
[23] 君兰工作室. 新版机电一体化——从原理到应用［M］. 北京：科学出版社，2014.
[24] 王裕清，张业明. 机电一体化系统设计［M］. 北京：中国电力出版社，2016.